物理气候学

黄建平　编著

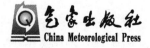

气象出版社

China Meteorological Press

内容简介

本书以物理学规律和动力学方法为基础来解释地球气候的形成及其演变特征。其主要内容有气候系统的物理描述，气候系统的辐射传输、能量平衡、反馈机制、敏感性和稳定性，气候系统的内部与强迫振荡，气候变化形成机理，气候模拟与预测等。

通过学习，可使学生对物理气候学中的基本概念、基本理论和基本方法有较为深刻的理解和掌握，为进一步学习后续专业课程及从事气候变化等相关领域的研究打下坚实的理论基础。本书适合于大气科学、地理学、生态学、环境科学等专业的本科生和研究生使用，也可供从事气候变化研究的人员参考。

图书在版编目(CIP)数据

物理气候学/黄建平编著. —北京：气象出版社，
2018.8(2019.8 重印)

ISBN 978-7-5029-6825-0

Ⅰ.①物…　Ⅱ.①黄…　Ⅲ.①物理学-气候学
Ⅳ.①P46

中国版本图书馆 CIP 数据核字(2018)第 185224 号

Wuli Qihou Xue

物理气候学

黄建平　编著

出版发行：气象出版社

地　　址：北京市海淀区中关村南大街 46 号　　　　邮政编码：100081

电　　话：010-68407112(总编室)　010-68408042(发行部)

网　　址：http://www.qxcbs.com　　　　E-mail：　qxcbs@cma.gov.cn

责任编辑：王萃萃　李太宇　　　　　　　　终　　审：吴晓鹏

责任校对：王丽梅　　　　　　　　　　　　责任技编：赵相宁

封面设计：博雅思企划

印　　刷：三河市百盛印装有限公司

开　　本：787 mm×1092 mm　1/16　　　　印　　张：13.5

字　　数：340 千字

版　　次：2018 年 8 月第 1 版　　　　　　印　　次：2019 年 8 月第 3 次印刷

定　　价：42.00 元

前　言

气候变化及其对经济和社会发展的影响已经成为当今世界各国政府及科学界十分关注的重大问题。目前人们的认知水平有限，还不足以回答涉及气候变化的所有科学问题，包括人类强迫因子和自然因子对气候变化的作用及重要性以及还在不断出现的新的现象和变化。只有继续加强气候变化科学研究的广度和深度，不断地改善和提高认知水平，才能从根本上认识气候变化的规律，从复杂的现象中理解其本质。

自从气象学家 20 世纪 70 年代提出气候系统的理论以来，气候学的研究进入一个崭新的阶段。研究人员开始从气候系统各个子系统之间的相互作用来讨论气候变化，一些新发现、新观点、新方法、新理论层出不穷，使气候学得到了空前的大发展，特别是物理气候学原理和气候变化的数值模拟研究近 10 年来有了很快发展，并把它作为气候研究的主攻方向和目标。

为了适应培养上述研究人才的需要，迫切需要有物理气候学基本原理及方法的教材。本书即是为适应这种需求而编写的。物理气候学是研究气候系统中各种现象的演变规律的一门学科。探讨如何利用这些规律为人类社会和经济发展服务，特别是利用这些规律指导人类有序适应气候变化，以减缓气候变化对人类社会的影响，具有重要意义。

本书是在作者编写的《理论气候模式》的基础上改编而成的，在编写过程中还参考了作者和林本达先生共同编写的《动力气候学引论》一书。本书共分 12 章，较为系统地阐述了物理气候学的相关内容。第 1 章"绪论"，概括地叙述了地球气候的形成，提供了相关研究的历史发展，为后续章节做铺垫，同时便于具有不同学术背景的读者更好地理解本书的内容。第 2 章"气候系统的物理描述"，从物理学的角度解读了气候系统的基本概念和基本规律以及气候系统各成员之间的相互关系和作用。第 3 章"气候系统的基本方程"，根据第 2 章提出的基本物理学原理，通过适当的数学表述，给出了构成气候动力学的一组方程。气候动力学理论、数值模拟和动力诊断研究都是围绕气候动力学方程组及其各种简化形式展开的。第 4 章和第 5 章论述了气候系统中的辐射传输过程及能量平衡。第 6 章"气候系统的反馈机制"，表述了气候系统中各种复杂的反馈机制以及它们之间的相互作用，同时给出了一些用来衡量气候系统各种反馈作用大小的参数。第 7 章引入了敏感性概念和影响气候敏感性的因子，同时讨论了 CO_2 倍增的敏感性试验。第 8 章通过引入冰雪-反照率反馈建立非线性能量平衡模式，并讨论气候系统的稳定性和非线性模式在气候模拟中的应用。第 9 章和第 10 章介绍了气候系统中以形成原因为分类标准的各种时间尺度的振荡,即气候系统的内部振荡及强迫振荡。第 11 章从影响气候物理过程和因子的介绍入手,论述了气候变化的形成机制。最后一章着重讨论了气候的模拟与预测方面的内容。本书是为高等院校大气科学类本科生编写的专业课教材,也可供相关专业的本科生或研究生以及从事大气科学和气候变化的人员学习和参考。

在编写过程中,杨宣、吴楚樵、华珊、祝清哲、秘鲁、汪美华、简碧达和刘晓岳等研究生为本教材绘制了部分图表、进行了文字的录入和校对,有些同学还对部分内容提出了补充和修改意见,气象出版社给予了大力支持,在此一并致以衷心的感谢。由于物理气候学涉及面广,内容丰富,加之时间仓促,受编著者的学识水平限制,错误、疏漏在所难免,请读者给予批评指正,以便再版时修改。

黄建平

2018 年 6 月于兰州大学

目　录

第1章 绪 论

20 世纪 70 年代以来,世界气候灾害频繁,例如 1982—1983 年的厄尔尼诺事件带来的干旱、洪水、低温等气候灾害,造成世界经济总损失约 200 亿美元。另一方面,人类活动对气候的影响,以及工业化带来的大量化石燃料所产生的二氧化碳(CO_2)和其他温室气体含量的增加都对气候变化产生影响;过度开垦、森林砍伐和过度放牧破坏自然植被,在干旱条件下加速了沙漠化进程。世界范围的干旱和沙漠化趋势,以及频繁发生的各类气象灾害已经直接威胁人类赖以生存的粮食、水和能源等基本条件的维持。因此,寻找全球气候变化的规律,研究其变化的原因,探索气候预报的方法,从而对未来的气候趋势提出科学的估计,已成为世界各国政府和人民关注的实际问题。

由于现代科学技术的发展,人类对自然界的探测技术和处理资料的手段有了很大的进步。卫星观测技术的发展使得获取研究气候形成和变化所不可缺少的全球资料,特别是冰雪、海洋状态、云量、气溶胶和二氧化碳等非常规观测资料成为可能。而高速计算机的出现及伴随的数值模拟试验的发展则使得人们可以客观定量地研究气候形成和变化。气候科学受到了前所未有的重视,成为当前世界普遍关心的最重要、最迫切的科学问题之一。

气候学同各门基础科学、技术科学乃至社会科学间都有着广泛的联系。无论从理论还是从方法看,气候学和数学、物理学、化学、天文学、地学等基础学科以及大气科学各分支都有密切的关系,气候监测更需要应用各种技术科学。由于气候涉及人类生活和生产的各个方面,1972 年以来,在关于环境、粮食、水资源、沙漠化等一系列国际重要会议上,气候问题都占有显著地位。1979 年,世界气候大会提出的世界气候计划使气候学日益活跃,气候问题成为国际协作的重大课题。如今,气候学的含义也正在不断发展,包括大气圈、水圈、冰雪圈、岩石圈、生物圈和人类圈在内的地球系统的一系列概念也得以形成。下面首先介绍与气候有关的一些概念。

1.1　与气候有关的一些概念

一般认为,气候是地球上某一地区多年间大气的一般状态。它既反映平均状况,也反映极端情况,是多年间各种天气过程的综合表现。气象要素的各种统计量(均值、极值、概率等),是表述气候的基本依据[1]。由于太阳辐射在地球表面分布的差异,以及海洋、陆地、山脉、森林等不同性质的下垫面在到达地表的太阳辐射的作用下所产生的物理过程不同,使气候除具有温度大致按纬度分布的特征外,还具有明显的地域性特征。

首先我们要明确气候理论在本质上是概率的,各种气候过程都是作为多元随机过程来处理,而这些过程的统计特性则是气候研究的课题[2]。例如,说某地区有一个平均槽或脊,并不意味着该地区天天都有平均槽或脊出现,只不过出现的频率相对较高而已。此外,统计时间长度不同,天气的统计特征也不尽相同。因此,气候这个概念隐含着一个时间长度作为基础,即使对某一确定的时间长度,气候的稳定性也仅仅是相对于天气而言的。根据研究和地质学考证的结果,人们发现不仅几十年或几百年的平均气候有显著差异,几万年乃至上亿年的平均气候状态也存在着变化,这种变化的幅度甚至更大。有的气候文献把一个月或一个季度的天气的统计特征也称为气候,这种意义上的"气候"则成了逐年变化的物理量。为了在统计意义上保持一致,我们将气候定义为在特定的 30 年期间取得的各种天气要素的平均。此外,为了更好地了解气候的定义,还需了解如下与气候有关的若干概念[3]。

气候状态:定义为在地气系统的特定区域,大气、水圈和冰雪圈完整的变量组在特定时期的平均,这个时间间隔比个别天气的系统的生命史(几天量级)长得多,也比大气行为可被局地预报的理论时间极限(几周量级)长,因此,我们可以说月、季、年或十年的气候状态。

气候变化:定义为同类的气候状态在如两个 1 月或两个 20 年之间的差异。因此,我们可以说月、季、年或十年的气候变化。

气候异常:定义为一个特定的气候状态与同类气候状态的大量(或多年)平均的偏差。因此,我们可以说特定的 1 月或特定的年所代表的气候异常。

气候变率:定义为大量同类气候状态之间的方差。因此,我们可以说月、季、年或十年的气候变化率,这个气候变化率的定义包含个别气候状态变化率的方差。

气候噪音:气候状态本身除了受物理原因的影响而变化外,还受到统计原因的扰动,由于这些统计扰动来自天气的逐日变化,因此,它们在气候感兴趣的时间尺度上是不可预报的,这种统计原因的扰动被定义为气候噪音。这种噪音的振幅近似地随取平均的时间间隔的平方根而减小,但有些噪音在任何有限的时间尺度中都存在。

气候的可预报性:定义为潜在的可预报的物理原因造成的气候变化的大小与不可预报的气候噪声的大小之比值。

1.2　气候学的发展

气候学在发展过程中经历了从定性到定量、从简单到复杂、从低级到高级逐步的演变过程,是一脉相承的,前一阶段为后一阶段的形成与发展积聚了资料、丰富了经验,为进一步认识深化、理论创新提供了科学基础[4]。通常把气候学的发展过程分为下列几个阶段。

1.2.1　气候学的萌芽阶段

早在中国古代,劳动人民对气候就有某些感性认识并加以总结。如在春秋战国时代,为了便于掌握农事活动,时人将一年分为二十四节气和七十二候,以五日为候,三候为气,各候各气都有其自然特征,合称气候。西汉以来,中国古代劳动人民在气象观测、气象仪器和对某些气象现象的解释上已达到相当高的水平,1424 年就有用量雨器作雨量观测的记载,同时在应用气候方面也积累了许多丰富的知识,尤其是农业生产,各地利用当地气候的特征选择农作物物种、安排耕作制度,并利用气候资源发现、培育了许多名、特、优产品。宋代沈括在《梦溪笔谈》中通过物候现象的地区差异说明了各地气候的不同。

在古希腊时代,欧洲也出现了有关气候方面的记载。这一阶段人们对气候的认识是一种直接的感性认识。亚里士多德曾著《气象学》(约公元前 340 年)一书,对当时的天气和气候知识作了系统的总结。公元 2 世纪,托勒密将气候从赤道到北极划分为 24 个气候带。古希腊学者发现,从希腊往北,太阳光倾斜加剧,气候转寒;往南,太阳倾斜减缓,气候转暖。这反映出气候的冷暖与太阳光线的倾斜程度有关。据此,他们将地球气候划分为五带,即:北寒带、北温带、热带、南温带和南寒带。16—17 世纪,温度表、气压表等仪器相继发明,并普遍使用。人们开始利用这些仪器的观测记录进行系统的气候研究。

1.2.2　气候学的形成阶段

18 世纪初发展起来的气候学,由于资料的积累和研究领域的扩大,人们对气候的认识越来越深入。随着科学技术的发展,有关温度表和气压表的发明相继问世,到了 18 世纪,工业的发展能提供标准基本统一的观测仪器,整个国际上开始收集和发行气象观测记录资料,使人们能从大量的气象观测资料中进行总结、归纳,并能与物理学原理结合起来,采用月平均值和年平均值,并用这类平均值对气候作叙述性的描述。至此,气候学才真正作为一种科学形态存在。1817 年,德国的 Von Humboldt A.(1769—1859)根据全球 57 个气象站的观测资料,首先采用等温线的概念,绘制出世界上第一幅全球年平均温度分布图,并借助等温线图得出大陆东岸和西岸气候的差异,并根据植物与气候的关系,把全球划分为 16 个气候区。Humboldt 的工作被认为是近代气候学的开创工作。之后,德国的 Berghans H.(1797—1884)于 1845 年绘制出世界降水量分布图,Dove H. W.(1803—1879)于 1849 年出版第一部月平均等温图和温度距平图。英国的 Buchan A.(1829—1907)于 1869 年根据盛行风资料首次绘制全球等压线分布图。俄国气候学奠基人 Boenkob A. N.(1842—1916)1873 年开始将美国学者 Coffin J. H. 因去世而未完成的《全球的风》继续下去,在 1884 年出版了《地球气候与俄国气候》。同年德国的 Koppen W. P.(1846—1940)首次提出气候分类法并对全球气候进行分类的尝试。奥地利的 Von Hann J. F.(1839—1921)于 1883 年出版了一本被誉为气候学经典著作的《气候学大纲》,从而确立了气候学作为一门自然科学的基本轮廓。这一阶段主要表现的是气候要素的地理分布,并进行特征的描述。

但是,气候学在这个发展阶段中基本上没有突破准平均概念的束缚,在此阶段,统计学仅仅是对气候资料加工处理的基本手段和工具。这一阶段经历了大约一个半世纪,建立于"气候是大气的平均状态"的基本观念之上,主要是描述气候特征,也分析气候形成的原因。这期间得到的一系列基本认识,对今天的气候学研究仍有重要意义。

随着自然科学的飞速发展,尤其是数学、流体力学、气象探测手段和计算手段的进步,气候学的发展跨进了一个新的阶段。在第二次世界大战期间,由于要在天气图上标注高压、低压和锋面等,用气团和锋面的移行、频数、变性以及大气活动中心在气候形成中的作用作为理论基础来研究气候形成与气候变动,于是形成了天气气候学。气团、锋面、天气系统的气候学分析加深了对气候形成的认识。

1.2.3　传统气候学阶段

19 世纪后期,世界气象观测网逐渐形成。到 20 世纪初,气象学研究从描述性为主发展到以理论研究为主,出现了气旋模式,锋面理论,气团学说等,积累了许多天气图资料,人们开始进行气候形成及变迁的研究,气候学在各方面的应用受到重视。1900—1936 年,德国的柯本 W. P. 根据气候同植物的关系,对世界气候进行了分类。1920—1925 年,苏联的费奥多罗夫 E. E. 创立了综合气候学。1930 年,柯本和盖格 R. 发表了《气候学手册》,对气候学作了较全面的评述。

20 世纪 30 年代初,伯杰龙 T. H. P. 和海赛尔贝格 T. 开创了天气气候学。在 30 年代和 40 年代索恩思韦特 C. W.、阿利索夫 Б. П. 等都进行了各自的气候分类(见索恩思韦特气候分类、阿利索夫气候分类)。20 世纪中期,随着高空气象观测、无线电技术、气象卫星和电子计算机的广泛使用以及人工气候模拟等方法的采用,气候学迅速发展。20 世纪 50 年代,菲利普斯 N. A. 第一次用流体力学方法在电子计算机上模拟了气候的形成。随着对海洋与大气相互关系的研究,一些学者从动力学角度研究地—气系统的辐射收支和能量转换,探讨气候形成原因。1950 年,英国布鲁克斯 C. E. P. 研究了地质时期和各个历史时期的气候。20 世纪 70 年代初,世界范围的气候异常引起人们的普遍关注,人们开始广泛开展气候变化的研究。1972 年,中国竺可桢发表《中国近五千年气候变迁的初步研究》一文。此后,中国学者又发表了中国五百年旱涝历史资料等。美国学者用数值方法模拟了 1 万多年前的古气候状态,并广泛开展了对未来气候变化趋势的研究。随着气象卫星的应用,气候资料的数量激增,用电子计算机快速处理气候资料的业务也随之发展,并随之提出了监视地球气候变化征兆的气候监测计划。从 20 世纪 70 年代起,气候学已扩展到同时涉及大气圈、水圈、冰雪圈、岩石圈和生物圈的气候系统的研究。

1.2.4 现代气候学阶段

在天气气候学和物理气候学发展的基础上,人们对大气运动的认识更进了一步,开始在研究中大量采用动力气象学的基础理论,所研究的气候学问题逐渐与天气气候学产生分离,进而发展为动力气候学[5],即从大气动力学方程、热力学方程和连续方程出发,在一定的初始条件和边界条件下经过适当的简化,用数值方法对方程组进行数值求解。用气候数值模拟方法所获得的结果在某种程度上可以较好地解释气候形成和气候变化中的物理机制,并可作为气候预报的有效途径。因为气候时间序列具有显著的周期性,但气候随时间的变化则是一个随机过程,所以气候问题既是一个动力学问题,也是一个统计学问题。动力气候学与统计气候学相互渗透的结果,发展成为随机动力气候学。同时动力气候学与物理气候学相结合,发展成为物理动力气候学,本书简称为物理气候学。

从 20 世纪 60 年代末开始,由于人们对气候变化研究的深入,认识到气候过程是一个非绝热过程,气候变化还受到其他许多因子的相互作用和相互影响。只讨论大气自身的变化是无法解释气候变化的,因此人们从系统论、信息论和控制论的观点研究气候分布和气候变化过程,提出了气候系统的概念。对气候变化的因果关系进行多学科交叉的深入探讨,这是现阶段气候学发展的必然趋势,也使气候学的研究发展到一个包括天文学、生物学以及地球科学各领域的多学科交叉的新阶段,即现代气候学。

现代气候学至少具有以下三个特点[6]:

① 传统气候学把气候当作静态来研究,只是描述某地区的气候特点,而现代气候学则把气候看作是具有不同尺度(如年际尺度、十年际尺度、百年际尺度和千年际尺度等)变化的复杂系统,要求预测某个地区或全球范围的各种时间尺度的气候变化;

② 传统气候学把气候因子局限于大气内部过程,而现代气候学认为气候形成和变化不仅是大气内部状态和行为的反映,而且是与大气有明显相互作用的海洋、冰雪圈、陆地表面及生物圈所组成的复杂系统的总体;

③ 在研究方法上,现代气候学除了继承并发展了传统气候学的统计方法外,还要求对气候系统进行全面系统的观测和综合分析,并对气候系统相互作用过程和气候形成、变化的动态过程进行物理—动力学理论研究和数值模拟。

1.3　气候学的重大变革

1896 年,瑞典科学家斯万 Ahrrenius 警告说,二氧化碳排放量的增加可能会导致全球变暖。然而,直到 20 世纪 70 年代,随着气候异常现象频繁出现和科学家们对地球大气系统的逐渐深入了解,气候异常才引起了大众的广泛关注。再加上现代科学技术的迅速发展,使得气候学发生了重大变革[6]。这之后举行了一系列以气候变化为重点的政府间会议,例如 1972 年在瑞典斯德哥尔摩召开了联合国环境大会,在会上强调了地球气候对于人类有极重要的影响。1974 年召开的联合国粮食大会,探讨了气候对世界粮食生产的重要作用,呼吁世界气象组织和联合国粮农组织建立气候警报系统。1974 年世界气象组织与世界科学联盟在瑞典斯德哥尔摩召开气候的物理基础及其模拟的国际讨论会,着重研究了气候形成的物理机制和气候与人类的关系,并提出了气候系统(Climate System)的概念和世界气候计划(WCP)。1979 年在日内瓦召开的第一次世界气候大会(WCC)批准了这一计划,并确认气候系统的研究是实施气候研究计划(WCRP)的重要理论基础。在 1990 年秋于日内瓦召开了第二次世界气候大会,大会期间呼吁建立一个气候变化框架条约,其确定的一些原则为以后的气候变化公约奠定了基础。

1990 年 12 月,联合国执委会批准了气候变化公约的谈判。气候变化框架公约政府间谈判委员会(INC/FCCC:The Intergovernmental Negotiating Committee for a Framework Convention on Climate Change)在 5 次会议后,参加谈判的 150 个国家的代表最终确定于 1992 年 6 月在巴西里约热内卢举行的联合国环境与发展大会上签署公约,为应对未来数十年的气候变化设定减排进程,该公约于 1994 年 3 月 21 日起生效。1995 年起,该公约缔约方每年召开缔约方会议(Conferences of the Parties,COP)以评估应对气候变化的进展。1997 年,《京都议定书》达成,温室气体减排成为发达国家的法律义务。2009 年在哥本哈根召开的缔约方第十五届会议发布了《哥本哈根议定书》,以取代 2012 年到期的《京都议定书》。2015 年 12 月,《联合国气候变化框架公约》近 200 个缔约方在巴黎气候变化大会上达成《巴黎协定》,指出各方将加强对气候变化威胁的全球应对,把全球平均气温较工业化前水平升高控制在 2℃之内,并为把升温控制在 1.5℃之内努力。这是继《京都议定书》后第二份有法律约束力的气候协议,为 2020 年后全球应对气候变化行动作出了安排。

另外,为了让决策者和一般公众更好地理解气候变化的科研成果,联合国环境规划署(UNEP:United Nations Environment Programme)和世界气象组织(WMO:World Meteorological Organization)于 1988 年成立了政府间气候变化专门委员会(IPCC:Intergovernmental Panel on Climate Change)。IPCC 的作用是在全面、客观、公开和透明的基础上,对世界上有关全球气候变化的现有最好科学、技术和社会经济信息进行评估。1990 年,IPCC 发布了第一份评估报告,对政策制定者和广大公众都产生了深远的影响,也影响了后续的气候变化公约的谈判。1995 年第二次评估报告提交给了 UNFCCC 第二次缔约方大会,并为京都议定书会议谈判作出了贡献。第三次评估报告于 2001 年完成,包括三个工作组的有关"科学基础""影响、适应性和脆弱性"和"减缓"的报告,以及侧重于各种与政策有关的科学与技术问题的综合报告。第四次评估报于 2007 年完成。第五次评估报告(2013 年完成)重点阐明了七方面的科学问题:一是更多的观测和证据证实全球气候变暖;二是确认人类活动和全球变暖之间的因果关系;三是气候变化影响归因,气候变化已对自然生态系统和人类社会产生不利影响;四是未来气候变暖将持续;五是未来气候变暖将给经济社会发展带来越来越显著的影响,并成为人类经济社会发展的风险;六是如不采取行动,全球变暖将超过 4℃;七是要实现在 21 世纪末 2℃升温的目标,须对能源供应部门进行重大变革,并及早实施全球长期减排路径[7]。

1.4　气候学的主要分类

太阳辐射、大气环流,下垫面状况(如海、陆、植被)是气候形成的几个主要因子。然而,这些因子之间如何互相作用而形成一个地方的气候特征,其机理目前尚不能完全掌握。此外,由于人类活动使大气中的微量元素和污染物质含量增加而对气候变化的影响,及各种地球天文参数对气候的影响等,都使气候形成理论和气候变化的研究变得极其复杂。目前,按气候学研究的内容和对象及方法,气候学可分为以下几种。

统计气候学:统计气候学是使用数学统计方法对气候资料和气候要素进行时空特征及相互关系的研究。按气候学研究的空间尺度划分,有全球气候、北半球气候、大区域气候和地方气候等不同尺度的气候。按时间尺度划分,有年际气候变化、几十年以上的气候变化和万年以上的气候变迁等。

古气候学:古气候学是通过代用气候资料和气候模式对没有仪器观测记录的古代气候进行研究。要研究几十年以上的气候变化和万年以上变化周期的气候变迁,就需要有至少十倍于该周期时间长度的资料,所以,除现代气象资料外,还需要利用历史记载和树木年轮等进行分析,以延长资料年限。对于万年以上的变化,常利用地质岩心、冰心、化石等资料进行分析推测。

天气气候学:天气气候学是应用天气分析的基本方法和大气环流的基本理论对多年间大气环流的一般状态及其变动的规律性进行的研究。如:环流的分型及其出现的频率,天气系统的频率、强度和路径,大范围气候异常与大气环流的关系等问题。

物理气候学与动力气候学:物理气候学与动力气候学主要以动力学的理论和方法研究气候形成和气候变化的原因。主要内容包括:辐射平衡、热量平衡、水分循环以及大气中各种污染物质和微量元素等的变化与气候的关系。运用大型电子计算机进行气候模拟,是研究物理动力气候学的重要方法,这一新分支的出现,为气候学的理论研究开辟了新的前景。

生态气候学:生态气候学是研究地表生态系统与气候环境相互作用关系的学科。生态气候学内容丰富,涉及多学科领域,从个体、种群、群落到生态系统、景观的不同层次,从微观到宏观角度,研究天气、气候与生物间的相互影响、相互作用,揭示不同尺度下生物对气候变化的响应及其适应对策,探讨生态系统组成、结构和功能变化对气候、水资源和生物地球化学循环的影响。

应用气候学:应用气候学是一个比较广泛的领域,涉及所有与气候相关的生产和生活问题。它主要是根据工农业生产和生活等各方面的特殊需要,研究它们同气候的相互关系,以及如何将气候知识广泛应用于各个方面。主要研究内容为:气候资源的利用,气候灾害的防御,大气环境的分析、评定和区划,以及各有关专业相应的气候问题。

此外,还有地理气候学、城市气候学、山地气候学、旅游气候学、气候资源学、卫星气候学、极地气候学、农业气候学、健康气候学等。这些气候学分支共同构成了现代气候学科学体系,体现了气候学在人类科学发展和社会经济活动中的重要作用[8]。

1.5 物理气候学的研究内容

物理气候学是一门根据流体力学和热力学等基本物理定律,运用数学和物理方法,研究地球气候的形成和变化规律的学科。它为气候变化的研究和气候预测提供理论依据,是气候学的分支学科之一。

由 20 世纪 20 年代以来,气候学开始从纯粹描述性的研究发展到气候形成和变化的原因的研究,其间出现了物理气候学的概念,主要包括地-气系统的辐射平衡、热量平衡和水分循环等的研究。20 世纪 60 年代以来,逐渐发展成独立的学科,即物理气候学。物理气候学把气候当作物理问题来研究,既注意气候与大气的动力、热力过程和能量转换过程的关系,也注意到地气系统的统一性,把气候看作在太阳辐射作用下,大气圈、水圈、冰雪圈、岩石圈和生物圈所组成的综合体,即气候系统相互作用的产物。其最基本的内容是研究气候系统各部分之间相互作用的物理过程。

本书以气候系统为主要线索,共 12 章。前 3 章着重介绍气候系统的物理特性以及基本方程;第 4 章到第 6 章,主要介绍气候系统的辐射传输机制、气候系统的能量平衡以及气候系统的反馈机制;第 7 章到第 10 章讨论了气候系统的敏感性及稳定性和气候系统的内部振荡、外部振荡。最后两章归纳总结了气候变化的形成机理,并对气候模拟与预测做了评述与展望。

参考文献

[1] 中国大百科全书总编辑委员会. 中国大百科全书:大气科学、海洋科学、水文科学[M]. 北京:中国大百科全书出版社,1987:581.
[2] 黄建平. 理论气候模式[M]. 北京:气象出版社,1992.
[3] 林本达,黄建平. 动力气候学引论[M]. 北京:气象出版社,1994.
[4] 缪启龙,江志红,陈海山,余锦华. 现代气象学[M]. 北京:气象出版社,2010.
[5] 李崇银. 气候动力学引论[M]. 北京:气象出版社,2000.
[6] 王绍武. 现代气候学概论[M]. 北京:气象出版社,2005.
[7] 秦大河. 气候变化科学概论[M]. 北京:科学出版社,2018.
[8] 周淑贞. 气象学与气候学:第三版[M]. 北京:高等教育出版社,1997.

第 2 章　气候系统的物理描述

人们通常将气候理解为气象要素的平均状态。然而,产生地球气候及其变化的机制是一个巨大而复杂的物理系统的一部分,该系统不仅包含已为我们所熟知的大气的特性,还包含我们尚未了解透彻的海洋、冰体的行为以及发生在地表的变化过程[1,2]。除物理因子外,复杂的化学和生物过程对气候的影响也相当重要。

近年来,在气候学中,系统理论和数学模式的应用已经完全改变了气候研究的主题。随着这种系统方法的发展,气候学已由对统计状态的简单描述演变为对形成气候环境的各种相互作用和交换的研究。经典的气候学主要处理各种气候要素的列表平均和极值,很少涉及气候的成因,与之相反的,物理气候学则讨论气候形成的真正原因,并描述气候变化的机制。由于气候系统的概念和模式有很大的用处,因此,在介绍气候系统之前,有必要简单介绍一些系统的相关概念。

2.1　系统的概念

所谓系统,即许多物体(成分)和属性(变量)组成的结构群,这些物体和属性之间通过一定的物理过程而相互联系(耦合),并按某种观测类型作为一个复杂的整体而起作用[2]。系统的概念是人们理解复杂现象十分有用的工具。根据它们的作用及其内在的复杂性,系统一般可以分成以下三类。

孤立系统——没有物质和能量的输入和输出(有阻止交换的边界)的系统。这种系统虽然可以在实验室中出现,但在真实的自然界中很少见,在一个孤立系统中,有使系统中现存的差异均衡化并使现存的秩序逐渐破坏趋势。

闭合系统——与周围没有物质交换,但有能量交换的系统。地球及其大气一起可以非常近似地看成一个闭合系统。

开放系统——与周围既有物质交换又有能量交换的系统。自然环境中观测到的系统大多数属于开放系统。开放系统为了维持,需要有能量的供给,它具有一个在孤立系统中不能发现的重要属性,即它可以达到稳定的平衡状态。这个系统中由于存在相互作用的变量,它们瞬时条件可能有振动,但在长时间上基本保持常定。这种系统多呈串级(cascade)结构,它包含一系列的子系统,这些子系统都有自己的大小和地理位置,它们之间通过一定的物理过程被物质和能量的串级在动力学上联系起来,通过这种耦合联系,一个子系统的物质和能量的输出变成下一个子系统的输入,这种输出和输入的分配由一定物理属性、过程及规律形成的调节器(机制)加以控制。开放系统的变化可以分为三种形式,即衰减性、周期型和不规则振动型。

2.2　气候系统及其组成

所谓"气候系统"就是指对一定时间尺度的气候变化有影响的物理系统,也可指大气圈、水圈、冰雪圈、岩石圈及生物圈等组成的相互作用的整体[3],如图 2.1 所示。

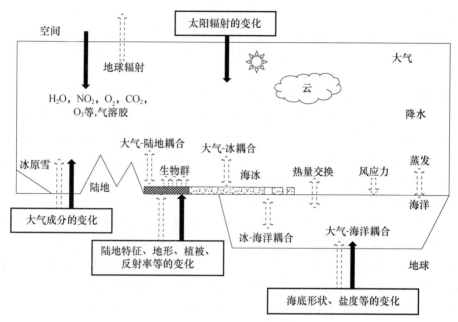

图 2.1　气候系统示意图

(实心箭头是气候变化外部过程的例子,空心箭头是气候变化内部过程的例子[3])

完整的气候系统由五大圈层组成,即大气圈、水圈、冰雪圈、岩石圈和生物圈,下面论述这些圈层的主要特征。

(1)**大气圈**:是包围地球的气壳,它是气候系统中最可变的部分。大气的质量约 5.3×10^{15} t,其比热为 1×10^{3}(J/(kg·K)),整个热容量为 5.32×10^{15} MJ/K。地球大气的成分以氮、氧、氩为主,它们占大气总体积的 99.96%。其他气体含量甚微,有二氧化碳、氖、氙、氦、甲烷、臭氧、水汽等。大气中的水汽来自江河、湖泊和海洋表面的蒸发,植物的蒸腾,以及其他含水物质的蒸发。在夏季湿热处(如高温的洋面或森林),大气中水汽含量的体积比可达 4%,而冬季干寒处(如极地)则低于 0.01%。水汽随着大气温度发生相变,成云致雨,成为淡水的主要资源。水的相变和水文循环过程不但把大气圈同水圈、岩石圈、生物圈紧密地联系在一起,而且对大气运动的能量转换和变化有重要影响。大气的热惯性较小,对外界热量变化的特征响应时间或热力适应时间估计为一个月。也就是说,大气依靠将热量向垂直方向和水平方向输送,可以在一个月左右的时间内调整到一定的温度分布。

(2)**水圈**:包含分布在地球表面的液态水,如海洋、湖泊和地下水,其中海洋对气候变化最为重要。海洋是由世界各大洋和邻近海区内的咸水组成,全球海洋总面积约 3.6 亿 km²,约占地表总面积的 71%,相当于陆地面积的 2.5 倍。世界海洋每年约有 50.5 万 km³ 的海水在太阳辐射作用下被蒸发,向大气供应 87.5% 的水汽。每年从陆地上被蒸发的淡水仅有 7.2 万

km³,约占大气中水汽总量的 12.5%。从海洋或陆地蒸发的水汽上升凝结后,又作为雨或雪降落到海洋和陆地上。陆地上每年约有 4.7 万 km³ 的水在重力作用下,或沿地面注入河流,或渗入土壤形成地下水,最终注入海洋,从而构成了地球上周而复始的水文循环。海洋中温度有季节变化的是平均厚度为 240 m 的海洋上层,其质量为 8.7×10^{16} t,热容量为 36.45×10^{16} MJ/K。陆地活动层的平均厚度只有 10 m,质量是 3×10^{15} t,其热容量只有 2.38×10^{15} MJ/K。大气:海洋活动层:陆地活动层,按质量比是 1:16.4:0.55,按热容量比是 1:68.5:0.45。可见,无论是从力学和热力效应来看,在气候系统中海洋有最大的惯性,它是一个巨大的能量贮存库。海洋的上层在几个月到几年的时间尺度上与上面的大气相互作用,而较深层海水的热调整时间的量级为几个世纪。

(3)**冰雪圈**:由全世界的冰体和积雪所组成,包括大陆冰原、高山冰川,海冰和地面雪被等。冰雪圈可分为季节性和永久性冰雪覆盖两大类。陆地雪盖的变化主要有季节性特征,海冰显示季节到几十年的变化,而冰雪和冰川的响应要缓慢得多,只在几百到几百万年的周期上体积和范围才显示重大变化。冰雪覆盖在地球热平衡中起着重要作用,它们的变化可以通过冰雪体的体积、范围(面积)以及海平面高度显示出来。

(4)**岩石圈**(也称陆面):由陆块组成,包括山脉、海洋盆地、岩石、土壤及地表沉积物。这些组分的各项特征在气候系统的所有分量中显示变化的时间尺度最长,其中山脉形成的时间尺度为 $10^5 \sim 10^8$ 年,大陆漂移的时间尺度为 $10^6 \sim 10^9$ 年,而陆地位置和高度改变的时间尺度最长,可以与地球的年龄相当(10^9 年)。陆地与大气之间的摩擦作用是大气动能的汇,地表反射率、土壤含水量和地面粗糙度是岩石圈影响大气环流及气候的重要物理参数。

(5)**生物圈**:由陆地上和海洋中的动植物以及人类本身组成,这些生物要素对气候很敏感,并影响气候变化。植物可以随着温度和降水的变化而发生自然变化,同时也改变着地面反射率和粗糙度、蒸发及地上水文,其自然变化特征时间在几百年到数千年间。生物圈在大气和海洋的二氧化碳平衡、气溶胶的产生以及其他气体成分和盐类有关的化学平衡都有很重要的作用。生物圈的过程同其他几个气候系统成员相比更加复杂,其机制的定量表征及数值模拟也更为困难。我们将在 2.6 节中对生物-地球化学循环进行详细讨论。

由上可见,为厘清产生地球气候及其变化的机制,我们面临着非常复杂的物理系统,其中每个组成部分都具有其独特的物理性质,并通过各种物理过程同其他部分联系起来,它们共同决定了某一地区的气候特征。近年来,由于人类活动对气候影响日益增大,将人类圈引入上述气候系统,并整体定义为地球系统。

2.3 气候系统的属性和物理过程

2.3.1 气候系统的属性

为了定量地表征和描述气候系统各成员的物理性质、状态及其变化,需要用一些物理量来表示气候系统的各种属性。气候系统的属性及描述这些属性的物理量大致可分成以下几类:

(1)热属性:用空气、水、冰及陆地的温度来描述;

(2)运动属性:用风速、洋流速度、垂直速度及冰体的漂移速度来描述;

(3)水属性:用空气的湿度、云量、云水量、地上水、湖面高度、雪、陆冰及海冰的含水量来描述；

（4）静力属性：用大气和海水的压力、密度、空气的成分、海水的盐度、系统的几何边界及一些物理常数来描述。

这些属性在一定的外因条件下通过气候系统内部的物理过程（也有化学过程和生物过程）而互相关联，并在不同时间尺度内变化。

2.3.2　气候系统的热量平衡

全球热量平衡是气候系统的基本物理过程之一。这种平衡依靠包括大气、云、地表之间的辐射传输等大量反馈过程来维持。全年平均情况如图 2.2 所示。这是根据常规资料和卫星观测资料综合分析计算的结果[3]。

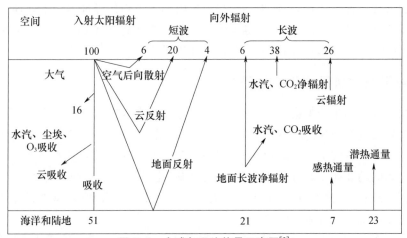

图 2.2　全球年平均热量示意图[3]
（图中数字为百分比，单位为%）

如果把到达大气上界的太阳辐射能当作 100％ 的话，那么，被反射回太空的 30％ 太阳短波辐射和 70％ 的射出长波辐射正好与之平衡。其中云反射了 20％，大气反射了 6％，下垫面反射了 4％，余下的被大气（O_3、水汽等吸收了 16％，云吸收 3％）和下垫面（51％）所吸收，并转化为各种形式的能量，绝大部分变成热能。大气获得热量的四种方式中，最多的是潜热（23％），其次是直接吸收太阳短波辐射（19％），吸收下垫面放射的长波辐射（15％），和以感热方式从下垫面获得的热量（7％）。然而，当大气的吸收和散射性质改变时（如火山爆发时喷射的火山灰，CO_2 等），上述各种过程的相对重要性也随之改变。

2.3.3　气候系统的内部反馈

在气候系统内部的各种变量之间通过各种物理过程所发生的相互作用，按其不同性质，可以定性地分为正反馈过程和负反馈过程。某变量 A 发生了变化，这种改变通过某种物理过程使 B 发生变化，如 B 产生的变化反过来使 A 的变化进一步增大，这种反馈被称为正反馈；如 B 产生的变化反过来使 A 的变化受到抑制则称为负反馈。然而，目前我们对气候系统的内部调节机制了解较少，尤其是定量方面。在气候模式中引入这种机制是物理气候学的重要课题之一[12]。对气候系统的内部反馈，我们将在第 6 章中进行详细讨论。

2.3.4 气候系统的外部强迫

气候系统是一个强迫耗散的开放系统,它的每一个组成部分都需要不断吸收外界能量才能维持其稳定状态。太阳辐射就是气候系统不断发生变化最主要的能量来源,它的微小活动都会对气候产生显著的影响。此外,天文因子(如地球轨道参数)、火山灰和人类活动等都是影响气候变化的外部因子。但是,内部因子和外部因子的差别并不是绝对的,两者随不同的问题、不同的时间尺度可以相互转化。例如,海洋的内部温度在较短时间尺度的问题中,可以看作外部因子,但对于较长的时间尺度,譬如在于计算 CO_2 与海洋之间反馈的模式中,则作为内部因子加以考虑。

内部因子在数值模式中是作为变量而出现的,外部因子则作为参数出现。过多的内部因子会使方程的求解过程复杂化,而如果不恰当地把内部因子当作外部因子来处理,则会忽略掉某些重要的反馈机制,因而影响结论的准确性,甚至歪曲问题的本质,影响其根本的正确性。我们将在第 10 章中对气候系统的强迫振荡进行详细讨论。

2.3.5 气候系统对外部强迫的敏感性

气候概念本身依赖于所考虑的时间尺度,气候系统的外部因子和内部因子的区分也依赖于所考虑的时间尺度。但这是就我们对问题处理而言的,并不意味着外部因子和内部因子本身存在客观的区分。事实上,气候系统的外因是该系统的边界条件和基本物理结构,而内因则与各种物理过程间的非线性相互作用有关。外因的变化是不受气候系统状况影响的,如:地球轨道参数,太阳辐照度的强度,由于人类活动而进入大气中的二氧化碳、臭氧、气溶胶等。内因的变化则与气候系统的状况紧密联系。

我们知道,即使外因固定不变,各种时间尺度的气候仍是变化的,这是非线性相互作用的结果。这样一来,我们能够把气候变化的原因分为两类——外因和内因。当给定外因变化时,气候状况会有何变化? 由于没有完整的包括气候系统内部实际存在的众多相互作用的数值模式,目前尚不能严格讨论这个问题。因此,我们不得已而采取简化的办法来讨论,即只考虑某一个因子的变化,在它所引起的众多相互作用的物理过程中,只考虑某些物理过程的响应。这种方法称为敏感性的研究。在第 7 章中,我们将对气候系统对外部强迫的敏感性进行详细讨论。

2.4 海气系统的耦合

海洋和大气之间通过一定的物理过程相互作用,组成一个复杂的耦合系统。图 2.3 是海气系统相互作用的示意图。

由图 2.3 可以看出,大气影响海洋和海洋影响大气的主要物理过程很不相同。大气主要通过向下的动量输送(风应力)影响海洋,产生风生洋流,再通过洋流的不均匀分布造成的辐散辐合及上翻下翻运动影响海温分布。与此不同,海洋则主要通过向上的感热及潜热输送来影响大气。这种热输送不仅影响大气的温度分布,更重要的是,它形成的大气行星波及长波运动的非绝热强迫源,会改变大气大尺度运动的流型。海气相互作用的一般特点如下[2]。

(1)最大热量及动量交换的地点在空间分布上不一致。

驱动洋流的动量通量(取正比于风应力)主要沿着西风带和信风中的纬度带进入海洋,进入南半球海洋的动量比进入北半球海洋的要多得多。另一方面,北半球潜热交换主要局限在与海洋西边界暖洋流相联的陆地边缘,次极大值在信风区,而极小值出现在沿赤道的海洋上翻区;在南半球,潜热输送主要位于信风带。这种最大动量和热量交换地点的空间分布不一致需要靠大气和海洋中的输送过程来重新再分布以维持平衡。

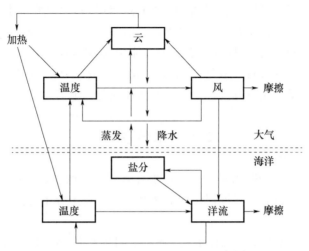

图 2.3　海气系统相互作用示意图[2]

(2)热量和动量交换在时间位相上不相同。

关于动量交换,在中纬冬半球由大气向海洋的动量通量相当高,而夏半球这个通量在北半球几乎可以忽略,在南半球也大大减小。在低纬,虽也存在季节信息,但是一般没有它在中纬那样的振幅(印度洋季风是明显的例外)。另一方面,关于热量交换,在一年之中总的热交换也很不相同。在中纬,潜热和感热交换占支配地位,因此海洋在晚秋、冬和早春释放出热量,在一年的其他时间,辐射在热收支中占优势,因而海洋积贮热量。相反,在赤道海洋的热通量在整年中几乎是相对常定的(印度洋例外)。

总之,作为驱动海气系统的成员的强迫因子的动量和热量通量之间有着不同且不相似的依赖于纬度的位相关系。海洋影响大气主要通过海洋向大气的感热和潜热输送,这些加热不但能形成对大气运动的边界强迫源,而且通过积云对流的凝结加热可以形成对大气的三维空中热源。这些对大气的非绝热强迫效应不但会在大气中产生局地的响应,而且可以通过热带的纬向 Walker 环流和经向 Hadley 环流以及行星波的传播在大气中产生范围十分宽广的遥响应,进而产生大气遥相关、ENSO 及低频振荡等现象。

海气之间的感热交换主要取决于两个因素,一是海面的风速,二是海气之间的温差。风产生大气湍流和垂直方向的湍流热输送,风速的大小影响感热输送的强度,海气的温差则既影响感热输送的大小,还决定感热输送的方向。当气温高于水温时,大气向海洋输送热量,但这时近海面大气的层结是稳定的,热量的输送主要靠分子运动来完成,因而极其缓慢而微弱;相反,如果水温高于气温,则近海面大气的层结不稳定,这时会发展强烈的湍流和自由对流运动。同时,表层海水因失热而密度增大,也形成不稳定层结,从而产生自由对流。正是由于大气和海洋中同时进行着上述的垂直湍流热量输送过程,海洋中的热量才迅速地、不断地向大气输送。平均而言,海洋表面的温度比近水层大气的温度高 0.8℃ 左右,因此,海洋与大气之间感热交换的结果是海洋向大气输送热量。

13

蒸发使海水失去热量,表面水温也随之降低。通过蒸发,一部分海水变成水汽进入大气,海水的一部分热量也同时以潜热的形式被水汽带入大气,当这些水汽在大气中凝结时,这些潜热又释放出来,成为大气的重要热源,因此,蒸发对海洋和大气的热交换起着重要的作用。蒸发的速率与近水面大气中水汽的垂直梯度成正比。通常认为,紧贴水面的空气是饱和的,如果海面以上空气的水汽含量比贴水面大气的小,这时通过扩散,水汽将向上输送,蒸发将得以继续进行;否则,蒸发将停止,甚至产生凝结过程,因此,在海面垂直方向上的水汽压差是维持蒸发的先决条件。由于饱和水汽压随着温度的升高而增大,因而,气温愈高,空气中容纳水汽的能力就愈强,有利于蒸发的进行。但是,气温对蒸发的影响主要不是它的绝对值,而是它的垂直梯度,近海面大气的垂直温度梯度(海气温差)及风速是影响海面蒸发速率的两个重要因素。

2.5　水分循环

气候系统是一个由岩石圈、水圈、大气圈、冰雪圈和生物圈构成的巨大系统。水在此系统中起着重要的作用,使气候系统各圈层之间的相互关系变得十分密切,水分循环则是这种密切关系的具体表现[4]。

水分的垂直移动主要表现为三种情况:一是太阳辐射的热力作用使水面及土壤表层的水分蒸发;二是植物根系吸收的大量水分经叶面蒸腾;三是空中的水汽遇冷后又凝结降落。空中气态水的周转速度很快,一般持水量不大。水分的水平移动,在空中表现为气态水随气流的移动,在地面表现为液态水自高向低的流动。所以,水分循环的动力就是太阳辐射和重力作用。自然界的水在太阳能、重力以及大气运动的驱动下,不断地从水面(江、河、湖等)、陆面(土壤、岩石等)和植物的茎叶面,通过蒸发或散发,以水汽的形式进入大气,并随大气环流进行水汽输送。在适当的条件下,大气圈中的水汽凝结成水滴,水滴合并为大水滴,当凝结的水滴大到能克服空气阻力时,就在地球引力作用下,以降水的形式降落到地球表面。到达地球表面的降水,一部分在分子力、毛管力和重力的作用下,通过地面渗入地下;一部分则形成地面径流主要在重力作用下流入河、湖泊,再汇入海洋;还有一部分通过蒸发和散发重新逸散到大气圈。渗入地下的那部分水,或者成为土壤水,再经由蒸发和散发逸散到大气圈,或者以地下水流入江、河、湖泊,再汇入海洋。水的这种永无休止的循环运动过程称为水分循环。水分由海洋输送到大陆,又回到海洋的循环称为大循环或外循环。由海洋面上蒸发的水汽,再以降水形式直接落到海洋面上,或从陆地蒸发的水汽再以降水形落到陆面上,这种循环为小循环(亦称内循环)。

气候系统中水分循环现象的发生,原因之一是水在常温下能实现液态、气态和固态的相互转化而不发生化学变化,这是水分循环发生的内因;其次是太阳辐射和地心引力为水分循环的发生提供了强大的热力和动力条件,这是水分循环发生的外因。太阳向宇宙空间辐射大量热能,在到达地球的总热量中约有23%消耗于海洋和陆地表面的水分蒸发。平均每年有577000 km³ 的水通过蒸发进入大气,通过降水又返回海洋和陆地。水分循环的空间范围向上可达地面以上平均约 11 km 的对流层顶,下至地面以下约 1 km 深处。

水分循环是自然界众多物质循环中最重要的物质循环。液态水是可溶性营养物的重要载体。水流可以携带物质,因此,自然界有许多物质,如泥沙、有机质和无机质会以水作为载体,参与各种循环。由于陆地上江河归海是单向流动,所以溶于水中的营养物从陆地流失后便难以返回。海水占地球总水量的 97％；淡水只占 3％，其中又有 3/4 为固态（冰）。所以陆地上可利用的淡水不足地球总水量的 1％。淡水湖泊含水量占地球总水量的 0.3％，土壤含水量也占 0.3％，河流只占 0.005％，还有少量水结合于生命活质中。陆地上的淡水分布很不均匀，有地区差异，也有季节年度差异。淡水分布不匀，再加上工业大量用水和水质污染等，这都使淡水资源问题日益突出。

　　水分循环是由空间尺度几米到几千千米，时间尺度几小时到几个月的相互交叉融合的复杂过程。空间尺度大的循环，时间尺度也长，如海陆间的一次水分循环过程可长达几个月的时间尺度。区域小循环的时间尺度可短到几小时。按照空间划分，水分循环可分为全球水分循环、区域水分循环和水-土-植系统水循环三种不同的尺度[4]。

　　全球水分循环即为海陆间循环，是空间尺度最大的水分循环（图 2.4），也是最完整的水分循环，在全球范围内，海面的蒸发量大于降水量，一部分水降到大陆；陆地的降水量大于蒸发和蒸腾量，多余的水流经地表和地下返回海洋。整个过程即为水的全球循环。由于海陆分布不均匀与大气环流的作用，地球上水有若干个大循环，这些循环随季节有所变动，它涉及气候系统各圈层的相互作用，与全球气候变化的关系密切。

　　区域水分循环即为海洋或陆地内的水分循环，是全球水分循环的组成部分。由于人类生活在陆地上，这一尺度的水分循环重点是陆地水分循环，并以流域为区域尺度强调降水径流的形成过程（图 2.4）。降落到陆地上的雨水，首先满足截流、填洼和下渗要求，剩余部分成为地面径流，汇入河网，再流入流域出口断面。截流最终耗于蒸发和散发，填洼的一部分将继续下渗，而另一部分也耗于蒸发。下渗到土壤的水分，在满足土壤持水量需要后将形成土壤中水径流或地下水径流，从地面以下汇集到流域出口断面。被土壤保持的那部分水分最终消耗于蒸发和散发。区域水分循环的空间尺度跨度也很大，可在 1～10000 km² 之间，相对于全球水分循环而言，它是一种开放式的循环系统。

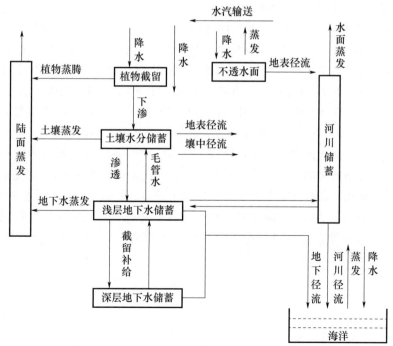

图 2.4　气候系统内不同尺度水分循环示意图[4]

15

水-土-植系统是一个由土壤、植物和水分构成的相互作用的系统,是区域水分循环的一部分,可以小到一个微分土块。水-土-植系统水分循环是气候系统空间尺度最小的水分循环。降水进入这个系统后将在太阳能、地球引力和土壤、植物根系产生的力场作用下发生截留、填洼、下渗、蒸发、散发和径流等现象,维持植物的生命过程。水-土-植系统水分循环也是一个开放式的循环系统。

全球水分循环是大尺度气候变化研究的核心之一。区域水分循环是区域气候变化研究的重点。水-土-植系统水分循环是区域水分循环的重要基础,也是陆面过程研究需要关注的重点之一。流域水循环的"自然-社会"二元演变是导致近年来水问题和水危机的本质原因,实现缺水地区供用水、水环境、水生态安全的国家目标,必须依靠以流域水循环为统一基础的水资源科学调控,其首要的科学基础是对高强度人类活动干扰下的流域水循环与水资源演变的内在机理及其规律的认知[5]。

2.6　生物—地球化学循环

生物—地球化学循环(geo-biological-chemical cycle),又称生物—地球化学旋回,即环境中各种元素沿着特定的路线运动,由周围环境进入生物体,最后回到环境中,各种元素运动路线所包含着的有机体的有机阶段和由各元素基本化学性质所决定的无生命的阶段所组成的循环运动过程。生物体内的化学成分总是在不断地新陈代谢,周转速度很快,由摄入到排出,基本形成一个单向物流。在生物体重稳定不变的条件下,向外排出多少物质,必然要从环境再摄入等量的同类物质。虽然新摄入的物质一般不会是刚排出的,但如果把环境中的同类物质视为一个整体,这样的一个物流也就可以视为一种循环。物流可能只是某个生物与环境之间的交换,也可能是由绿色植物开始,通过复杂的食物链再返回自然界,而农业施肥和畜牧喂饲等是生物地球化学循环中的人工辅助环节。

生物—地球化学循环还包括从一种生物体(初级生产者)到另一种生物体(消耗者)的转移或食物链的传递及效应。其中,固态物质的移动性很小。地壳变动虽然可以使海底沉积的磷酸盐升至地面,但这种概率很低。生物可以搬运固态物质,例如海鸟捕食海鱼后把粪排在海岛,从而使一部分海中的磷质(可能是上升流由海底带上来的)集中于地面。水速和风速达到一定程度时,也可携带固体物质。但这几种运动的规模都不大。具有生物学意义的主要是可溶性物质随水流的运动。生物需要的液态物质就是水及其中溶解的营养物,但水流只能由高而低单向流动,即从高海拔流向低海拔,最后汇于海洋,水分蒸发为气态后才能随气流返回内陆,原来溶于水中的物质大部分不能随同返回。气态物质的活动性最大,特别是陆地生物生活于空气中,摄取和排放气态物质都很方便。自然界中的水、碳、氮、磷、硫等重要物质的循环,基本是以液、气两种物态运动的。以溶液方式运动的营养物(如磷、硫),大量以沉积物的形式贮存在土壤和岩石中,这类物质的循环也常称为沉积型循环。生物—地球化学循环过程如图2.5所示。

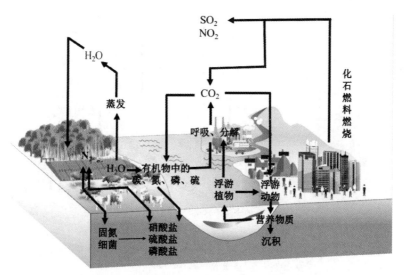

图 2.5　生物—地球化学循环过程示意图(吴楚樵、刘晓岳绘制)

2.6.1　氧循环

动植物的呼吸作用及人类活动中的燃烧都需要消耗氧气,产生二氧化碳(CO_2)。但植物的光合作用却大量吸收二氧化碳,释放氧气,因此构成了生物圈的氧循环。氧在各圈层中的浓度如下:地球整体 28.5%,地壳 46.6%,海洋 85.8%,大气 23.2%。所有元素中,唯有氧是同时在地壳、大气、水圈和生物圈中都有着极大丰度的元素。因此,在生物界和非生物界,氧都有着极端重要的地位。

大气中的氧主要以双原子分子 O_2 形态存在,并且表现出很强的化学活性。这种化学活性足以影响能与氧生成各种化合物的其他元素(如碳、氢、氮、硫、铁等)的地球—化学循环。大气中的氧气多数来源于光合作用,还有少量系产生于高层大气中水分子与太阳紫外线之间的光致离解作用。

在组成水圈的大量水中,氧是主要组成元素。在水体中还有各种形式的大量含氧阴离子以及相当数量的溶解氧,它们对水圈或整个生物圈中的生物有着极为重要的意义。大气中的氧和水体中的溶解氧之间存在着溶解平衡关系。当由于某种外来原因引起平衡破坏时,该水-气体系还具有一定的自动调节、恢复平衡的功能。例如当水体受有机物污染后,水体中的细菌当即降解有机物并耗用水中溶解氧,被消耗的溶解氧就由大气中的氧通过气-水界面予以补给。反之,当大气中氧的平衡浓度由于某种原因(例如岩石风化加剧)低于正常浓度时,则水体中溶解氧浓度也相应低落。由此,水体中有机物耗氧降解作用缓慢下来,相反地促进了水生生物的光合作用(增氧过程),这样就会进一步引起表面水中溶解氧浓度逐渐提高到呈过饱和状态而逸散到大气中去。

在生物光合作用和呼吸作用的过程中,参与氧循环的物质有 CO_2、H_2O 等。化石燃料的燃烧和有机物腐烂分解过程则是与呼吸作用具有类似情况的一类氧化反应。在陆地(也少量发生在海洋中),有许多金属通过氧化过程转化为不溶性氧化物;也有一些还原性的非金属可能被氧化为溶解性更大的化合物。全球氧循环简化图示如图 2.6 所示。

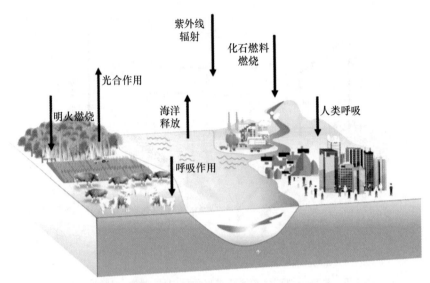

图 2.6　全球氧循环简化示意图,箭头向下为吸收氧气,箭头向上为释放氧气(刘晓岳绘制)

2.6.2　碳循环

碳是构成一切有机物的基本元素。绿色植物通过光合作用将吸收的太阳能固定于碳水化合物中,这些化合物再沿食物链传递并在各级生物体内氧化放能,从而带动群落整体的生命活动。因此碳水化合物是生物圈中的主要能源物质。生态系统的能流过程即表现为碳水化合物的合成、传递与分解。全球碳循环的基本过程包括大气、海洋、陆地、岩石圈的碳循环过程,以及各碳库之间的碳交换过程。

海洋碳循环在全球碳循环过程中扮演着重要的角色,其碳储量约为陆地碳库的 20 倍。海洋中碳的基本存在形式包括溶解无机碳、溶解有机碳和海洋生物、浮游植物,以及其他微生物有机碳。大气与海洋之间的 CO_2 通量主要受海气 CO_2 的分压差驱动。当海洋 CO_2 分压大于大气 CO_2 分压时,海洋为碳源;反之,当海洋 CO_2 分压小于大气 CO_2 分压时,海洋为碳汇。碳在海洋中的传输机制主要包括溶解度泵、生物泵和碳酸盐泵三个方面。溶解度泵是指在海洋环流等过程的影响下,碳在海水中发生平流、扩散,以及垂向迁移的物理交换过程;生物泵是指海洋产生的有机物沿着食物链逐级消费,传递和分解,产生大量的颗粒有机碳,并由表层向深层海水传递的过程;此外,含有碳酸钙的海洋贝类形成、沉积和分解等过程被称为碳酸盐泵。

陆地生态系统碳循环作为全球碳循环的重要组成部分,是认识地球各圈层相互作用和预测未来气候变化等科学问题的关键,但机制复杂,且不确定性很大。为定量描述陆地生态系统碳循环过程及其机理,学者们逐渐发展出了总初级生产力(gross primary productivity,GPP)、净初级生产力(net primary productivity,NPP)、净生态系统生产力(net ecosystem productivity,NEP)及净生物群区生产力(net biome productivity,NBP)等生产力指标,并通过它们之间的联系来表达陆地生态系统碳循环的基本过程。

自然界有大量碳酸盐沉积物,但其中的碳却难以进入生物循环。植物吸收的碳完全来自气态 CO_2。生物体通过呼吸作用将体内的 CO_2 作为废物排入空气中。翻耕土地也使土壤中容纳的一部分 CO_2 释放出来,腐殖质氧化产生的 CO_2 更多。燃烧煤炭和石油等燃料也能产生

CO_2，特别是工业化以后，以这种方式产生的 CO_2 量逐渐增大，甚至超过来自其他途径的 CO_2 量。大气中的 CO_2 一方面因植物的减少而降低了消耗，另一方面又因上述燃料使用量的增加而增多了补充，所以浓度有明显增加的趋势。但海水中可以溶解大量 CO_2 并以碳酸盐的形式贮存起来，因此可以帮助调节大气中 CO_2 的浓度。全球碳循环简化过程如图 2.7 所示。

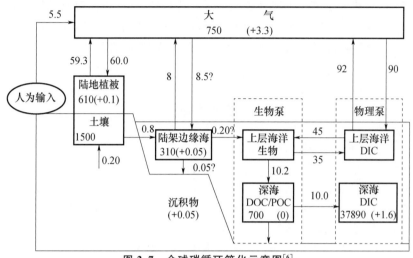

图 2.7　全球碳循环简化示意图[6]

图中数字表示碳的全球库存/年均流通量，单位为 10^9t，问号表示具体数量目前尚未确定

2.6.3　其他循环

在生物地球化学循环中还存在氮循环、磷循环、硫循环等重要基本循环。

氮循环（Nitrogen Cycle）是描述自然界中氮单质和含氮化合物之间相互转换过程的生态系统的物质循环。氮元素的生物地球化学循环是整个生物圈物质能量循环的重要组成部分。目前，全球每年通过人类活动新增的活性氮导致全球氮循环严重失衡，并引起水体的富营养化、水体酸化、温室气体排放等一系列环境问题。

磷循环是指磷元素在生态系统和环境中运动、转化和往复的过程。磷与氮、硫不同，在生物体内和环境中主要以磷酸盐形式贮存于沉积物中，以磷酸盐溶液形式被植物吸收，因此其不同价态的转化都无需微生物参与，是比较简单的生物—地球化学循环。但土壤中的磷酸根在碱性环境中易与钙结合，酸性环境中易与铁、铝结合，都形成难以溶解的磷酸盐，植物不能利用。而且磷酸盐易被径流携带而沉积于海底。除非有地质变动或生物搬运，否则磷质离开生物圈即不易返回。因此，磷的全球循环是不完善的。

硫循环是指硫元素在生态系统和环境中运动、转化和往复的过程。硫是生物必需的大量营养元素之一，参与光合作用、呼吸作用、氮固定、蛋白质和脂类合成等重要生理生化过程，主要以硫酸盐的形式贮存于沉积物中，以硫酸盐溶液形式被植物吸收。但沉积的硫在土壤微生物的帮助下却可转化为气态的硫化氢（H_2S），再经大气氧化为硫酸（H_2SO_4）复降于地面或海洋中。与氮相似的是，硫在生物体内以 -2 价形式存在，而在大气环境中却主要以硫酸盐（$+6$价）形式存在。

千百年来，人类不断扩大人为的农业生态系统代替自然生态系统，用人为的物质循环渠道代替自然的物质循环渠道。例如在农田中，一年生作物的单种栽培代替了自然植被，消灭了大量肉食动物,只保留少数役用和食用动植物。人工灌溉系统减轻了缺水地区和缺水季节的供水问题,稻秆喂饲家畜和粪肥施田形成了局部循环,但不恰当的耕作方法却造成水土流失。特别是工业化以后,大量生产矿质肥料和人造氮肥,极大地改变了自然界原有的物质平衡。而且,工业污染物侵入生物地化循环渠道,对人畜造成直接威胁。所以,人类应该保护自然界营养物质的正常循环,甚至通过人工辅助手段促进这些循环。同时,还应有效地防止有毒物质进入生物循环。生物圈中,一些物种排泄的废物可能是另一些物种的营养物,从此形成生生不息的物质循环。这一事实也启发人们在生产中探求化废为利的途径,这样既能提高经济效益,又可防止污染环境。

参考文献

[1] 黄建平.理论气候模式[M].北京:气象出版社,1992.

[2] 林本达,黄建平.动力气候学引论[M].北京:气象出版社,1994.

[3] National Academy of Science. Understanding climate change[C]//Report of the panel on climate variation of the U. S. Committee for GARP. National Academy of Science,Washington D C,1974.

[4] 缪启龙,江志红,陈海山,余锦华. 现代气象学[M].北京:气象出版社,2010.

[5] 程麟生,丑纪范.大气数值模拟[M].北京:气象出版社,1991:36-68.

[6] Fasham M J R,Baliño B M,Bowles M C. A New Vision of Ocean Biogeochemistry after a Decade of the Joint Global Ocean Flux Study [J]. Ambio,2001,30(Spec No 10):4-31.

第 3 章　气候系统的基本方程

由于气候系统其形状在空间上是不均匀的,在时间上是不断变化的,于是可用 1 组 4 个变量的函数(其中 3 个空间变量,1 个时间变量)来描述。根据物理规律的统一性,物理现象总是受着物理规律支配的,用数学的语言将这些规律表述出来,就得到描述该系统性状的函数所应满足的方程。系统所处的环境状况则被表述为方程的边界条件,系统的历史状况则体现在初始条件中[1]。下面分别给出大气、海洋、陆面过程和海冰系统的基本方程组[2],这些方程组几乎包含了气候系统的所有尺度,在建立气候模式时,要根据所研究的对象,对这些方程进行各种各样的简化,3.5 节将讨论这些简化的基本原则。

3.1　大气运动方程组

$$\frac{\mathrm{d}u}{\mathrm{d}t} - \frac{uv}{r}\tan\varphi + \frac{uw}{r} = -\frac{1}{\rho r\cos\varphi}\frac{\partial p}{\partial \lambda} + fv - \hat{f}w + F_\lambda \tag{3.1}$$

$$\frac{\mathrm{d}v}{\mathrm{d}t} - \frac{u^2}{r}\tan\varphi + \frac{vw}{r} = -\frac{1}{\rho r}\frac{\partial p}{\partial \varphi} - fu + F_\varphi \tag{3.2}$$

$$\frac{\mathrm{d}w}{\mathrm{d}t} - \frac{u^2 + v^2}{r} = -\frac{1}{\rho}\frac{\partial p}{\partial z} - g + \hat{f}u + F_z \tag{3.3}$$

$$\frac{\mathrm{d}\rho}{\mathrm{d}t} + \rho\left(\frac{1}{r\cos\varphi}\frac{\partial u}{\partial \lambda} + \frac{1}{r}\frac{\partial v}{\partial \varphi} + \frac{\partial w}{\partial r} - \frac{v}{r}\tan\varphi + \frac{2w}{r}\right) = 0 \tag{3.4}$$

$$p = \rho RT \tag{3.5}$$

$$C_p\frac{\mathrm{d}T}{\mathrm{d}t} - \frac{RT}{p}\frac{\mathrm{d}p}{\mathrm{d}t} = Q \tag{3.6}$$

$$\frac{\mathrm{d}q}{\mathrm{d}t} = \frac{1}{\rho}M + E \tag{3.7}$$

其中

$$\frac{\mathrm{d}}{\mathrm{d}t} = \frac{\partial}{\partial t} + \frac{u}{r\cos\varphi}\frac{\partial}{\partial \lambda} + \frac{v}{r}\frac{\partial}{\partial \varphi} + w\frac{\partial}{\partial z}$$

$$f = 2\Omega\sin\varphi$$

$$\hat{f} = 2\Omega\cos\varphi$$

这里使用的符号是一般大气动力学中经常使用的符号:λ、φ 和 z 是球坐标的经度、纬度;$z = r - a$,r 是与地心的距离,a 是地球半径;u,v,w 是沿 λ、φ 和 z 轴的速度分量。F_λ、F_φ、F_z 是 λ、φ 和 z 轴的摩擦力,t 是时间;ρ 是密度;p 是气压;g 是重力加速度;q 是比湿;M 是由于凝结或冻结造成的单位体积水汽的时间变率。E 是每单位体积水汽含量的时间变率,它是由表面蒸发和大气中次网格尺度的垂直和水平水汽扩散所引起的;Ω 是地球旋转角速度。

上列方程组共包含 u,v,w,ρ,p,T,q 7 个变量。牛顿第二定律的动量方程将速度的三个分量和气压、密度等联系起来;热力学第一定律的热量方程将密度和温度联系起来;连续方程则将密度和速度联系起来。若摩擦力 F,热源 Q,水汽汇 M 以及水汽源 E 可以用这些变量描写,则方程组成为这些变量相互制约的闭合方程组。从原则上讲,在一定的边界条件和初值条件下可以求解,但是实际上要求出精确解是不可能的,因此,人们根据大气的观测事实的特征尺度和物理原则对上述方程组进行简化,建立适于描写不同观测现象的模式。

在式(3.3)中除去气压的垂直梯度项和重力项以外都是很小的项,可以略去。因此,作用于大气每个质点的向上的气压梯度力和向下的地球重力相平衡,构成静力关系

$$\frac{\partial p}{\partial z} = -\rho g \tag{3.8}$$

准静力关系使得人们可用 p 作为垂直坐标描写大气大尺度运动。在这个坐标体系中的大气运动方程组为

$$\frac{\mathrm{d}u}{\mathrm{d}t} - \frac{uv}{a}\tan\varphi = -\frac{\partial \Phi}{a\cos\varphi\partial\lambda} + fv \tag{3.9}$$

$$\frac{\mathrm{d}v}{\mathrm{d}t} + \frac{u^2}{a}\tan\varphi = -\frac{\partial \Phi}{a\partial\varphi} - fu \tag{3.10}$$

$$\frac{\partial \Phi}{\partial p} = -\frac{RT}{p} \tag{3.11}$$

$$\frac{\partial u}{a\cos\varphi\partial\lambda} + \frac{1}{a\cos\varphi}\frac{\partial u\cos\varphi}{\partial\varphi} + \frac{\partial \omega}{\partial p} = 0 \tag{3.12}$$

$$C_p \frac{\mathrm{d}T}{\mathrm{d}t} - RT\omega = Q \tag{3.13}$$

$$\frac{\mathrm{d}q}{\mathrm{d}t} = S \tag{3.14}$$

其中

$$\frac{\mathrm{d}}{\mathrm{d}t} = \frac{\partial}{\partial t} + \frac{1}{\cos\varphi}\frac{\partial}{\partial\lambda} + \frac{1}{a\cos\varphi}\frac{\partial}{\partial\varphi} + \omega\frac{\partial}{\partial p}$$

式中,φ 为位势高度,$\omega = \frac{\mathrm{d}p}{\mathrm{d}t}$ 作为一个新的因变量,相当于 z 坐标的垂直速度 w。两者的关系可由下边界条件表示

在 $p = p_0$,

$$w = \frac{\partial z_0}{\partial t} + \frac{u}{a\cos\varphi}\frac{\partial z_0}{\partial\lambda} + \frac{v}{a}\frac{\partial z_0}{\partial\varphi} - \frac{1}{\rho_0 g}\omega$$

其中,z_0 为边界 p_0 等压面的高度,$z_0 = p_0(x,y,t)$。

在大气上界的边界条件是

在 $p = 0$,$\omega = 0$。

在式(3.14)中 S 代表与降水过程有关的水汽源和汇。此外,由于大气的厚度远小于地球半径,所以在给出上述各式时,用地球半径 a 代替了 r,并略去了小项 uw/r,vw/r 和 $\hat{f}w$。

3.2　海洋运动方程组

球坐标系中,海洋运动的基本方程组是:

$$\frac{\mathrm{d}u}{\mathrm{d}t}-\frac{uv}{a}\tan\varphi=-\frac{1}{\rho_{s_0}a\cos\varphi}\frac{\partial p}{\partial\lambda}+fv+$$

$$A_m\left\{\nabla^2u+\frac{(1-\tan^2\varphi)u}{a^2}-\frac{2\sin\varphi}{a^2\cos^2\varphi}\frac{\partial v}{\partial\lambda}\right\}+\mu\frac{\partial^2u}{\partial z^2} \tag{3.15}$$

$$\frac{\mathrm{d}v}{\mathrm{d}t}+\frac{u^2}{a^2}\tan\varphi=-\frac{1}{\rho_{s_0}a}\frac{\partial p}{\partial\varphi}-fu+A_m\left\{\nabla^2v+\frac{(1-\tan^2\varphi)v}{a^2}-\frac{2\sin\varphi}{a^2\cos^2\varphi}\frac{\partial u}{\partial\lambda}\right\}+k\frac{\partial^2v}{\partial z^2} \tag{3.16}$$

$$\frac{\partial p}{\partial z}=-\rho_s g \tag{3.17}$$

$$\frac{\partial w}{\partial z}+\frac{1}{a\cos\varphi}\left[\frac{\partial u}{\partial\lambda}+\frac{\partial}{\partial\varphi}(v\cos\varphi)\right]=0 \tag{3.18}$$

$$\frac{\mathrm{d}T}{\mathrm{d}t}=A_H\nabla^2T+k\frac{\partial^2T}{\partial z^2} \tag{3.19}$$

$$\frac{\mathrm{d}S}{\mathrm{d}t}=A_H\nabla^2S+k\frac{\partial^2S}{\partial z^2} \tag{3.20}$$

其中

$$\frac{\mathrm{d}}{\mathrm{d}t}=\frac{\partial}{\partial t}+\frac{u}{a\cos\varphi}\frac{\partial}{\partial\lambda}+\frac{v}{a}\frac{\partial}{\partial\varphi}+w\frac{\partial}{\partial z}$$

$$\nabla^2=\frac{1}{a^2}\frac{\partial^2}{\partial\varphi^2}+\frac{1}{a^2\cos^2\varphi}\frac{\partial^2}{\partial\lambda^2}$$

$$f=2\Omega\sin\varphi$$

这里使用的符号与大气运动方程组中使用的类似：λ、φ 和 z 是球坐标的经度、纬度和深度，在海面 $z=0$，自海面向下为负。u,v,w 是沿 λ、φ 和 z 轴的速度分量；大气中的摩擦项现在由垂直和水平黏滞项代替，其中 μ 是垂直涡动黏滞系数，A_m 是水平涡动黏滞系数。ρ_s 是海水密度，ρ_{s_0} 是海水这密度的常数近似，p 是压力，T 是海水温度，S 为盐度，k 和 A_H 分别是垂直和水平涡动扩散系数。

在海洋低层（这里 $z=-H(\lambda,\varphi)$）的边界条件是：

$$\frac{\partial}{\partial z}(u,v)=0$$

$$\frac{\partial}{\partial z}(T,S)=0$$

$$w=-\frac{u}{a\cos\varphi}\frac{\partial H}{\partial\lambda}-\frac{v}{a}\frac{\partial H}{\partial\varphi}$$

在海洋顶部 $z=0$ 的边界条件是：

$$\rho_{s_0}\mu\frac{\partial}{\partial z}(u,v)=(\tau_\lambda,\tau_\varphi)$$

$$\rho_{s_0}k\frac{\partial}{\partial z}(T,S)=\left(\frac{1}{c_{Pw}}H_{\mathrm{OCN}},v_s(E-P)S_0\right)$$

其中

$$\tau_\lambda=\rho C_D|v_a|u_a$$

$$\tau_\varphi=\rho C_D|v_a|v_a$$

式中，ρ 是空气密度，C_D 是拖曳系数，$|v_a|=\sqrt{u_a^2+v_a^2}$ 是大气的速度值。H_{OCN} 是流入海洋的净热量（加热为正，冷却为负），P 是降水率，E 是蒸发率，S_0 是海表面盐度，c_{Pw} 是海水的比热，

23

v_s 是一个经验转换因子。

3.3 陆面过程的基本方程

3.3.1 动量通量公式

陆地表面常常是大气的相对动量汇,由地表面的摩擦消耗边界层的大气动量。大气动量的边界通量公式是

$$\tau_\lambda = \rho C_D |v_a| u_a \tag{3.21}$$

$$\tau_\varphi = \rho C_D |v_a| v_a \tag{3.22}$$

式中,ρ 为大气密度,C_D 是拖曳系数,由理论和经验两方面确定,一般在洋面和平坦的陆面取 $C_D = 10^{-3}$,而对于凹凸不平的地区,那里有可观的边界层对流,拖曳系数的值较大,大约为 3×10^{-3}。$|v_a| = \sqrt{u_a + v_a}$ 为大气的风速。

3.3.2 地气交界面的能量平衡方程

地气交界面被理解为一无限薄的几何面,故质量为零。此面上的热量平衡方程常作为一边界条件,其表达式一般为[3]

$$R_N = LE + H + S_t + Q_g \tag{3.23}$$

式中,R_N 为地表面的净辐射通量,LE 为潜热通量,H 为地表与大气之间的感热通量,S_t 为地表面与生物、化学过程有关的湍流热通量。Q_g 为地表向下的热通量。

式(3.23)中的各项都是温度、云量、湿度、降水量、下垫面状况等的复杂函数。为了对气候进行模拟,必须对方程做出适量简化。下面就给出各项的常用表达式。

3.3.2.1 地表面的净辐射通量(R_N)

$$R_N = (1-\alpha)S^\downarrow + \varepsilon(F^\downarrow - \sigma T_g^4) \tag{3.24}$$

式中,α 为地表反照率,$S^\downarrow$ 为向下的太阳辐射通量;ε 为地表的红外放射率;$F^\downarrow$ 为向下的长波辐射通量,σ 为 Stefen-Boltzman 常数,T_g 为地表温度。

3.3.2.2 潜热和感热通量(LE, H)

$$LE = \rho L C_E |v_a| (q_g - q_a) \tag{3.25}$$

$$H = \rho C_P C_H |v_a| (\theta_g - \theta_a) \tag{3.26}$$

式中,C_E 是潜热交换系数,C_H 是感热交换系数,一般在洋面和平坦的陆面取 $C_E = C_H = 10^{-3}$;q_a 和 θ_a 是边界层的位温和混合比,q_g 和 θ_g 是地表的位温和混合比。

3.3.2.3 生物化学通量(S_t)

$$S_t = P_h + S_R \tag{3.27}$$

式中,P_h 为植物光合作用所消耗的能量,除热带雨林地区 P_h 值可达到 R_N 的 2% 以上,其余各地此项均很小;S_R 是植物生长过程所储藏的能量,在果园区 S_R 可达 R_N 的 1%,其余地区亦很小。对全球的大部分地方或者短期气候变化来说,S_t 的量级比式(3.23)中其余的各项小得多,故可忽略。

3.3.2.4　地表向下热通量(Q_g)

$$Q_g = \rho_g C_g k_g \frac{\partial T_g}{\partial z}\bigg|_{z=0} \tag{3.28}$$

式中，ρ_g，C_g 分别为下垫面的密度和比热；k_g 是垂直方向的热传导系数。

3.3.3　陆面的热量平衡方程

陆面的热量平衡方程一般写为

$$\frac{\partial T_g}{\partial t} - k_g \frac{\partial^2 T_g}{\partial z^2} - k_h \nabla^2 T_g = \frac{1}{\rho_g C_g} R_G \tag{3.29}$$

式中，k_g 和 k_h 分别为垂直和水平热传导系数，R_G 为下垫面内的热源项（如放射性物质的放热），一般来说 R_G 很小，可以忽略不计。

设厚度为 D 的陆地表层中 T_g 不变，则热量平衡方程可改写为

$$\rho_g C_g D\left(\frac{\partial T_g}{\partial t} - k_h \nabla^2 T_g\right) = Q_g + Q_D + R_G$$

或用式(3.23)消去 Q_g，则有

$$\rho_g C_g D\left(\frac{\partial T_g}{\partial t} - k_h \nabla^2 T_g\right) = R_N - H - LE - S_t + Q_D + R_G$$

式中，Q_D 为通过 D 深度的下垫面向上传递的热量。

3.3.4　陆面水分平衡方程

光秃和雪盖陆地表面的水分收支方程为

$$\frac{\partial W}{\partial t} = P_r + M_s - E - Y \tag{3.30}$$

式中，W 为地表层的有效土壤湿度（以米为单位），P_r 为地表的降水率，M_s 为雪融解时消耗的能量通量，E 为蒸发率，Y 为径流率（包括地表层的径流和土壤表面向下层的渗流）。蒸发率可按下述方式与土壤湿度联系起来：

$$W \geqslant W_c, E = E_{ap}$$

$$W < W_c, E = E_{ap}\frac{W}{W_c}$$

式中，W_c 是土壤湿度的临界值，E_{ap} 是饱和面上的可能蒸发率。以上方程说明如果土壤湿度比 W_c 大，则蒸发率达最大值 E_{ap}；如果土壤湿度比 W_c 小，则蒸发率作为 W_c 的函数呈线性减小。Manabe 假定土壤湿度的田间持水量 W_{Fc} 是 0.15 m，W_c 是该值的 75%。

雪质量收支方程为

$$\frac{\partial S}{\partial t} = P_s - E_s - M_g \tag{3.31}$$

式中，S 是单位面积的雪质量（$S = \rho_s h_s$，h_s 为雪深，ρ_s 为雪的密度），P_s 为地表面的降雪率，E_s 为地面的升华率，M_g 为融雪率，它根据地面的能量平衡来计算，假如在有雪存在时，如果地表温度 T_g 小于 273K，则 $M_g = 0$，否则 M_s 按下式计算。

$$M_g = \begin{cases} \dfrac{1}{L_f}[R_N - H - LE] & 若[R_N - H - LE] > 0 \\[2mm] 0 & 若[R_N - H - LE] < 0 \end{cases}$$

式中，L_f 是融解潜热。

3.4 海冰系统方程组

3.4.1 无雪覆盖海冰系统的热力学方程组

图 3.1 给出了无雪覆盖海冰系统的能量收支，主要的能量过程包括：入射的太阳短波辐射 $S^\downarrow$，向下的长波辐射 $F^\downarrow$，向上的长波辐射 $F^\uparrow$，大气和冰之间的感热 H 和潜热通量 LE，通过冰层的热传导 G_i，冰融化的能量通量 M_i。

3.4.1.1　冰气交界面的能量平衡方程

$$H + LE + \varepsilon_i F^\downarrow + (1-\alpha_i)S^\downarrow - I_0 - F^\uparrow + (G_i)_0 - M_i = 0 \qquad (3.32)$$

式中，ε_i 为长波放射率，α_i 为冰的反照率，I_0 为透过冰层的太阳短波辐射通量，它取决于冰的物理性质，但在数值模式中一般取为常数，约为入射的 $0 \sim 10\%$。

不同的作者，式(3.32)中几项表达的方法也不同，但是使用的总体空气动力学公式却是一致的，如感热和潜热通量一般写为

$$H = \rho C_p C_H |v_a|(\theta_a - \theta_i) \qquad (3.33)$$

$$LE = \rho L C_E |v_a|(q_a - q_i) \qquad (3.34)$$

其中，ρ 为大气的密度，C_H 为感热交换系数，C_E 为潜热交换系数，L 为凝结潜热，θ_a 和 q_a 为大气边界层的位温和混合比，θ_i 和 q_i 是冰面的位温和混合比。需要指出的是，式(3.32)中使用的 H 和 LE 符号按惯例通量向下为正，向上为负（这个定义与式(3.23)中的定义相反，因为大气和海冰文献习惯不同。这里用海冰惯例是为了便于以后查阅文献）。

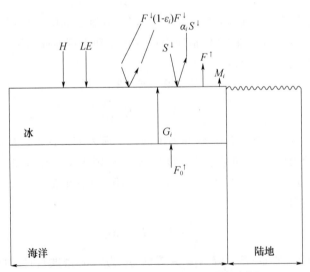

图 3.1　无雪覆盖海冰系统的能量收支[2]

$F^\downarrow$ 和 $S^\downarrow$ 一般用经验公式计算。射出长波辐射的灰体辐射通量 $F^\uparrow$ 的公式为

$$F^\uparrow = \varepsilon_i \sigma (T_i)_0^4 \qquad (3.35)$$

式中，σ 为 Stefen-Boltzmann 常数，T_i 为海冰的温度，$(T_i)_0$ 为冰面的温度。冰面的热传导通

量是

$$(G_i)_0 = k_i \left(\frac{\partial T_i}{\partial z} \right)_0 \tag{3.36}$$

式中，k_i 为冰的热传导系数，近似为常数。令 h_i 等于冰的厚度，Q_i 为冰的融解潜热，则冰融化的能量通量 M_i 为

$$M_i = -Q_i \frac{\mathrm{d}h_i}{\mathrm{d}t} \tag{3.37}$$

3.4.1.2　冰的热传导方程

冰的热传导方程由考虑太阳短波辐射透射修正的热传导方程给出，即

$$\rho_i C_i \frac{\partial T_i}{\partial t} = k_i \frac{\partial^2 T_i}{\partial z^2} + K_i I_0 \mathrm{e}^{-k_i z} \tag{3.38}$$

式中，ρ_i 是冰的密度，C_i 是冰的比热，k_i 是冰的整体消光系数。

3.4.1.3　冰海交界面的能量平衡方程

在冰和海水交界面上的能量平衡方程表示为：通过内界面融化所吸收的能量或冻结所释放的能量（即通过状态变化），和来自海洋的能量通量 $F_0^\uparrow$ 与通过冰的向上传导通量的差相平衡，即

$$-Q_i \left(\frac{\partial h_i}{\partial t} \right)_{h_i} = F_0^\uparrow - k_i \left(\frac{\partial T_i}{\partial z} \right)_{h_i} \tag{3.39}$$

公式（3.32）、（3.38）和（3.39）构成了无雪覆盖海冰系统的热力学方程组，可由此得出海冰厚度 h_i 和温度 T_i 的变化。

3.4.2　有雪覆盖海冰系统的热力学方程组

当冰面上有雪覆盖时，情况要复杂一些，图 3.2 给出了有雪覆盖时海冰系统的能量收支。

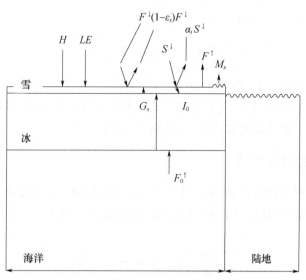

图 3.2　有雪覆盖时海冰系统的能量收支[2]

3.4.2.1　雪气交界面上的能量平衡方程

与无雪时冰气界面的情况类似，雪气交界面上的能量平衡方程为

$$H + LE + \varepsilon_s F^{\downarrow} + (1 - \alpha_s) S^{\downarrow} - I_0 - F^{\downarrow} + (G_s)_0 - M_s = 0 \tag{3.40}$$

式中，ε_s 为雪的长波放射率，α_s 为雪的短波反射率，G_s 为通过雪层的热传导通量，$(G_s)_0$ 是表面的 G_s 值。计算公式为

$$(G_s)_0 = k_s \left(\frac{\partial T_s}{\partial z} \right)_0 \tag{3.41}$$

这里 k_s 为雪的热传导系数，近似取为常数。M_s 为雪融解时消耗的能量通量，设雪的厚度为 h_s，Q_s 为雪的融解潜热，则有

$$M_s = -Q_s \frac{\mathrm{d} h_s}{\mathrm{d} t} \tag{3.42}$$

3.4.2.2　雪的热传导方程

$$\rho_s C_s \frac{\partial T_s}{\partial t} = k_s \frac{\partial^2 T_s}{\partial z^2} + K_s I_0 \mathrm{e}^{-k_s z} \tag{3.43}$$

式中，ρ_s 为雪的密度，C_s 为雪的比热，K_s 为雪的整体消光系数。

3.4.2.3　雪冰交界面的能量平衡方程

$$k_s \left(\frac{\partial T_s}{\partial z} \right)_{h_s} = k_i \left(\frac{\partial T_i}{\partial z} \right)_{h_s} \tag{3.44}$$

下标 h_s 表示雪和冰的交界面。

3.4.2.4　冰的热传导方程

和无雪的情况一样，冰的热传导方程为

$$\rho_i C_i \frac{\partial T_i}{\partial t} = k_i \frac{\partial^2 T_i}{\partial z^2} + K_i I_0 \mathrm{e}^{-k_i z} \tag{3.45}$$

3.4.2.5　冰海交界面的能量平衡方程

$$-Q_i \left(\frac{\mathrm{d} h_i}{\mathrm{d} t} \right)_{h_s + h_i} = F_0^{\uparrow} - k_i \left(\frac{\partial T_i}{\partial z} \right)_{h_s + h_i} \tag{3.46}$$

式中，下标 $h_s + h_i$ 表示冰和海水的交界面。

公式(3.40)、(3.43)~(3.46)就构成了有雪覆盖时海冰系统的热力学方程组。当温度超过冰点时，首先是雪融化，其次是冰融化，雪比冰的融化要更快一些。

3.4.3　海冰系统的动力方程

海冰的运动主要受五种力控制：海冰上层大气的风应力 τ_a；冰下方海水的应力 τ_w，潮汐力 G，地球旋转引起的柯氏力 D 以及海冰之间的相互作用的内应力 I。于是海冰的动量平衡方程可以写为

$$m \frac{\mathrm{d} V_i}{\mathrm{d} t} = \tau_a + \tau_w + D + G + I \tag{3.47}$$

式中，m 为单位面积海水的质量，V_i 为冰的速度。式(3.47)中各项的相对大小，随条件变化很大。关于式中哪些项是重要的，哪些项是不重要，存在着不同的看法。因而，在各种简化计算中，不同的研究者用不同的变形去进行计算，下面给出一般的表达式，详细的讨论读者可以阅

读文献[2]。

3.4.3.1　大气的风应力 τ_a

$$\tau_a = \rho_a C_a |V_g - V_i| [(V_g - V_i)\cos\varphi + k \times (V_g - V_i)\sin\varphi] \tag{3.48}$$

式中，ρ_a 是大气的密度，C_a 是大气拖曳系数，V_g 是地转风，φ 是大气边界层中的转向角[2]，通常把不确定的 φ 和 C_a 值假定为常数而加以简化。此外，一般情况下 $|V_g| \gg |V_i|$，因此式 (3.48) 常简化为

$$\tau_a = \rho_a C_a |V_g| (V_g \cos\varphi + k \times V_g \sin\varphi) \tag{3.49}$$

3.4.3.2　海洋的水应力 τ_w

$$\tau_w = \rho_w C_w |V_w - V_i| [(V_w - V_i)\cos\theta + k \times (V_w - V_i)\sin\theta] \tag{3.50}$$

式中，ρ_w 为海水密度，C_w 为海洋的拖曳系数，θ 为海洋边界层的转向角，通常也假定 θ 与 C_w 为常数，V_w 是海洋地转速度。

3.4.3.3　柯氏力 D

$$D = \rho_i h_i f V_i \times k \tag{3.51}$$

式中，ρ_i 为冰的密度，h_i 为冰的厚度，$f = 2\Omega\sin\varphi$ 为柯氏参数。

3.4.3.4　潮汐力 G

$$G = -\rho_i h_i g \nabla H \tag{3.52}$$

式中，g 是重力加速度，H 海表面高度场。

3.4.3.5　冰的内应力 I

内应力 $I = (I_x, I_y)$，常常表示为

$$I_x = \frac{\partial}{\partial x}\left[(\eta+\xi)\frac{\partial u}{\partial x} + (\xi-\eta)\frac{\partial v}{\partial y} - \frac{P}{2}\right] + \frac{\partial}{\partial y}\left[\eta\left(\frac{\partial u}{\partial y} + \frac{\partial v}{\partial x}\right)\right] \tag{3.53}$$

$$I_y = \frac{\partial}{\partial y}\left[(\eta+\xi)\frac{\partial v}{\partial y} + (\xi-\eta)\frac{\partial u}{\partial x} - \frac{P}{2}\right] + \frac{\partial}{\partial x}\left[\eta\left(\frac{\partial u}{\partial y} + \frac{\partial v}{\partial x}\right)\right] \tag{3.54}$$

式中，ξ 是非线性总体的黏滞性，η 是非线性切变黏滞性，P 是依赖于冰厚度的压强项。

3.5　气候系统的宏观描述

气候变化在时空上是从小到大的各种尺度的连续谱，用场来描述其状态，具有无穷个自由度。但是要进行数值计算，只能对有限个数进行，这就避免不了地要遇到无穷和有限之间的矛盾[1]。不论用格点上的数值（差分法）或者谱系数（谱方法）来描述场，都有一些更小尺度的现象表示不出来。是否通过增加模式的分辨率，问题就能解决呢？ 早在 20 世纪 50 年代初，亚历山大洛夫在《数学——它的内容，方法和意义》[4]一书中说："实际上，量的方面的数学的无穷性比起现实世界质的方面的无涯无尽性来是极为粗浅的，无论是引进无穷多个参数，还是利用空间的点函数来描述连续介质状态，都不是实际现象的无限复杂性的反映，因为这种描述不可能是绝对精确的。严格说来'在一点上'的密度、温度……实际上是不存在的，我们所研究的物体具有分子结构……问题的理想化是不可避免的。既然如此，实际现象的研究并不总是朝着增加所引用的参数的数目这一个方向发展。一般说来，在为了考虑某一现象而采取的数学模型中，把决定个别'系统状态'的特征标志 ω 复杂化绝不能说是永远都适宜的。恰恰相反，研究者的技巧在于寻找一个非常简单的位相空间 Ω（即系统的各种可能状态 ω 的集合），使得当我

们把实际过程换成点 ω 在这个空间中的因果式的变迁过程时,仍能抓住实际过程的各个主要方面"[1]。按这种观点,在建立某种气候现象的数值模式时,首先要利用该现象的特点,使问题得到简化。例如,大气作为气候系统中的一个成员,是一个强迫耗散的非线性系统。如果考虑在一个定常外源(或者严格周期的外源)的强迫下,已经从理论上证明,在无穷维的相空间中存在整体吸收集,其中存在不变点集。随着时间 t 的不断增长,系统的状态将越来越接近这个不变点集,它反映了系统的终态[5]。从物理上讲,也就是系统向外源的适应。在相当广泛的条件下,又可以证明这个不变点集的维数是有限的。也就是说,它只有有限个自由度。耗散消耗掉大量小尺度的较快的运动模式,使决定系统长期行为的有效自由度数目减少,许多自由度的演化过程中成为"无关变量"[6]。如果研究的是定常外源(或者是严格周期的外源)的强迫下,系统的 $t \to \infty$ 的渐变行为,则系统实际上只有有限个自由度,如果用来描述系统状态的变量包含了这有限个支撑起吸引子的自由度的话,那就可以有一个精确的自变量的离散化。存在一个(至少在理论上)有限阶的常微分方程组,它精确地描述了原来为偏微分方程组所描述的无穷维系统的渐近行为。上述结论从实际观测资料的分析中也得到了证实[7]。这说明为什么一些很简单的模式也能模拟出气候变化的一些基本特征。当然这并不是说光靠简单模式就能解决问题。我们不仅需要了解气候变化的基本特征,还需要知道变化的细微结构,这就需要用复杂模式进行模拟。简化模式的最大作用在于至少可以用来指导复杂模式,有目的的进行试验。就像我们绘画时要先素描一样。

因此,气候模拟实质上是对应于不同时空尺度的物理过程分别建立不同等级的模式。一个"模式"是由包含有限个方程的方程组所组成,这个方程组必须是闭合的,即未知函数的个数与方程的个数是相等的。目前虽已建立了多种气候模式,但归结起来主要有六种基本气候模式:(1)辐射-对流模式(RCM);(2)能量平衡模式(EBM);(3)纬向平均动力模式(ZADM);(4)距平模式(AM);(5)大气环流模式(GCM);(6)地球系统模式(CESM)。我们将在后面的章节中陆续介绍这些模式。

参考文献

[1] 丑纪范.长期数值天气预报[M].北京:气象出版社,1986.

[2] 黄建平.理论气候模式[M].北京:气象出版社,1992.

[3] 汤懋苍.理论气候学概论[M].北京:气象出版社,1989.

[4] 亚历山大洛夫 A II. 数学——它的内容,方法和意义[M].北京:科学出版社,1959.

[5] 汪守宏,黄建平,丑纪范.大尺度大气运动方程组解的一些性质——定常外源强迫下的非线性适应[M].
中国科学 B 辑,1989,(3).

[6] 郝柏林.分岔、混沌、奇怪吸引子、湍流及其他[J].物理学进展,1983(3):63-150.

[7] 黄建平,丑纪范,衣育红.500 hPa 月平均距平场演变的宏观描述[J].气象学报,1989,47(4):484-487.

第4章 气候系统中的辐射传输

通过地气系统对太阳短波辐射以及红外辐射的散射和吸收的影响,气候系统可能发生各种时间尺度的变化。如果气候系统处于平衡状态,那么,地球和大气吸收的太阳能量和放射到外空间的辐射是相平衡的,任何可以干扰这一平衡的因素,例如大气环流的变化(温度、风场、相对湿度)、大气痕量气体的变化(CO_2、氟、氢烃、O_3)、天文因素的变化(太阳活动的周期变化、地球轨道的变化)、大气气溶胶的变化(火山爆发)等,都会使地面和对流层大气的辐射收支产生变化,随之改变气候。本章就是讨论这种可以改变气候的辐射强迫机制。

4.1 大气中辐射传输的基本特性

由于篇幅所限,对大气中的辐射传输不可能作详细的介绍,有兴趣的读者可参阅有关专著[1,2]。

4.1.1 太阳光谱和大气的吸收谱

太阳发射的电磁辐射在大气顶上随波长的分布叫做太阳光谱。太阳光谱如图4.1所示。从图中可以看出,在大气顶外,太阳光谱与$T=6000$ K的黑体辐射相当接近。在地表,由于各种气体的吸收,其结果与之差别较大。在较短的波长中臭氧是太阳能最有效的吸收体,而对较长的波长而言,水汽和二氧化碳是重要的吸收体。在地球大气中的臭氧(O_3),二氧化碳(CO_2)和水汽(H_2O)是重要的三原子分子,它们既吸收也放射某部分辐射,并影响气候系统。臭氧在$9\sim10$ μm区域是很强的吸收体,二氧化碳在$2\mu m$,$3\mu m$,$4\mu m$和$13\sim17$ μm区吸收最强,水汽

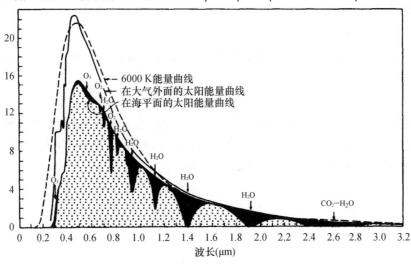

图 4.1 大气顶和地表太阳光谱的分布曲线[3]

31

在 $1\sim8~\mu m$ 范围和比 $13~\mu m$ 大的波长区域有几个吸收带(见图4.2)。从图4.2左上角放大了的部分可以看到在 $1.98~\mu m$ 和 $2.0~\mu m$ 之间非常详细的水汽线谱。若将波谱的其他部分做类似的放大,也可以看到同一性质的细微结构。图4.2最下面的一条曲线说明,在 $8\sim12~\mu m$ 区域除去靠近 $9.6~\mu m$ 为臭氧吸收外,大气几乎是透明的。由于它的透明性,把 $8\sim12~\mu m$ 称作大气窗,这里也是大气中红外长波辐射最强的区域。气候研究的一个重要课题是研究如果大气窗被 CO_2 或痕量气体所污染,气候系统将如何变化。

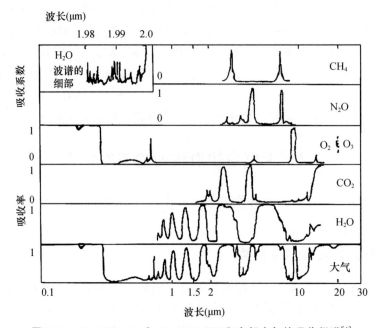

图 4.2 H_2O, CO_2, O_2 和 O_3, N_2O, CH_4 和全部大气的吸收频谱[4]

4.1.2   Lambert 和 Kirchhoff 定律

支配辐射传输的主要物理基础可概括为 Lambert 和 Kirchhoff 两个定律。

4.1.2.1   Lambert 定律

Lambert 定律表示某一波长 λ 的辐射强度 I_λ 在垂直方向上由于大气垂直厚度层 $\mathrm{d}z$ 的吸收产生的变化,即

$$\mathrm{d}I_\lambda = -I_\lambda K_\lambda \rho \mathrm{d}z \tag{4.1}$$

式中,K_λ 是吸收系数,ρ 为该层吸收气体的密度,I_λ 是波长为 λ 的辐射率,定义为单位时间、单位面积、单位立体角的能量。若 θ 是到达水平面的入射线和垂直方向的夹角,在水平面上对 θ 进行半球积分,即可得到从各个角度到达的通量,即

$$F_\lambda = \int I_\lambda \cos\theta \mathrm{d}\theta \tag{4.2}$$

式(4.1)两边除以 I_λ 并进行积分,得到

$$I_\lambda = I_{\lambda_0} \, \mathrm{e}^{-x} \tag{4.3}$$

式中,$x = \int K_\lambda \rho \mathrm{d}z$,称为光学厚度或光学路径长度;$\tau_\lambda = \mathrm{e}^{-x}$ 是相对透明度,表示初始辐射率 I_{λ_0}

通过光学路径长度 x 时透射的百分比。假如 $x=1$，则 $\tau_\lambda=0.3$，它意味初始强度 I_{λ_0} 减少了 63％；若 $x=2$，则 $\tau_\lambda=0.14$，意味着强度减少了 86％。在有浓黑云的大气中常常观测到至少 $x=10$ 的光学厚度，但对一般大气情况，x 的典型值要比 1 小得多。

4.1.2.2　Kirchhoff 定律

介质可以吸收特定波长的辐射，同时也能发射同样波长的辐射，发射率是温度和波长的函数，这是热力平衡条件下介质的基本性质。也就是说，在热力平衡条件下介质的发射率 ε_λ 与它的吸收率为 A_λ 相等。吸收率为 A_λ 的介质只吸收 A_λ 倍的黑体辐射强度 $B_\lambda(T)$，同时它发射出 ε_λ 倍的黑体辐射强度。对黑体而言，它的吸收和发射均为最大，所以对所有波长有

$$A_\lambda = \varepsilon_\lambda = 1 \tag{4.4}$$

灰体不能全部吸收和发射，可写为

$$A_\lambda = \varepsilon_\lambda < 1 \tag{4.5}$$

热力平衡条件要求达到均一的温度分布和各向同性辐射。显然，地球大气的辐射场就整体而言是各向异性的，它的温度也不是均一的。但对约 40 km 以下的局部空间而言，作为较好的近似，可以将它当作具有均一温度且各向同性的。因此，只在局部热力平衡的意义上，Kirchhoff 定律才适用于大气。

根据 Kirchhoff 定律，对一个黑体由于发射辐射所造成的强度变化为

$$dI_\lambda = K_\lambda \rho dz B_\lambda(T) \tag{4.6}$$

式中，$B_\lambda(T)$ 是在给定温度 T 时，单位立体角、单位面积波长为 λ 的黑体辐射。

4.1.3　辐射传输方程

当一束强度为 I_λ 的辐射通过厚度为 dz 的介质时它将被吸收，但同时辐射强度也可以由于相同波长上物质的发射而增强。因此，根据 Lambert 和 Kirchhoff 定律传输方程可写为

$$dI_\lambda = -I_\lambda K_\lambda \rho dz + B_\lambda(T)K_\lambda \rho dz \tag{4.7}$$

这一方程被称为 Schwarzchild 方程。式中第一项表示由于吸收作用造成的辐射强度的减弱，第二项表示由于物质的黑体发射造成的辐射强度的增大。

根据式（4.3）和 τ_λ 的定义，可以得到以 z 为气层底部和 z_1 为气层顶部之间辐射通量的相对透明度为

$$\tau_\lambda(z,z_1) = e^{-\int_z^{z_1} K_\lambda \rho dz'} \qquad z_1 \leqslant z' \leqslant z \tag{4.8}$$

注意到

$$d\tau_\lambda(z,z_1) = K_\lambda \rho dz e^{-\int_z^{z_1} K_\lambda \rho dz}$$

将方程（4.7）两边乘以 $e^{-\int_z^{z_1} K_\lambda \rho dz'}$ 得

$$d[I\tau_\lambda(z,z_1)] = B_\lambda(z)d\tau_\lambda(z,z_1) \tag{4.9}$$

对方程（4.9），从 $z=z_0$ 到 z_1 求积分，得到

$$I_{\lambda_1} = I_{\lambda_0}\tau(z_0,z_1) + \int_{\tau_\lambda(z_0,z_1)}^1 B_\lambda(z)d\tau_\lambda(z,z_1) \tag{4.10}$$

方程（4.10）中的第一项与方程（4.7）基本相当，它代表介质对辐射强度的吸收衰减；第二项代表 z_0 到 z_1 层内介质发射的贡献。如果温度和密度以及吸收系数都是已知的话，则可以用数值积分求式（4.10）的解。

对水平面上半球的全部角进行积分,并分为向上和向下通量,同时对式(4.10)在波数域 $\Delta\nu(\nu = C/\lambda, C$ 为光速,λ 为波长)内积分,得到

$$F_i^\uparrow(z) = \pi B_i(0)\tau_i^*(z,0) + \int_0^z \pi B_i(z')\mathrm{d}\tau_i^*(z',z) \tag{4.11}$$

$$F_i^\downarrow(z) = \pi B_i(z_0)[\tau_i^*(z,z_0) - \tau_i^*(z,\infty)] + \int_{z_0}^z \pi B_i(z')\mathrm{d}\tau_i^*(z',z) \tag{4.12}$$

式中,τ^* 是光谱平均通量透射率,$\pi B_i(z)$ 是 Planck 函数的光谱平均值,定义为

$$\pi B_i(z) = \frac{1}{\Delta v_i}\int_{\Delta v_i} \pi B_v(z)\mathrm{d}v \tag{4.13}$$

式中,$\pi B_v(z)$ 是波数 v 的 Plank 函数,Δv_i 是波数间隔。假如光谱区间比较狭窄,Plank 函数 B_i 可以假定为常数,但如果光谱区间比较宽,假设 B_i 为常数就会造成很大误差。

定义吸收率为 1 减去透射率,即

$$A_i(z,z') = 1 - \tau_i^*(z,z') \tag{4.14}$$

则式(4.11)和式(4.12)可以改写为

$$F_i^\uparrow(z) = \pi B_i(0) + \int_0^z A_i(z,z')\mathrm{d}[\pi B_i(z')] \tag{4.15}$$

$$F_i^\downarrow(z) = \pi B_i(z_0)A_i(z,\infty) - \int_{z_0}^z A_i(z,z')\mathrm{d}[\pi B_i(z')] \tag{4.16}$$

上面两个方程对 i 求和,可以得向上和向下的长波辐射通量

$$F^\uparrow(z) = \pi B(0) + \int_0^z \widetilde{\varepsilon}(z,z')\mathrm{d}[\pi B_i(z')] \tag{4.17}$$

$$F^\downarrow(z) = \pi B(z_0)\varepsilon(z,\infty) + \int_{z_0}^z \widetilde{\varepsilon}(z,z')\mathrm{d}[\pi B_i(z')] \tag{4.18}$$

式中,放射率为

$$\widetilde{\varepsilon}(z,z') = \sum_i A_i(z,z')\frac{\mathrm{d}B_i(z')}{\mathrm{d}B(z')}$$

$$\varepsilon(z,z') = \sum_i A_i(z,z')\frac{B_i(z')}{B(z')}$$

另外,对所有波数积分,有

$$\pi B(z) = \delta T^4(z) \tag{4.19}$$

以上给出了一般情况下的传输方程和有关的公式。在实际计算时可以有多种计算方案,对长波辐射大致有三类算法,即逐线积分,带模式和宽带模式。第一类精度最高但最费时,第三类最简便但精度差,第二类介于其间。对短波多次散射辐射的算法有累加法、离散纵标法及二流近似等,其中二流近似最为方便。计算的精度与速度是一对矛盾,应视实际的需要和条件统筹考虑,原则上是在保证一定精度的前提下算法愈简便愈好。另外,在气候模式中计算辐射时尚需考虑到辐射计算方案与气候模式的配合,即辐射计算所需要的量应是模式中输出的一些量,如温度、湿度、含水量等。

4.2　辐射强迫

4.2.1　辐射强迫的新概念

衡量不同因素对气候变化影响的指标有很多,其中最广泛使用的是辐射强迫。辐射强迫

一般指因施加了某种外部扰动而造成的地球系统能量的净变化,它通常表示为一段时间内单位面积上净辐射的平均变化(单位:W/m²),可以对辐射强迫因子扰动气候系统平衡态时发生的能量失衡进行量化[3]。辐射强迫的计算能够为比较不同辐射强迫因子引起的某些潜在气候响应,尤其是全球平均温度变化,提供一个简单而量化的标准,因而在科学界得到了广泛的应用。辐射强迫常常表示为两个时间点(如工业革命前和现在)之间净辐射能量的差值。

目前已经发展出若干辐射强迫的定义,每一种定义均有其优缺点。其中,瞬时辐射强迫(Instantaneous Radiative Forcing, IRF)[5,6]是指辐射强迫因子对地气系统造成的净(向下-向上)辐射通量(短波+长波,单位 W/m²)的瞬时变化。IRF 不考虑平流层温度的变化,通常定义在大气顶或气候态的对流层顶,而当这两处的值不相等时,后者能更好地指示全球平均温度的响应。

提出 IRF 概念的前提是不同辐射强迫因子所造成的净辐射通量变化可以从该强迫引起的一系列响应中分离出来,从而比较各种辐射强迫因子的相对大小。事实上,它们并非清晰可分,而且强迫与气候响应之间存在许多模糊之处。在 IRF 的定义中,气候系统为适应辐射通量的变化而发生的所有响应都应该被忽略。IRF 与气候系统处于平衡态时与全球平均地表温度变化(ΔT)之间有一个假定的关系:$\Delta T = \lambda \cdot IRF$,其中 λ 为气候敏感性参数,取决于诸如气溶胶反馈、云反馈等多种物理过程。有关敏感性参数我们将在第 7 章中具体讨论。IRF 与 ΔT 之间的关系是气候系统能量平衡的一种表达,同时也提醒我们平衡态下的全球平均气候对给定辐射强迫因子的响应取决于强迫本身和 λ 所代表的响应内在的属性。

IPCC 第三、四次评估报告(以下分别简称 TAR 和 AR4)提出了平流层调整的辐射强迫(Radiative Forcing, RF)[5],定义为在保持地表和对流层温度和一些状态量(如水汽、云量)不变的前提下,允许平流层温度调整到新的辐射平衡状态后对流层顶净辐射通量的变化。与 IRF 相比,RF 通常能够更好地指示地表和对流层温度的响应,尤其是二氧化碳(CO_2)和臭氧(O_3)这些能显著地影响平流层温度变化的成分所引起的响应。但 IRF 和 RF 有一个共同缺点:对许多辐射强迫因子而言,IRF 或 RF 并不能准确指示出所有的辐射强迫因子引起的温度响应。对流层中的快速调整可以增强或削弱辐射通量的扰动,从而导致不同辐射强迫因子在长期气候变化中的差异。允许平流层温度快速调整可以更好地刻画出平流层成分变化引起的辐射强迫,同样的道理,允许对流层温度快速调整也可以更好地表征对流层中的辐射强迫因子。

许多快速调整过程会影响云的辐射特性,但想要将这些过程纳入 RF 的概念中并不容易,例如,气溶胶(尤其是吸收性气溶胶)可通过多种过程改变温度的空间分布,进而影响云的吸收效应以及云对大气稳定度变化的响应等。对于包括 CO_2 在内的许多辐射强迫因子而言,同样存在类似的调整过程,这些过程会影响辐射强迫,但严格意义上它们并不属于 RF。

大气气溶胶还可以通过微物理过程影响云的辐射特性,造成间接辐射强迫(即气溶胶—云相互作用产生的辐射强迫)。虽然这些调整很复杂并且不能对其做到完全量化,但是它们既能发生在云滴这样的微观尺度,也能发生在整个云系统这样的宏观尺度。由于这些调整中的一部分能够在很短的时间内发生(如云的生命周期这样的时间尺度),因而这些调整不属于地表温度变化引起的反馈。在 IPCC AR5 之前,这类调整有时被称作“快速反馈”,在 AR5 中被称为“快速调整”,以此强调这类调整与涉及地表温度变化的反馈之间的区别[5,6]。大气化学响应已经作为特色被纳入了 RF 的概念框架内,因此,也可以被纳入考虑了快速调整的强迫中,这对于估计因温室气体排放变化引起的强迫以及计算排放指标而言(见4.3节)都非常重要。

一些研究已经阐明了在对比不同辐射强迫因子引起的辐射强迫中考虑快速调整的效应,以及对气溶胶引起的云变化所产生的辐射强迫(如云生命期效应或半直接效应)进行量化,但是RF并不适合描述这些强迫。因此,为了涵盖影响云快速调整过程,科学界提出了若干包含快速调整的强迫度量方法,IPCC AR5把考虑了快速调整的强迫称为有效辐射强迫(Effective Radiative Forcing,ERF)。从概念上讲,ERF是指允许所有物理量对扰动进行响应(除了与海洋和海冰有关的物理量外,如:大气温度、水汽和云的调整),但保持全球平均地表温度或部分地表状况不变时,大气顶向下净辐射通量的变化。ERF的计算方法将在4.2.2节中详细介绍。

图4.3显示出IRF、RF、ERF在概念上的异同。从中可以看出,IRF引起的快速调整是指时间尺度比全球平均地表温度响应时间短的过程。然而,在计算ERF时并没有事先设定一个时间标准来判断哪些过程属于快速调整。主要的快速调整过程均发生在季节尺度内,但调整时间也有一个尺度谱,如陆地上冰雪覆盖率变化的时间范围为若干年。因此ERF代表了IRF中长时间保留下来的,对稳定气候态的响应贡献更直接的那一部分。对于对流层中的辐射强迫因子而言,在允许大气温度进行调整的前提下,在对流层顶(而不是大气顶)计算ERF的结果几乎与RF相同。从这个角度上讲,RF可以被当作ERF的一个尚未完成的版本。最近的工作表明,在ERF的概念下理解气候模式中CO_2以及其他更复杂的辐射强迫因子的响应可能更有优势。

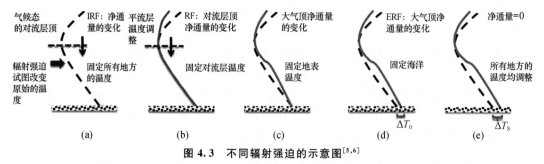

图4.3 不同辐射强迫的示意图[5,6]

(a)瞬时辐射强迫;(b)允许平流层温度调整的辐射强迫;(c)固定所有地表温度的大气顶辐射通量变化(一种计算ERF的方法);(d)允许大气和陆地温度进行调整,而固定海洋状态计算ERF的方法;(e)气候强迫因子引起的平衡态响应;每一种强迫的计算方法在示意图下方给出,其中ΔT_0代表陆地温度的响应,而ΔT_s是所有地表温度的响应。计算方法:(a)一次模拟试验中的一对在线或离线辐射传输计算;(b)允许平流层温度调整,固定地面和对流层状态,两次离线辐射传输计算的差异;(c)固定地表状态,两次大气模式模拟结果的差异,或者基于大气-海洋耦合模式模拟结果的回归;(d)固定海洋状态(海温和海冰),两次大气模式模拟结果的差异;(e)两次大气-海洋耦合模式模拟结果的差异

从RF派生出来的气候敏感性参数λ会因为强迫成分的不同而有根本性的差异。对某种辐射强迫因子而言,单位RF引起的气候响应与CO_2单位RF引起的气候响应之间的比值称为"效能"。ERF将不同辐射强迫因子导致的快速调整考虑在内,也就意味着将它们的相对效能也纳入其中,从而使不同强迫成分的气候敏感性更加统一。例如,云对气溶胶-太阳辐射相互作用的影响,以及气溶胶加热效应对云形成的影响可以使不同高度上的黑炭气溶胶(以下简称BC)在单位RF上引起不同的响应,但在单位ERF上引起的响应几乎是均匀的。因此,在IPCC AR5中,当ERF与RF明显不同时采用ERF,不再使用效能。

4.2.2　ERF 两种计算方法及其优缺点

IRF、RF 和 ERF 的计算方法在图 4.3 下方的文字中已经有所介绍。本小节重点介绍 ERF 的两种主要计算方法，以及各自的优缺点。

计算 ERF 的方法主要有两种：①固定海平面温度（SSTs）和海冰覆盖率为气候态平均值，但允许气候系统其他部分响应至新的平衡状态，计算大气顶净辐射通量的变化，以下简称"固定 SST 方法"；②分析瞬时辐射扰动与其引起的瞬时全球平均地表温度变化之间的关系，并用回归法外推到模拟出发点，得到最初的 ERF，以下简称"回归法"。

用回归方法计算的 4 倍 CO_2 的 ERF（～$7W/m^2$）存在 10% 的不确定性，主要归因于气候系统的内部变率，但是在相同的模拟时间内，用固定 SST 方法计算的因内部变率引起的 ERF 不确定性要小很多，所以后者在计算小的辐射强迫中更适合。对两种计算方法进行分析后发现，即便忽略了因回归方法不同所带来的不确定性，固定 SST 方法仍使模式结果间的离散度更小。然而，因为固定 SST 方法包含了一部分陆地响应，因此计算的 ERF 比固定所有地表温度的情况下略小。虽然在全球平均强迫中可以针对该部分差异进行校正，但在 IPCC AR5 中讨论区域和全球 ERF 时均没有进行校正。需要注意的是，陆地响应可能会引入虚假的陆－海温度梯度，从而可能造成小范围内虚假的气候响应。相反，在回归方法中没有包含任何地表温度响应。虽然固定 SST 方法计算的 ERF 因陆地响应而偏小，但从多模式结果中发现用固定 SST 计算的 CO_2 的 ERF 仍然比用回归方法计算的结果大 7%，不过这仍然在计算的不确定范围内，两种方法各有优缺点，但用固定 SST 方法诊断 ERF 对当前大多数气候模式均适用，回归方法则不然。因此，从实际适用的角度出发，IPCC 中涉及的 ERF 均是用固定 SST 方法计算的，除非有特殊说明。

4.3　温室气体排放指标

这一节详细介绍了痕量温室气体排放的两个指标的概念：全球增温潜能（GWP）和全球温变潜能（GTP）[5,6]。

4.3.1　指标的简介

量化和比较不同物质的排放对气候变化的贡献时需要选择一个气候参数作为指标来衡量相应的影响，如 RF、温度响应等。指标可以用绝对值（如 K/kg）或相对值表示，常用作标准的参照气体是 CO_2。为了将不同的排放影响转化为同一个度量尺度（通常称为二氧化碳当量 Carbon dioxide-equivalent，CO_2-eq）。可以用特定时间范围的选定指标乘以排放量表示，如第 i 种成分的排放（E_i）乘以其指标（M_i）：$M_i \times E_i = CO_2$-eq。理想情况下，当等效 CO_2 排放相等时，计算出的气候效应应该是相同的。然而，不同组分有不同的物理性质，在一种气候影响等效关系上建立的指标，并不适用于其他种类的影响。下面详细介绍全球增温潜能（GWP）和全球温变潜能（GTP）的概念。

4.3.2　全球增温潜能的概念

全球增温潜能（GWP）是指瞬时脉冲排放某种化合物，在一定时间范围内产生的辐射强迫的积分与同一时间范围内瞬时脉冲排放同质量 CO_2 产生的辐射强迫的积分的比值。GWP 是在第一次 IPCC 评估报告中提出的,不过报告中没有明确解释 GWP 的物理意义。一个直接的解释是,GWP 是某一组分施加于气候系统的全部能量相对于 CO_2 施加于气候系统的全部能量的比值。然而,GWP 并不能导致温度或其他气候变量的等效变化。因此,"全球增温潜能"的名称可能会有些误导,"相对强迫比值"可能会更为恰当。可以被证实的是,GWP 是近似等于由某种排放源持续排放或脉冲排放在温度响应时间内积分所导致的平衡温度响应率。

4.3.3 全球温变潜能的概念

全球温变潜能(GTP)的定义为某种化合物在未来某个时间点造成的全球平均地表温度的变化与参照气体 CO_2 所造成相应变化的比值。GWP 是时间积分指标(图 4.4a),而 GTP 是终点指标,是基于被选择年份的温度变化计算得到的(图 4.4b)。与 GWP 相似,CO_2 的影响通常被用来作为参照,因此,对于组分 i,$GTP(t)_i = AGTP(t)_i / AGTP(t)_{CO_2} = \Delta T((t)_1)/\Delta T(t)_{CO_2}$,$AGTP$ 为每单位排放下 GTP 的绝对值。Shine 等[7]给出了在能量平衡模型及分析方程基础上脉冲和持续排放变化下的 GTP。

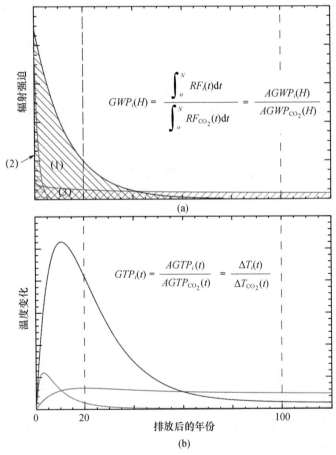

$$GWP_i(H) = \frac{\int_o^N RF_i(t)\mathrm{d}t}{\int_o^N RF_{CO_2}(t)\mathrm{d}t} = \frac{AGWP_i(H)}{AGWP_{CO_2}(H)}$$

$$GTP_i(t) = \frac{AGTP_i(t)}{AGTP_{CO_2}(t)} = \frac{\Delta T_i(t)}{\Delta T_{CO_2}(t)}$$

(a)

(b)

图 4.4 辐射强迫和温度与排放年份的关系[6]

(a)绝对全球增温潜能 AGWP 可通过对被选定的时间跨度内脉冲排放造成的 RF 进行时间积分得到,如 20 年和 100 年(垂直线)。GWP 是组分 I 的 AGWP 与参照气体 CO_2 的 AGWP 的比值。(3)的阴影区域代表一个 CO_2 脉冲造成的 RF 的时间积分,而(1)和(2)区域分别代表寿命为 1.5 年和 13 年的举例气体。(b)全球温变潜能(GTP)是相同的气体脉冲排放后在选定的某一年对温度的响应。如 20 年或 100 年(垂直线)

与 GWP 类似,GTP 值可以被用来加权排放得到等效 CO_2 的排放。GTP 给出了某种物质的排放量相对于所选的时间范围内的 CO_2 的排放量对温度的影响。对 GWP 而言,时间跨度的选择对计算指标值和对变暖的贡献影响很大。

此外,AGTP 可以用来计算任何给定排放情景下的全球平均温度变化,这个计算过程会用到排放情景的积分和 $AGTP_i$:

$$\Delta T(T) = \sum_i \int_0^t E_i AGTP_i(t-s)\mathrm{d}s \tag{4.20}$$

式中,i 为成分;t 为时间;s 为排放时间。

由于考虑了大气和海洋之间的气候敏感度和热交换,GTP 可以反映一些 GWP 没有反映到的物理过程。GTP 将响应较慢的(深层)海洋考虑在内,这延长了由大气浓度的衰减时间控制的对排放的响应时间。因此,GTP 的时间尺度包括各组分的大气调整时间尺度和气候系统的响应时间尺度。

GWP 和 GTP 的定义有本质上的不同,因此两者的数值也有很大差异。气候敏感度和海洋热容量会显著影响 GTP。因此较 GWP 而言,GTP 的不确定性范围更大一些。与 GWP 类似,GTP 也受背景大气的影响,包括间接影响和反馈。

4.4　辐射-对流模式

4.4.1　模式的基本原理

如果我们在水平方向进行全球平均,只考虑垂直方向的变化,则垂直温度廓线的形成主要由辐射和对流两个过程所决定。根据这一原理 Manabe 等[8,9]在 20 世纪 60 年代首先提出了辐射-对流模式。此后这方面的研究发展很快,成为十分有效的用于敏感性研究的理论气候模式。

模式的基本原理是假定任一高度的短波辐射通量,长波辐射通量与对流形成的热通量达到平衡,形成稳定的垂直温度廓线。事实上不考虑对流的影响,在只有纯辐射能交换时,就可以达到所谓的辐射平衡并形成垂直温度廓线。

令短波加热率为 $\left(\dfrac{\partial T}{\partial t}\right)_s$,长波冷却率为 $\left(\dfrac{\partial T}{\partial t}\right)_{IR}$,于是,对给定高度的净加热或冷却可写成

$$\left(\frac{\partial T}{\partial t}\right)_{rad} = \left(\frac{\partial T}{\partial t}\right)_{IR} + \left(\frac{\partial T}{\partial t}\right)_s \tag{4.21}$$

式中,短波辐射加热率和长波辐射冷却率我们将在后面讨论。式(4.21)是一个普适的方程,对晴空和有云大气均适用,它可用数值积分的方法求解纯辐射平衡温度。令 n 为积分步数,Δt 为时间步长,则给定高度上的温度可表示为

$$T^{(n+1)} = T^{(n)} + \left(\frac{\partial T}{\partial t}\right)_{rad}^{(n)} \Delta t \tag{4.22}$$

起步时给定一个理想的垂直温度廓线,然后进行迭代计算,当前后两次迭代的温度差满足 $|T^{(n+1)} - T^{(n)}| < \varepsilon$ 时,就达到了辐射平衡。由于各气层加热率不同,温度随高度分布也将随之改变。在纯辐射平衡条件下地面附近温度直减率将变得非常大,这种情况实际上是不可能维持的,必然要发生对流作用。由于在这种简单模式中不便于处理动力过程,可用"对流调整"

作用来代替实际的感热输送过程,当直减率大于规定值时(例如 $\gamma=6.5\,℃/\text{km}$),即将温度分布调整,使直减率达到规定值。Manabe 和 Strikler[8] 首先应用了对流调整方法来研究大气的热平衡,他们假定:

(1)在大气层顶净入射太阳短波辐射应等于净射出长波辐射;

(2)在地面净向下太阳短波辐射超出净向上长波辐射部分应等于大气的净辐射冷却(这就暗含了地面净得辐射和通过对流作用向大气输送热量,保持着平衡);

(3)直减率小于规定值时气层维持局地辐射平衡。

根据这些原理,Manabe 等[8,9]引进了附加的计算方案,对与地表相连的对流活动层(Convective layer),假定计算的直减率等于临界直减率。另外,为确保地表的热量平衡,必须有

$$\frac{c_p}{g}\int_{P_t}^{P_s}\left(\frac{\partial T}{\partial t}\right)^{(n)}_{\text{net}}\mathrm{d}p = \frac{c_p}{g}\int_{P_t}^{P_s}\left(\frac{\partial T}{\partial t}\right)^{(n)}_{\text{rad}}\mathrm{d}p + \left[-F^{(n)}_{\text{IR}} + F_s\right] \tag{4.23}$$

式中,F_{IR} 和 F_s 分别代表地表的净长波和短波辐射通量,$\left(\dfrac{\partial T}{\partial t}\right)^{(n)}_{\text{rad}}$ 是式(4.21)中的辐射温度变化,P_s 为地表气压,P_t 为对流活动层顶的气压。对于大气层内的某一对流层,为了保证能量的连续性,还必须有

$$\frac{c_p}{g}\int_{P_t}^{P_b}\left(\frac{\partial T}{\partial t}\right)^{(n)}_{\text{net}}\mathrm{d}p = \frac{c_p}{g}\int_{P_t}^{P_b}\left(\frac{\partial T}{\partial t}\right)^{(n)}_{\text{rad}}\mathrm{d}p \tag{4.24}$$

式中,P_b 为该对流层底部的气压。但对于非对流层来说则比较简单,即

$$\left(\frac{\partial T}{\partial t}\right)^{(n)}_{\text{net}} = \left(\frac{\partial T}{\partial t}\right)^{(n)}_{\text{rad}} \tag{4.25}$$

因此,局地热力平衡条件下的温度迭代方程为

$$T^{(n+1)} = T^{(n)} + \left(\frac{\partial T}{\partial t}\right)^{(n)}_{\text{net}}\Delta t \tag{4.26}$$

为获得局地热力平衡下的垂直温度廓线,在迭代的每一步,地表和每一模式层式(4.23)和式(4.24)都必须满足。

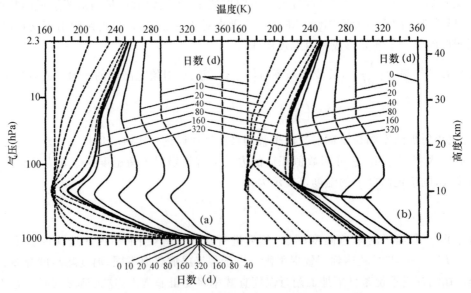

图 4.5　纯辐射(a)和辐射-对流平衡(b)温度分布[8]

　　计算结果表明:辐射平衡温度分布与辐射-对流平衡温度分布有很大差异。图 4.5a 为辐射平衡温度分布,图 4.5b 为辐射-对流平衡温度分布,虚线为初值取 170 K 等温大气逼近的情况,实线为初值取 360 K 等温大气逼近的情况,图中标明的值是达到该温度分布所需要的天数。模式从初值达到稳定分布约需 1 年时间,对于纯辐射平衡的情况最终的地面温度为 332.3 K,对流层顶高度为 10 km,辐射-对流平衡时最终地面温度为 300.3 K,对流层顶高度为 13 km。这比纯辐射平衡时获得的 332.3 K 的地表温度更接近实际。而且,整个垂直温度分布与实际大气温度状况也更加接近。

　　Stephens 和 Webster[10]用辐射-对流模式研究了不同云层对地面和大气温度的影响。他们假定低云位于 913～854 hPa,垂直气柱中积分含水量为 140 g/m²,中云位于 632～549 hPa,积分含水量为 140 g/m²,高云位于 381～301 hPa,积分含水量为 20 g/m²,云量均为 10。计算得到的温度分布如图 4.6 所示,可以看出云愈低时地面温度也愈低,云愈高则云上下受到云影响的范围也愈大。

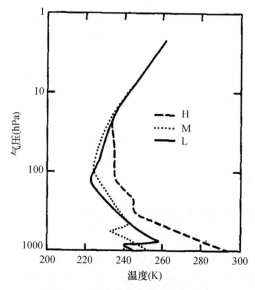

图 4.6　温度分布与云的关系[10]

　　前面讨论的辐射-对流模式,为研究各种气体,气溶胶和云量对全球平均温度廓线的影响提供了基础。下面进一步讨论模式中短波辐射加热率和长波辐射冷却率的计算。

4.4.2　短波辐射加热率

　　大气中各种气体吸收太阳辐射的结果是致使大气增温。考虑一个平面平行的吸收和散射大气,它被太阳天顶角为 θ_0 的太阳光谱辐照度 F_{λ_0} 所照射。垂直于大气顶的向下通量密度为 $F_{\lambda_0}\cos\theta_0$。取大气中一薄层的厚度为 Δz,又令中心波长 λ 的向下和向上光谱通量密度分别为 $F_\lambda^{\downarrow}$ 和 $F_\lambda^{\uparrow}$,则在给定高度上的净通量密度(向下)定义为

$$F_\lambda(z)=F_\lambda^{\downarrow}(z)-F_\lambda^{\uparrow}(z) \tag{4.27}$$

由于吸收作用,净通量密度由高层向低层逐渐减少。于是,净通量密度的损耗,即微分层的净通量密度的辐散为

$$\Delta F_\lambda(z) = F_\lambda(z) - F_\lambda(z+\Delta z) \tag{4.28}$$

如果将薄层的中心波长为 λ 的光谱吸收率记为 $A_\lambda(\Delta z)$，则方程(4.28)可写为

$$\Delta F_\lambda(z) = -F_\lambda^\downarrow(z+\Delta z) A_\lambda(\Delta z) \tag{4.29}$$

根据能量守恒定律，吸收的辐射能必须用于加热该层，因此，该气层由于辐射传输而得到的加热可按温度变化率来表达，即

$$\Delta F_\lambda(z) = -\rho c_p \Delta z \left(\frac{\partial T}{\partial t}\right)_\lambda \tag{4.30}$$

式中，ρ 是层中的空气密度，c_p 是定压比热，t 是时间。因此，对薄层 Δz 的加热率为

$$\left(\frac{\partial T}{\partial t}\right)_\lambda = \frac{1}{c_p \rho} \frac{\Delta F_\lambda(z)}{\Delta z} = -\frac{1}{c_p \rho} \frac{F_\lambda^\downarrow(z+\Delta z) A_\lambda \Delta(z)}{\Delta z} \tag{4.31}$$

利用静力方程，加热率可写为 p 坐标的形式

$$\left(\frac{\partial T}{\partial t}\right)_\lambda = \frac{g}{c_p} \frac{\Delta F_\lambda(p)}{\Delta p} \tag{4.32}$$

式中，g/c_p，就是绝热直减率。

如果我们将太阳光谱分成 N 个谱区，并对每个谱区 i 进行加热率计算，则式(4.21)中由于太阳辐射的总加热率可以写为

$$\left(\frac{\partial T}{\partial t}\right)_s = \sum_{i=1}^{N} \left(\frac{\partial T}{\partial t}\right)_i \tag{4.33}$$

4.4.3 长波辐射冷却率

由于红外长波辐射是由地表向上发射的，因而，我们定义给定高度的净通量密度为

$$F(z) = F^\uparrow(z) - F^\downarrow(z) \tag{4.34}$$

式中，$F^\uparrow(z)$ 和 $F^\downarrow(z)$ 分别由式(4.17)和式(4.18)给出。令 z 和 $z+\Delta z$ 表示大气中两个平行平面层的高度，则 Δz 厚度层在单位时间，单位面积所遭受的辐射能的净损失为

$$\Delta F = F(z+\Delta z) - F(z) \tag{4.35}$$

如果在该层顶的净通量密度比在该层小，则其差值必定用于使该层加热，反之亦然。在通常情况下长波辐射都是使大气冷却的，于是式(4.21)中长波辐射的冷却率可表示为

$$\left(\frac{\partial T}{\partial t}\right)_{IR} = -\frac{1}{c_p \rho} \frac{\Delta F}{\Delta z} = \frac{g}{c_p} \frac{\Delta F}{\Delta p} \tag{4.36}$$

图 4.7 是 Manabe 和 Strickler[8]计算的短波辐射加热率和长波辐射冷却率。在图中，由 H_2O，CO_2 和 O_3 造成的长波冷却分别用 L_{H_2O}，L_{CO_2} 和 L_{O_3} 表示，而由 H_2O，CO_2 和 O_3 造成的短波加热分别用 S_{H_2O}，S_{CO_2} 和 S_{O_3} 表示。NET 为净温度变化率，它在 11 km 以上的平流层中为零，这是因为在这个范围里大气处于辐射平衡中，而在对流层中有一个净辐射冷却，它靠湿绝热对流，从下层的感热和潜热输送来补偿。另外，高度不同，各分量的作用也不同。在对流层，水汽对长波冷却和短波加热贡献很大，而在平流层，CO_2 对长波冷却、O_3 对短波加热的贡献很大。在 10～20 km 范围，以上三个量都很重要。

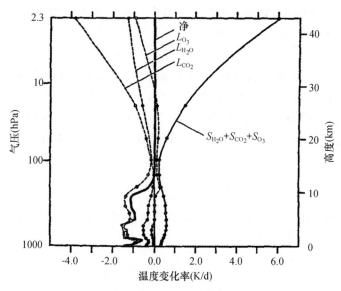

图 4.7　短波辐射加热率和长波辐射冷却率[8]

字母 S 和 L 分别代表短波和长波

4.5　辐射与化学过程的耦合相互作用

目前在进行敏感性的模拟试验中,大气中痕量气体成分大多都是人为给定的。但实际上许多大气痕量气体的浓度受气候变化的影响而改变,反过来又会引起气候的变化。例如,平流层中就存在很多化学反应,其反应速度依赖于温度,若平流层高层温度降低(升高),会使 O_3 增加(减少)。进一步说,O_3 的局地减少将使太阳辐射向下穿透,在低层产生 O_3。这种 O_3 的变化和太阳透射之间的相互作用对 O_3 垂直分布有很大影响。又如,温室效应引起的地面增暖会使得陆地和海洋上的水分蒸发增加,导致了对流层的 H_2O 增加,经过化学反应 H_2O 可产生 OH,由于 OH 对对流层中的气体来说是一种重要的清洁剂和氧化剂,OH 的变化就有可能改变辐射活性成分的含量,如 CH_4 和 O_3,反过来又会影响温室效应[11]。

上述例子说明要对未来气候作出准确的预测就必须考虑化学过程与气候之间的相互作用,特别是辐射-化学的相互作用。由于现代的计算机还不允许将气候系统的各种物理、化学过程都完全精细地放进模式,需要对有些过程进行简化处理,很自然辐射-对流-化学耦合模式也就率先出现了。

大气化学模式由大气的化学反应方程和相应的化学反应系数所组成。由于化学反应系数通常和温度有关,因此,这类模式需要将气温作为输入,它不能单独用于研究气候变化,必须和热力学模式耦合。

所谓辐射-对流-化学耦合模式就是将辐射-对流模式输出的温度作为化学模式的输入,由它计算化学成分的分布,然后再将它输给辐射-对流模式,计算出大气的热力结构,如此循环往复直到模式达到一个稳态。这种模式减少了一些人为的假定,模拟结果更接近于实际。

耦合模式是 20 世纪 80 年代以后才出现的,下面以 Owens 等[12] 1985 年的工作为例作一简单介绍。

Owens 等[12]采用的辐射-对流模式与 4.4 节中讨论的基本类似,所不同的是他们采用了压力-对数坐标作为模式的垂直坐标,即

$$z^* = -H_0 \lg(p/p_0) \tag{4.37}$$

式中,$H_0 = 7$ km 为大气标高,p 为气压,p_0 为地面气压。在垂直方向上模式分为 20 层($z^* = 0,2,4,6,8,10,12,14,16,20,24,28,32,36,40,44,48,52,56,60$ km)。辐射计算时采用了窄带方法。模式中吸收辐射的化学成分包括 CO_2,H_2O,O_3,O_2,CH_4,N_2O,CFC_{11} 及 CFC_{12}。

化学模式采用的是 Miller 等[13]1981 年发展的模式。在 z 坐标下某种气体浓度 c 的连续性方程为

$$\frac{\partial C}{\partial t} = P - L + \frac{\partial}{\partial z}\left[KM\frac{\partial}{\partial z}\left(\frac{C}{M}\right)\right] \tag{4.38}$$

式中,P 和 L 分别为光化学产生和损失项,K 为涡旋扩散系数,M 为总数浓度,将式(4.38)转换为 z^* 坐标下的形式,可改写为

$$\frac{\partial C^*}{\partial t} = P^* - L^* + \frac{\partial}{\partial z^*}\left[K^* M^* \frac{\partial}{\partial z^*}\left(\frac{C^*}{M^*}\right)\right] \tag{4.39}$$

式中

$$C^* = CT/T_0$$
$$M^* = MT/T_0$$
$$K^* = K(T_0/T)^2$$

式中,$T_0 = 239.14$ K。

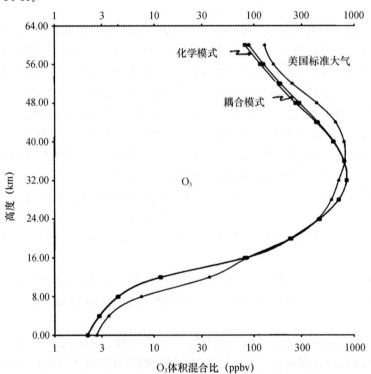

图 4.8 化学及耦合模式模拟的 O_3 垂直分布与美国标准大气的比较[12]

图 4.8 是化学模式和耦合模式模拟的 O_3 垂直分布。在低层及高层,模式估算的偏小,中部又偏

大,但是,总的趋势是一致的。另外,在高层耦合模式的模拟结果比单纯的化学模式有所改进。

图 4.9 给出了辐射-对流模式和耦合模式模拟的大气中 CO_2 加倍引起的温度随高度的变化。由图可见化学反馈作用使温度变化极大值的高度降低了 2 km,CO_2 加倍引起的平流层降温的极大值减少到 8℃。图 4.10 比较了 CO_2 加倍和 CFCs 的增加引起的温度变化。可以看出,CFCs 引起的平流层降温比 CO_2 加倍的影响大得多。在平流层降温最剧烈的高度(约 45 km),CO_2 引起的降温是 8℃,CFCs 是 13℃。CFCs 和 CO_2 共同作用造成 23℃ 的降温,这是相当大的。当然上述结果只是一个模式的结果,还有待验证。

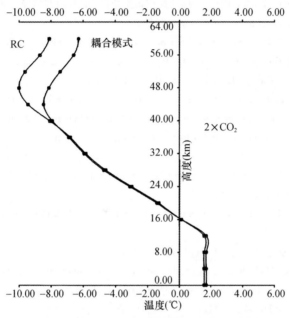

图 4.9　CO_2 加倍引起的温度随高度的变化[12]

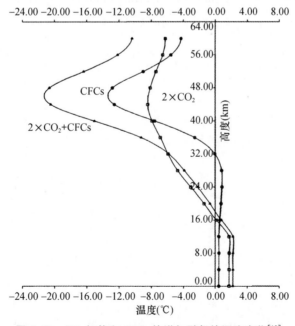

图 4.10　CO_2 加倍和 CFCs 的增加引起的温度变化[12]

参考文献

［1］廖国男. 大气辐射导论［M］. 周诗健等译. 北京:气象出版社,1985.

［2］石广玉. 大气辐射学［M］. 北京:科学出版社,2007.

［3］Stephens G L. The parameterization of radiation for numerical weather prediction and climate model［J］. Mort Wea Rev,1984,112:826-867.

［4］Washington W M and Parkinson C L. 三维气候模拟引论［M］. 马淑芬等译. 北京:气象出版社,1990.

［5］秦大河. 气候变化科学概论［M］. 北京:科学出版社,2018.

［6］IPCC. Climate Change 2013: The Physical Science Basic［M］. Contribution of Working Group I to the Fifth Assessment Report of the Intergovernmental Panel on Climate Change. Cambridge, United Kingdom and New York, NY, USA: Cambridge University Press,2013:1535.

［7］Shine K, Fuglestvedt J, Hailemariam K,et al. Alternatives to the global warming potential for comparing climate impacts of emissions of greenhouse gases［J］. Climatic Change, 2005,68: 281-302.

［8］Manabe S,Strickler R F. Thermal equilibrium of the atmosphere with a convective adjustment［J］. J Atmos Sci,1964,21:361-385.

［9］Manabe S R. Wetherald,Thermal equilibrium of the atmosphere with a given distribution of relative humidity［J］. J Atmos Sci,1967,24:241-259.

［10］Stephens G L and Webster P J. Clouds and climate:sensitivity of simple systems［J］. J Atmos Sci,1981, 38:235-247.

［11］汤懋苍. 理论气候学概论［M］. 北京:气象出版社,1989.

［12］Owens A J,Hales C H,Filkin D L,et al. A coupled one-dimensional radiative-convective, chemistry-Transport model of the atmosphere:1 model structure and steady state perturbation calculations［J］. J Geophys Res,1985,90(D1):2283-2311.

［13］Miller C,Steed J M,Filkin D L,et al. The fluorocarbon ozone theory—Ⅷ. One-dimensional modeling—An assessment of anthropogenic perturbations［J］. Atmos Environ,1981,15(5):729-742.

第5章　气候系统的能量平衡

正如第1章所指出的,对长时间平均而言,地气系统射出的长波辐射大体与它所吸收的短波辐射相当,也就是说地气系统处于辐射收支平衡的稳定状态。根据这一原理,Budyko[1]和Sellers[2]在1969年同时提出了能量平衡模式(EBM)。此后,对能量平衡模式的研究如"雨后春笋"[3]。Schneider和Dickinson[4]首先对EBM在气候模式中的地位进行了评述,此后,North[5,6]又总结了许多解析研究的结果。

能量平衡模式之所以获得成功不仅在于它简单,能由模式方程的解析解了解气候系统的基本性状,而且还在于可以用它研究参数化技术和气候对各种相互作用过程的敏感性[7]。本章将对这种模式进行系统的介绍。

5.1　零维模式

所谓零维模式就是将气候变量沿经度、纬度和高度三个方向进行平均,将地球缩成一个点,只用一个平均值来表示全球气候。

5.1.1　基本方程和平衡态

零维气候系统的基本方程为

$$C\frac{\mathrm{d}T}{\mathrm{d}t}=R^{\downarrow}-R^{\uparrow} \tag{5.1}$$

其中,方程的左端项反映了地气系统的能量贮存,C是地气系统的有效热容量,简称热容量,一般取为

$$C=C_p M_a + C_s \rho_s h_s \tag{5.2}$$

其中,C_p为大气的热容量,M_a为全球平均的大气质量,C_s为下垫面的热容量,ρ_s为下垫面的密度,h_s是地气系统下界的深度;方程的右端项反映了净辐射收支,其中,$R^{\downarrow}$为入射的太阳短波辐射,一般写为

$$R^{\downarrow}=Q(1-\alpha) \tag{5.3}$$

这里,$Q=340$ W/m²,为太阳常数的1/4,α为反照率。$R^{\uparrow}$为净向外长波辐射,根据Stefan-Boltzman定律可以写为

$$R^{\uparrow}=\varepsilon\sigma T^4 \tag{5.4}$$

$\sigma=0.56687\times10^{-7}$ W/(m²·K⁴)为Stefan-Boltzman常数。ε为有效放射率,一般写为[7]

$$\varepsilon=\varepsilon_0(1-\varepsilon_a)$$

式中,ε_0为地表的放射率,$(1-\varepsilon_a)$为大气透射率。

如果把地气系统看成是黑体,即$\varepsilon=1$,则全球平均的辐射平衡温度T_e为

$$T_e=\left[\frac{Q}{\sigma}(1-\alpha)\right]^{\frac{1}{4}} \tag{5.5}$$

若取 $\alpha=0.3$，则可得 $T_e=254.6$ K，这个温度要比观测到的地表平均温度低 32.8 K。我们下面将会解释这种差异主要是由于地球大气的温室效应造成的。

5.1.2 射出长波辐射 $R^{\uparrow}$ 的经验公式

由式(5.4)不难看出，射出长波辐射 $R^{\uparrow}$ 是一个高度非线性函数，此外，有效放射率 ε 也是一个难以客观确定的量，这就为求解式(5.1)带来了很大的困难。为了对式(5.4)做出合理的简化，将其在 0℃ 附近展开

$$R^{\uparrow}=\varepsilon\sigma T^4=\varepsilon\sigma\,(273+t)^4$$
$$=\varepsilon(315.9+4.6t+2.5\times10^{-2}t^2+4.2\times10^{-5}t^3+0.57\times10^{-7}t^4) \tag{5.6}$$

其中，t 单位为℃。由式(5.6)不难看出，后三项比前两项至少小两个量级，作为一级近似可以略去，根据这一原理 Budyko[1] 将 $R^{\uparrow}$ 简单地写为

$$R^{\uparrow}=A+BT \tag{5.7}$$

式中，T 的单位为℃，A,B 为经验常数，可根据实际的大气状况或用卫星资料估计。根据 Short[8] 等利用卫星资料的估计，$A=205$ W/m^2，$B=2.1$ W/(m^2·℃)。很显然，这里的 A,B 与式(5.6)中理想情况下的值有较大的差异，这除了 ε 的影响外，更重要的是在估计 A,B 时并没有扣除云和其他痕量气体的影响，也就是说 A,B 系数中隐含了云和其他痕量气体的辐射效应。这也就是为什么在后面的讨论中我们要通过改变 A 或 B 来考察 CO_2 增加对气候系统的影响。

5.1.3 敏感性分析

所谓敏感性是指当控制气候系统的外参数改变时所引起气候变量(如温度)的改变量。

$$\beta=\frac{Q}{100}\frac{dT_e}{dQ}$$

是气候系统中最重要的敏感性因子之一。利用前面的公式不难得到

$$\beta=\frac{(A+BT_{eq})}{100B} \tag{5.8}$$

取 $A=205,B=2.1,T_{eq}=16.5$℃，则 $\beta=1.14$℃，也就是说当太阳常数变化 1% 时，全球温度变化 1.14℃。这说明我们生活的地球是很脆弱的，当然上述结果是在没有考虑反照率 α 的非线性反馈的情况下得到的。

本书第 7 章我们将对气候系统的敏感性进行详细讨论。

5.1.4 随时间变化的解

利用式(5.7)可将式(5.1)重新写为

$$C\frac{dT}{dt}=Q(1-\alpha)-(A+BT) \tag{5.9}$$

不难求得方程的解为

$$T(t)=T_{eq}+[T(0)-T_{eq}]e^{-\frac{t}{\tau_0}} \tag{5.10}$$

其中

$$T_{eq}=[Q(1-\alpha)-A]/B$$
$$\tau_0=C/B$$

这里,T_{eq} 即为平衡温度,τ_0 为延迟时间[6]。从解式(5.10)我们可以得到两点非常重要的结论:①初始场的作用随时间是逐渐衰减的,时间越长初始场的作用就越小,解最后趋向于平衡解,即 $t \rightarrow \infty$, $T(t) \rightarrow T_{eq}$。丑纪范等[9,10]曾对此从理论上进行过严格的证明。②如果把 B 看作常数,则初始场衰减的快慢与下垫面状况 C 有关,对于大气 $C \approx 0.34$,$\tau_0 = 30$ 天,海洋 $C \approx 10.5$,$\tau_0 = 5$ 年,也就是说大气的调整时间约为 1 个月,海洋约为 5 年。

5.1.5　对周期外源强迫的响应

假设我们讨论的零维系统受到一种周期外源的强迫,并且把这种强迫看成是叠加在射出长波辐射项上的周期扰动[6],即

$$A^* = A - A_f e^{2\pi i f t} \tag{5.11}$$

其中,A_f 为外源强迫的振幅,f 为频率,并且设

$$T = T_{eq} + T_f$$

T_f 为外源强迫造成的温度扰动,则有

$$C \frac{\mathrm{d}T_f}{\mathrm{d}t} + BT_f = A_f e^{2\pi i f t} \tag{5.12}$$

取

$$T_f = T_f^* e^{2\pi i f t}$$

则有

$$T_f^* = \frac{\dfrac{A_f}{B}}{1 + 2\pi i f \tau_0} \tag{5.13}$$

其中 T_f^* 的振幅为

$$|T_f^*| = \frac{\dfrac{A_f}{B}}{[1 + (2\pi f \tau_0)^2]^{\frac{1}{2}}}$$

位相差

$$\varphi_f = \arctan(2\pi f \tau_0)$$

这里的位相差反映了系统相对于强迫源的位相滞后。

图 5.1 给出了扰动振幅和位相差随无量纲角频率 $2\pi f \tau$ 的变化。这里 $A_f = 0.008Q(1-\alpha)$,即相当于太阳常数以 0.8% 的幅度变化,由于扰动温度的振幅和位相都与下垫面的状况有关,下面我们比较一下下垫面全为陆地($\tau_0 = 0.16$ 年)和下垫面全为海洋,且取混合层的深度为 80 m($\tau_0 = 4.7$ 年)两种情况的不同响应。在图 5.1 的顶部分别标出了低频 $L(0.1/$年),中频 $I(1/$年)和高频 $H(10/$年)三种频率的响应,下标 l 和 w 分别代表下垫面全为陆地或海洋的情况。很明显两种情况的差异是非常显著的,几乎所有的频率海洋的位相差均为 90°,振幅也要比陆地的响应小得多。例如,对于中频($f = 1/$年)陆地的位相差约为 40 天,振幅为 0.75℃,而海洋的位相差约 90 天,振幅只有 0.03℃。这说明海陆的热力差异对于季节变化起着非常重要的影响,并且造成了所谓的大陆性气候和海洋性气候。

从前面的讨论可以看出,尽管零维模式非常简单,但它在讨论气候系统的某些物理机制时比较清楚,并且可以用解析的方法进行研究。下面我们讨论一维模式。

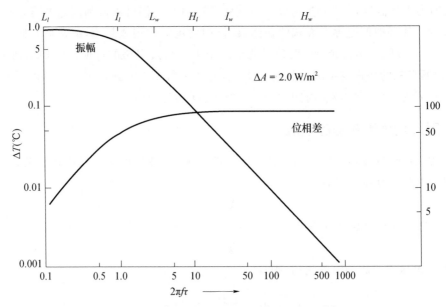

图 5.1　零维系统对周期外源的强迫响应[6]

（纵坐标左边为振幅（℃），右边为位相差（℃），$\Delta A = 2.0$ W/m²）

5.2　一维模式

我们很自然可以把零维能量平衡的概念扩展到一维。其能量平衡方程是建立在单位纬圈上的，对年平均的第 i 个纬度的平均来说，其能量平衡方程为

（能量的水平经向输送）＋（大气顶的射出红外辐射）＝（吸收的太阳短波辐射）

如果这三项及有关参数都可以写成地表温度 $T(x)$ 的函数，则由上式及边界条件原则上可得到 $T = T(x)$，其中 $x = \sin\theta, \theta$ 为纬度。

5.2.1　入射的太阳短波辐射

由于入射的太阳光束对不同纬度的地球表面并不是垂直的，因此，单位面积的短波辐射通量随时间、季节和纬度而变。对于年平均入射的太阳辐射随纬度 x 的分布 $S(x)$ 可以近似[11]写为

$$S(x) = 1 + S_2 P_2(x) \tag{5.14}$$

式中，$S_2 = -0.477$；$P_2(x) = \dfrac{1}{2}(3x^2 - 1)$ 为二项 Legendre 函数。利用卫星资料，North 等[11]将 $\alpha(x)$ 近似取为

$$\alpha(x) = 0.32 + 0.2 P_2(x) \tag{5.15}$$

5.2.2　水平输送的极端情况

在讨论水平输送参数化的形式之前先看水平输送的极端情况。一种情况是无水平输送。这时可以简单地让各纬圈吸收和射出的辐射相平衡，即

$$A + BT(x) = QS(x)[1 - \alpha(x)] \tag{5.16}$$

实际是把 Budyko 的经验公式推广到了每一个纬度带,各纬圈之间没有任何的热量输送。利用前面给出的参数 A,B 和式(5.14),式(5.15)即可得到 $T(x)$(见图 5.2 中的实线)。另一种情况是水平输送系数为无穷大,这时各纬圈的温度都等于全球的平均温度(见图 5.2 中的断线)。实际地表温度随纬度的分布正好介于两者之间(见图 5.2 虚线)。

由此可见,在一维能量平衡模式中必须考虑热量水平输送效应。

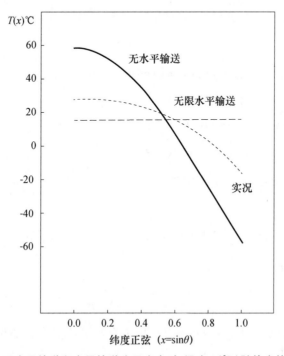

图 5.2　无水平输送和水平输送为无穷大时,温度 $T(℃)$随纬度的分布[3]

5.2.3　热量水平输送的参数化

一维能量平衡模式中对热量水平输送项有各种不同的处理[6],这里采用 North[12] 1975 年提出的方法将热量输送处理为简单的扩散过程,即与负的温度梯度成正比,输入某个纬圈的净热量通量散度为

$$-\frac{\mathrm{d}}{\mathrm{d}x}D(1 - x^2)\frac{\mathrm{d}T(x)}{\mathrm{d}x} \tag{5.17}$$

其中,D 为扩散系数,一般为纬度的函数($D = D(x)$),于是水平扩散一维能量平衡模式可以写为

$$-\frac{\mathrm{d}}{\mathrm{d}x}\Big[D(1 - x^2)\frac{\mathrm{d}T}{\mathrm{d}x}\Big] + A + BT(x) = QS(x)[1 - \alpha(x)] \tag{5.18}$$

边界条件取为两极的热量水平输送为零,即

$$D(x)\sqrt{1 - x^2}\frac{\mathrm{d}T}{\mathrm{d}x}\Big|_{x \to \pm 1} = 0 \tag{5.19}$$

5.2.4 常系数一维模式的解

为了求解式(5.18),将 $T(x)$ 展成 Legendre 多项式

$$T(x) = \sum_{n=0}^{\infty} T_n P_n(x) \tag{5.20}$$

利用 Legendre 函数的性质

$$-\frac{\mathrm{d}}{\mathrm{d}x}(1-x^2)\frac{\mathrm{d}P_n(x)}{\mathrm{d}x} = n(n+1)P_n(x) \tag{5.21}$$

及其正交性

$$\int_{-1}^{1} P_n(x)P_m(x)\mathrm{d}x = \frac{2\delta_{mn}}{2n+1} \tag{5.22}$$

其中,δ_{mn} 为 δ 函数。假定 D 与 x 无关,则有

$$\sum_n \left[(Dn(n+1)+B)T_n P_n(x) + A\delta_{n0} \right] = QS(x)[1-\alpha(x)] \tag{5.23}$$

上式两边乘以 $P_m(x)$ 并从 -1 到 1 积分,从而有

$$\sum_n \left[(Dn(n+1)+B)T_n\frac{2\delta_{mn}}{2n+1} + 2A\delta_{n0} \right] = \frac{2}{2m+1}QH_m \tag{5.24}$$

其中

$$H_m = \frac{2m+1}{2}\int_{-1}^{1} S(x)[1-\alpha(x)]P_m(x)\mathrm{d}x \tag{5.25}$$

根据 δ 函数的性质,可得解

$$T_n = \frac{QH_n - A\delta_{n0}}{n(n+1)D+B} \tag{5.26}$$

由于 $H_0 = \frac{1}{2}\int_{-1}^{1} S(x)[1-\alpha(x)]\mathrm{d}x$,$T_0$ 即为全球平均温度。如果假定温度是南北对称的,即 $T(x)=T(-x)$,且 n 奇数时,$T_n=0$,由于 $n(n+1)D$ 在分母上,T_n 随 n 的增加衰减很快,我们可以取前两项作为一级近似,即

$$T(x) \approx T_0 + T_2 P_2(x) \tag{5.27}$$

$$T_2 = \frac{QH_2}{6D+B} \tag{5.28}$$

在式(5.28)中 H_2 可由式(5.25)求得($H_2=-0.4$),唯一需要确定的就是扩散参数 D。根据北半球的观测值,$T_0=14.9℃$,$T_2=-28℃$,可求得 $D\approx0.966$ W/($\mathrm{m}^2 \cdot ℃$)。利用这个 D 值可估算出 $T_4\approx0.33℃$,可见 T_4 比 T_2 或 T_0 几乎要小一个量级,这说明在式(5.26)中取 $n=2$ 是对实际情况比较好的近似。但是实测的 $T_4\approx-5℃$,这说明 D 取为常数的近似对 $n>2$ 的情况就不太适用,需要考虑 D 随纬度的变化。这样对低纬度的模拟会更好一些。

5.2.5 与 Budyko 模式的比较

Budyko[1] 的模式中取水平输送的参数化形式为

$$A(\theta) = r[T(x)-T_0] \tag{5.29}$$

这实际上等价于 $n=2$ 的情况。事实上,将式(5.27)代入式(5.17)有

$$-\frac{\mathrm{d}}{\mathrm{d}x}D(1-x^2)\frac{\mathrm{d}T}{\mathrm{d}x} = 6DT_2 P_2(x) = 6D[T(x)-T_0] = A(\theta) \tag{5.30}$$

即相当于(5.29)式中取 $r=6D$。也就是说,在 $n=2$ 的近似中 D 的选取与纬度无关[13]。

5.2.6　冰线纬度与太阳辐射强度的关系

冰线是指极地冰盖的边界,如果把冰盖边缘的温度定义为

$$T(x_s)=T_s=-10℃ \tag{5.31}$$

即当 $T(x)<T_s$ 时有冰出现,而 $T(x)>T_s$ 时无冰。将式(5.26)两边乘以 $P_n(x)$,然后对 n(偶数)求和,并将式(5.31)代入,可得冰线纬度 x_s 与 Q 的关系为

$$Q(x_s)=\cfrac{\left(\dfrac{A}{B}+T_s\right)}{\displaystyle\sum_{n=偶数}\dfrac{H_n(x_s)P_n(x_s)}{n(n+1)D+B}} \tag{5.32}$$

由上式可求得 Q/Q_0(Q_0 为现代太阳辐射强度)与 x_s 关系曲线。图 5.3 给出了取 $n=6$ 的结果。由图 5.3 可以看出在 $Q=Q_0$ 附近存在多解。当射入太阳辐射减少时可引起冰盖向南推进。冰线达到约 45°—50°N 以后,即使射入太阳辐射增加,冰线仍继续向南推进。这一有趣的现象和各分支解的稳定性我们将在下一章详细讨论。

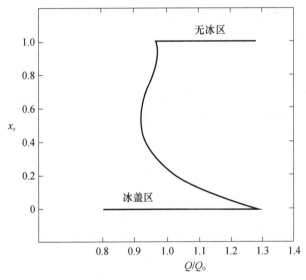

图 5.3　冰线纬度随太阳辐射比值(Q/Q_0)的变化[5]

5.3　Sellers 的一维模式

Sellers 的模式[2]与前面讨论一维水平扩散模式不同,他将某个纬度带上的地气系统热量平衡方程写为

$$R_s^*=L\Delta C+\Delta S^*+\Delta F \tag{5.33}$$

式中,R_s^* 为该纬带上的辐射净收支;L 为凝结潜热,ΔC 为通过该纬带边界的水汽输送;ΔS^* 为大气的感热输送,ΔF 为海洋的感热净输出。

将全球每隔 10 个纬度分为 18 个带,式(5.33)可写为

$$-R_s^* \frac{A_0}{l_1} = LC_1 + S_1^* + F_1 - P_1 \frac{l_0}{l_1} \tag{5.34}$$

式中,A_0 为该纬带的面积;l_0,l_1 分别为该带北侧和南侧的纬圈长度;$P_0 = LC_0 + S_0^* + F_0$;下标 "0" 和 "1" 分别表示北边界和南边界的量。由于在南北极无经向输送,则有

$$\begin{cases} -R_s^* \dfrac{A_0}{l_1} = LC_1 + S_1^* + F & (80°\mathrm{N} < \theta < 90°\mathrm{N}) \\[2mm] R_s^* \dfrac{A_0}{l_0} = P_0 & (80°\mathrm{S} < \theta < 90°\mathrm{S}) \end{cases} \tag{5.35}$$

进一步将式 (5.34) 中各项都写成是相邻两纬圈的温度差 $\Delta T = T_0 - T_1$ 的形式。

1) 辐射平衡项

$R_s^* = Q(1-\alpha) - R_1$。为考虑冰盖的反馈作用,将 α (行星反照率) 写成

$$\alpha = \begin{cases} b - 0.009 T_g, & (\text{当 } T_g < 283.16 \text{ K}) \\ b - 2.548, & (\text{当 } T_g > 283.16 \text{ K}) \end{cases} \tag{5.36}$$

式中,$T_g = T_s - 0.0065 z$,z 为地表海拔高度,单位为 m;b 是经验常数。

$$R_L = \sigma T_g^4 [1 - m\tanh(19 T_g^4 \times 10^{-16})] \tag{5.37}$$

式中,m 为大气对长波辐射的减弱系数。对于当前气候状况取 $m = 0.5$。

2) 水汽的经向输送量

$$C = \left(v_q - K_q \frac{\Delta q}{\Delta y} \right) \frac{\Delta p}{g} \tag{5.38}$$

式中,v 为经向风速 (取向北为正);q 是比湿;Δy 是该 10° 纬度的宽度,$\Delta y = 1.11 \times 10^8$ cm,Δp 是对流层顶与底的气压差;K_q 为水汽涡动扩散系数。可见公式 (5.38) 包含有平流与扩散两项。对 v 和 q 分别参数化为

$$v = \begin{cases} -a(\Delta T_s + |\overline{\Delta T_s}|) & \theta > 5°\mathrm{N} \\ -a(\Delta T_s - |\overline{\Delta T_s}|) & \theta < 5°\mathrm{N} \end{cases} \tag{5.39}$$

$|\overline{\Delta T_s}|$ 是以 l_1 为权重的 ΔT_s 的全球平均绝对值,a 是经验系数。因为 $q = 0.622 \dfrac{e}{p}$,将 e (绝对湿度) 写成

$$e = e_0 - 0.5 \frac{0.622 e_0 \Delta T_s}{R_d T_0^2} \tag{5.40}$$

e_0 为海平面温度下的饱和水汽压,$e_0 = 6.1 \times 10^{\frac{7.45 t_0}{233 + t_0}}$;$R_d$ 为气体常数,$R_d = 6.8579 \times 10^{-2}$ cal[①] / g · K。

3) 大气与海洋的经向感热输送

$$S^* = \left(v T_0 - K_a \frac{\Delta T}{\Delta y} \right) \frac{C_p}{g} \Delta p \tag{5.41}$$

$$F = -K_0 h_s \frac{l'}{l_1} \frac{\Delta T}{\Delta y} \tag{5.42}$$

K_a,K_0 分别是大气和海洋的热扩散系数;h_s 为海洋深度,l' 为 l_1 纬圈上海洋部分的长度。

上述方程中包含着一个重要的假定:整层大气的平均温度、平均比湿和海洋温度均正比于

---

① 1 cal = 4.1868 J。

各自的海平面值。将公式(5.36)～(5.42)代入式(5.34)可得到 18 个含有 ΔT 的二次方程组。用迭代法求数值解,最后得到每一纬圈上的温度。方程中所用的参数列于表 5.1 和表 5.2。图 5.4 为计算结果,可见与实况颇为一致。这说明以上参数化方法对当代气候是适用的。假定这些参数对别的气候状态也适用,则可用本模式进行各种敏感性试验。

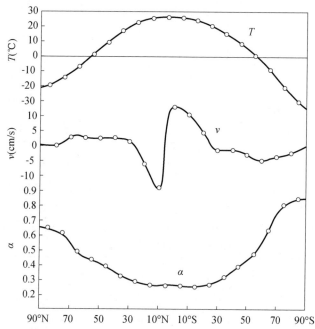

图 5.4　年平均海面温度 T,经向风速 v 和行星反照率 α 的观测分布[12]
(圆点表示模式计算结果)

　　Sellers 做了四组试验,极冰消失、太阳常数改变、红外减弱系数(m)改变以及人类耗能增加。用 α 减到 0.40 来表示冰盖消失。仅移去北极冰盖,则 70 °N 以北升温至少 7℃,热带升高 1℃,南极升温 1～3℃;仅移去南极冰盖,则南极升温 12～15℃,北极升温 4℃。若同时移去两极冰盖,则南极升温 13～17℃,北极升温 7～16℃,赤道升温小于 2℃。可见,极地反照率的改变会导致全球气候变化,且南极的效应要大于北极。这是由于南极的初始反照率大于北极。

　　若太阳辐射 Q 减少约 2%。则冰盖将扩展到 50°N,引起另一次冰期;若 Q 增加 3%,则足以使冰盖消融(以 −10℃ 为冰盖边缘)。

表 5.1　方程中所用参数[2]

纬度带	b	$z(m)$	α	Q_s $(kcal/cm^2 \cdot a)$
80°—90°N	2.924	137	0.376	135.7
70°—80°N	2.927	220	0.379	145.1
60°—70°N	2.878	202	0.330	167.3
50°—60°N	2.891	296	0.343	202.2
40°—50°N	2.908	382	0.360	237.7
30°—40°N	2.870	496	0.322	269.0

纬度带	b	$z(m)$	α	Q_s ($kcal/cm^2 \cdot a$)
20°—30°N	2.826	366	0.278	293.9
10°—20°N	2.809	146	0.261	311.1
0°—10°N	2.808	158	0.260	319.8
0°—10°S	2.801	154	0.253	319.8
10°—20°S	2.788	121	0.250	311.1
20°—30°S	2.815	156	0.267	293.9
30°—40°S	2.865	106	0.267	293.9
40°—50°S	2.922	5	0.374	237.7
50°—60°S	2.937	5	0.389	202.2
60°—70°S	2.989	388	0.441	167.3
70°—80°S	2.922	1420	0.444	145.1
80°—90°S	2.900	2272	0.352	135.7

表 5.2 方程中所用参数[2]

纬度	Δp (hPa)	Δz (km)	K_a ($10^{10} cm^2/s$)	K_q ($10^9 cm^2/s$)	K_0 ($10^6 cm^2/s$)	a (cm·s/K)
80°N	709	2	1.9	4.6	0.7	0.5
70°N	710	1	1.2	2.0	6.6	1.0
60°N	715	2	1.7	2.5	6.9	1.0
50°N	750	3	1.5	5.9	7.6	1.0
40°N	800	4	0.9	5.1	5.3	1.0
30°N	833	4	1.3	2.9	9.6	2.0
20°N	880	4	10.3	2.2	13.3	3.0
10°N	904	4	133.2	34.4	59.9	3.0
0°	906	4	68.2	16.3	7.0	3.0
10°S	904	4	30.8	0.6	19.0	3.0
20°S	880	4	8.5	0.8	9.5	3.0
30°S	833	4	2.3	4.3	5.1	2.0
40°S	800	4	2.3	11.9	2.9	1.0
50°S	750	4	1.9	12.8	1.8	1.0
60°S	713	4	1.4	8.2	0.5	1.0
70°S	710	3	10	7.4	0.2	0.5
80°S	709	0	0.5	6.3	0.0	0.5

设 Q 不变,当涡动扩散系数(K_q,K_a,K_0)和经向交换系数(a)增大一倍(100%),则全球平均增温5℃,北半球的南北温差从48℃减到28℃,冰盖将融化。如上述系数减少50%,则将引起一次前所未有的冰期。两极温度将降到−70℃,但赤道变化不大。

当大气对长波辐射的减弱系数(m)减小 3％时。就足以引起一次冰期。但实际上由于 CO_2 等的增加，m 是逐渐增大的。据估计，当水汽含量增加 40％，或 CO_2 含量增加 10 倍，m 将增加 10％。m 增大将使得 F_{1R} 减小，T_0 增加。这样又使得水汽含量增加（当水汽供应充分时）进一步增大 m 值。这就是水汽—温室效应的正反馈机制。但在 Sellers 模式中，m 是作为一个外参数给定的，因此不能模拟这一机制。

Sellers 的模式在能量输送的概念上比 Budyko 模式清晰得多，模式考虑了南北向的平流输送，但严格说沿纬向平均经向风速应等于零，一维模式中考虑能量经向输送较好的方式还是前面讨论的水平扩散方式。

5.4　一维季变模式

我们知道，到达各纬度圈大气层顶的太阳辐射存在日变化、年变化和更长时间的周期变化。为了考察太阳辐射周期变化对气候系统的影响，North 等[5,11] 提出了考虑太阳辐射季节变化的一维能量平衡模式

$$C\frac{\partial T(x,t)}{\partial t}-D\frac{\partial}{\partial x}(1-x^2)\frac{\partial T(x,t)}{\partial x}+A+BT(x,t)$$
$$=QS(x,t)[1-\alpha(x,t)] \tag{5.43}$$

到达各纬度上大气层顶的日平均太阳辐射通量可以根据天体力学的公式进行计算[14]。North 等[5,11] 对上述公式进行了一定的简化处理后给出了 $S(x,t)$ 的表达式

$$S(x,t)=S_0(t)+S_1(t)P_1(x)+S_2(t)P_2(x) \tag{5.44}$$

其中

$$S_0(t)=1+2e\cos(2\pi t-\lambda)$$
$$S_1(t)=S_1(\cos2\pi t+2e\sin\lambda\sin2\pi t)$$
$$S_2(t)=S_2[1+2e\cos(2\pi t-\lambda)]+(S_{22}+S'_{22}e)\cos(4\pi t-\lambda)$$

这里 t 的单位是年，在北半球夏至时 $t=0$。e 为偏心率，目前 e 的值为 0.17，并以约 95000 年的周期呈准周期变化。λ 为岁差，变化于 $0\sim2\pi$ 之间，目前的值为 200°，约 26000 年左右达到 2π。系数 S_1，S_2 和 S_{22} 取决于黄赤交角 δ，δ 目前的值为 23.45°，δ 约以 40000 年的周期呈准周期变化，变化范围是 22 °02′～24 °37′。

如果不考虑偏心率，岁差和黄赤交角的周期变化，则式(5.44)可改写为

$$S(x,t)=S_0+S_1P_1(x)e^{2\pi it}+(S_2+S'_2e^{4\pi it})P_2(x) \tag{5.45}$$

其中 $S_0=1.0$；$S_1=-0.80$，$S_2=-0.48$；$S'_2=0.15$。这里 S_1 项代表年波，两个半球是反对称的（$P_1(x)=x$），从而使两个半球恰好处在相反的季节，这一项对太阳辐射的季节变化起支配作用，S'_2 项代表半年波，两个半球是对称的，且在赤道有一个极值，在两极为负的，这一项大体上模拟了太阳每年两次经过赤道和极夜与极昼的情形。

设 $T(x,t)=\sum\limits_{k=0}^{2}\sum\limits_{n=0}^{2}T_nP_n(x)e^{2\pi ikt}$ 并假定 $\alpha(x,t)$ 为常数，利用式(5.33)和式(5.35)，可得

$$2\pi ikCT_n^{(k)}+[n(n+1)D+B]T_n^{(k)}=QS_n^{(k)}(1-\alpha)-\delta_{n0}A \tag{5.46}$$

不难看出 $T_0^{eq}=T_0^{(0)}$，$T_2^{eq}=T_2^{(0)}$，需要求的量只有两个，即 $T_1^{(1)}$ 和 $T_2^{(2)}$。如果 C 取为陆地的值，则 $|T_1^{(1)}|=41$℃，而北半球的实际观测值只有 15.5℃，这表明下垫面全为陆地的星球上的

季节变化要比地球上的变化强得多。如果 C 取为海洋的值,则季节强迫的响应要小得多。为了更真实地模拟气候系统的实际情况,下面我们讨论二维能量平衡模式。

5.5　二维模式

North 等[15,17]进一步把一维能量平衡模式扩展到二维球面上,并将温度场按球谐函数展开

$$T(\boldsymbol{r},t) = \sum_{n=0}^{\infty} \sum_{m=-n}^{n} T_{nm}(t) Y_{nm}(\boldsymbol{r}) \tag{5.47}$$

其中

$$Y_{nm}(\boldsymbol{r}) = \sqrt{\frac{(2n+1)(n-m)!}{4\pi(n+m)!}} P_n^m(x) \mathrm{e}^{im\varphi}$$

这里用位置矢量 $\boldsymbol{r}$ 表示对应于 (θ,φ) 的位置。

5.5.1　常系数二维能量平衡模式的解

如果不考虑 C 和 D 随 $\boldsymbol{r}$ 的变化,则二维能量平衡模式可以写为

$$C\frac{\partial T(\boldsymbol{r},t)}{\partial t} - D\nabla^2 T(\boldsymbol{r},t) + A + BT(\boldsymbol{r},t) = QS(\boldsymbol{r},t)[1-\alpha(\boldsymbol{r},t)] \tag{5.48}$$

将式(5.47)代入上式,并利用球谐函数的正交性

$$\iint_{4\pi} Y_{nm}(\boldsymbol{r}) Y_{n'm'}^*(\boldsymbol{r}) \mathrm{d}\Omega = \delta_{nn'}\delta_{mm'} \tag{5.49}$$

则有

$$C\frac{\mathrm{d}T_{nm}(t)}{\mathrm{d}t} + [Dn(n+1)+B]T_{nm}(t) = QH_{nm}(t) - \sqrt{4\pi}A\delta_{n0} \tag{5.50}$$

其中

$$H_{nm}(t) = \iint_{4\pi} Y_{nm}^*(\boldsymbol{r}) S(\boldsymbol{r},t)[1-\alpha(\boldsymbol{r},t)]\mathrm{d}\Omega$$

如果不考虑 $S(\boldsymbol{r},t)$ 和 $\alpha(\boldsymbol{r},t)$ 随时间的变化,可求得平衡温度为

$$T_{nm}^{eq} = \frac{QH_{nm} - \sqrt{4\pi}A\delta_{n0}}{n(n+1)+B} \tag{5.51}$$

另外,还可得

$$\tau_{nm} = \frac{\tau_0}{n(n+1)\left(\dfrac{D}{B}\right)+1} = \tau_n \tag{5.52}$$

式(5.52)表明,对 (n, m) 模,其延迟时间仅与 n 有关而与纬向波数 m 无关。

5.5.2　将下垫面状况的地理分布引入模式

根据前面的讨论,有效热容量是一个极其重要的参数,它强烈地依赖于下垫面的状况。在陆地上 $C/B = 30$ 天;海洋上 $C/B = 5$ 年,因此,C 的大小对气候系统的局地响应起着重要作用。引入 C 的局地变化使我们有可能利用这个简单模式较真实地模拟出地表温度的全球分布和对外源强迫的局地响应。是否考虑 C 的局地变化是一维和二维能量平衡模式的本质差别。

与温度 T 相同,可将 C 按球谐函数展开

$$C(\boldsymbol{r}) = \sum_{n=0}^{\infty} \sum_{m=-n}^{n} C_{nm} Y_{nm}(\boldsymbol{r}) \tag{5.53}$$

其中,N 为截断波数。图 5.5 分别给出了取 $N=22$ 和 11 时 C 的全球分布。图中等值线的值分别为 9,5,1,大于 9 的区域为海洋,小于 1 的区域为陆地。比较这两张图可以看出选取不同的截断对模式分辨率的影响。

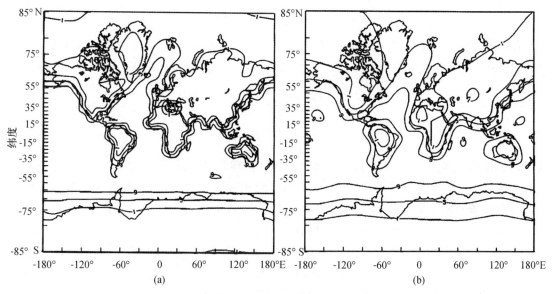

图 5.5　$N=22$ 时(a)和 $N=11$ 时(b)$C(\boldsymbol{r})$的分布[15]

5.5.3　二维季变模式

如果考虑 C 的局地变化和太阳辐射的季节变化,则二维能量平衡模式重新写成[15]

$$C(\boldsymbol{r})\frac{\partial T(\boldsymbol{r},t)}{\partial t} - \nabla[D(\boldsymbol{r}) \cdot \nabla T(\boldsymbol{r},t)] + A + BT(\boldsymbol{r},t) = QS(\boldsymbol{r},t)[1-\alpha(\boldsymbol{r})] \tag{5.54}$$

式中,$C(\boldsymbol{r})$ 为单位面积的有效热容量,取决于季节循环加热的质量的多少,即陆地上为空气柱的一半,海洋上为被风驱动的混合层质量(约 75 m 深),冰上取多年有海冰地区的平均值(陆地:常年海冰:海水$\approx 1:9:60$)。$D(\boldsymbol{r})$ 为热扩散系数。各种形式的水平热输送都被包括在 $D(\boldsymbol{r})$ 中。$D(\boldsymbol{r})$ 随纬度的依赖关系依照 Lindzen 和 Farrel[16] 的工作进行了修正。Lindzen 和 Farrel[16] 指出取 D 为常数的一维能量平衡模式模拟出的热带的经向温度梯度偏大,这是因为热带 Hadley 环流比中高纬的涡旋输送更有效地平衡了温度异常,使该地区的温度几乎保持一致,这就使得赤道地区的 D 值仅为高纬的 1/3,根据这一结果 North 等[15] 将 $D(\boldsymbol{r})$ 取为

$$D(\boldsymbol{r}) = D(x) = D_0(1 + D_2 x^2 + D_4 x^4) \tag{5.55}$$

其中,$D_0 = 0.81, D_2 = -1.33, D_4 = 0.67$,$D_2$ 和 D_4 是可调整的参数,适当的调整 D_2 和 D_4 可以较好地模拟出现代气候的季节循环。

将方程中的各个量按球谐函数展开

$$C(\boldsymbol{r}) = \sum_{l=0}^{L_c} \sum_{m=-l}^{l} C_{lm} Y_l^m C(\boldsymbol{r}) \tag{5.56}$$

$$T(\boldsymbol{r},t) = \sum_{l=0}^{L} \sum_{m=-l}^{l} T_{lm}(t) Y_l^m(\boldsymbol{r}) \tag{5.57}$$

$$D(\boldsymbol{r}) = \sum_{l=0}^{L_D} \sum_{m=-l}^{l} D_{lm}(t) Y_l^m(\boldsymbol{r}) \tag{5.58}$$

$$\alpha(\boldsymbol{r}) = \sum_{l=0}^{L_A} \sum_{m=-l}^{l} \alpha_{lm} Y_l^m(\boldsymbol{r}) \tag{5.59}$$

$$S(x,t) = \sum_{l=0}^{L} S_l(t) Y_l^0(\boldsymbol{r}) \tag{5.60}$$

各项展开阶数取 $L=11, L_A = L_C = L_D = 22$。另外,将时间变化项 $T_{lm}(t)$ 和 $S_l(t)$ 展成傅氏级数的形式

$$T_{lm}(t) = \sum_{n=0}^{2} T_{lm}^n e^{2\pi int} \tag{5.61}$$

$$S_l(t) = \sum_{n=0}^{2} S_l^n e^{2\pi int} \tag{5.62}$$

式中,T_{lm}^n 和 S_l^n 分别为 T, S 的 n 波傅氏展开系数,t 的单位是年,$n=0,1,2$ 分别代表年平均、年波和半年波。这里采用级数形式求解,而不用时间积分的方法求解,主要是为了节省计算时间。由于海洋的热容量很大,模式至少要积分 15 个模式年才能达到稳定的平衡状态。

将式(5.56)~(5.62)代入式(5.54)则有

$$2\pi in C_{jk} Y_j^k T_{lm}^n Y_l^m e^{2\pi int} - \nabla \cdot [D_{jk} Y_j^k \nabla (T_{lm}^n Y_l^m)] e^{2\pi int} + A + B T_{lm}^n Y_l^m e^{2\pi int}$$
$$= Q S_l^n Y_l^0 (1 - \alpha_{jk} Y_j^k) \tag{5.63}$$

这里省略了求和过程。将式(5.63)两边同乘以 Y_p^{-q} 并求积分

$$2\pi in C_{jk} T_{lm}^n \iint_{4\pi} Y_j^k Y_l^m Y_p^{-q} \mathrm{d}\Omega +$$

$$\frac{1}{2} [P(P+1) + l(l+1) - j(j+1)] D_{jk} T_{lm}^n \iint_{4\pi} Y_j^k Y_l^m Y_p^{-q} \mathrm{d}\Omega +$$

$$B T_{lm}^n \iint_{4\pi} Y_l^m Y_p^{-q} \mathrm{d}\Omega + A\delta_{n0} \iint_{4\pi} Y_p^{-q} \mathrm{d}\Omega$$

$$= Q S_l^n \iint_{4\pi} Y_l^0 Y_p^{-q} \mathrm{d}\Omega - Q S_l^n \alpha_{jk} \iint_{4\pi} Y_j^k Y_l^0 Y_p^{-q} \mathrm{d}\Omega \tag{5.64}$$

式中,δ_{n0} 为 δ 函数。对于每个 n 的不同 p, q,上式构成一个含有 144 个未知数 T_{lm}^n 的线性方程组,然后求解这些方程组可求得各谐波 n 的振幅和位相,再对 n 求和即可得到各时刻的温度 $T(\boldsymbol{r})$,

$$T(\boldsymbol{r},t) = \sum_{n} \sum_{l,m} T_{lm}^n Y_l^m(\boldsymbol{r}) e^{2\pi int}$$

下面我们来看取 $L=11, L_A = L_C = L_D = 22$ 时模拟的季节循环。图 5.6 给出了温度场年波振幅的模拟和观测结果。这里也对观测资料用公式(5.57)和式(5.61)进行了同样的展开和截断。两张图上都可以看出明显的区域特征,模式在陆地上对年变化的响应最为明显,不过陆地上模拟的振幅比实况略小一些。

图 5.7 给出了年波位相差的模拟和观测结果。图中的单位为天(d),由图 5.6b 可见,在内陆观测资料的位相差为 30 天,海洋上为 75 天,欧洲中部地区最小的位相差为 23 天,南极为 15 天。而模拟出的位相差在海洋上约为 90 天。这主要是由于模式在海洋地区有较大的热惯性造成的。因为模式的热容量 C 在海洋地区取为混合层以上的平均值,因此,温度场代表了混

合层以上的状况,这也就不难理解为什么在海洋地区模拟和观测的位相差存在着一定差异。由于模拟过于简单无法区别近地面层大气温度和地表温度之间的差异。另外,模式中也没有引入地形,地形的影响应通过热容量 C 或修正的射出长波辐射加以考虑。

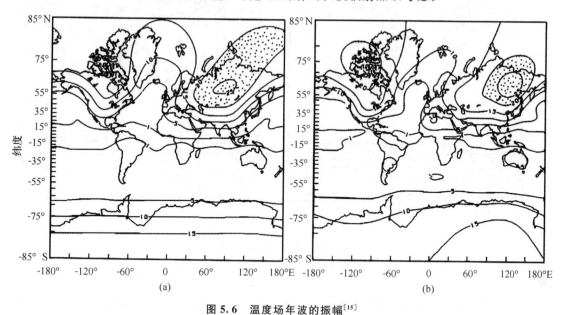

图 5.6　温度场年波的振幅[15]

(a)模式模拟的结果;(b)观测的结果(图中的单位为℃,阴影区是大于 20℃ 的地区)

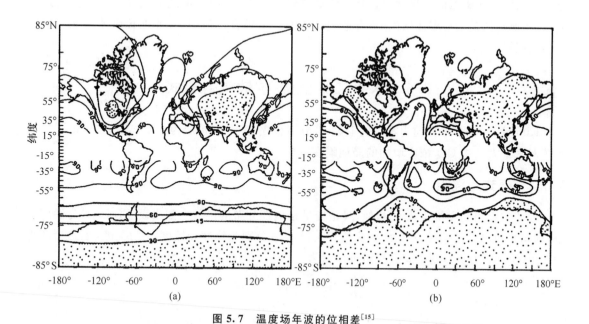

图 5.7　温度场年波的位相差[15]

(a)模式模拟的结果;(b)观测的结果(图中的单位是天(d),阴影区是小于 30 的地区)

图 5.8 给出了半年波振幅的模拟和观测结果。在南极地区模式对半年波的响应只有年波的 1/3,而北极地区的响应还不到 1/6。

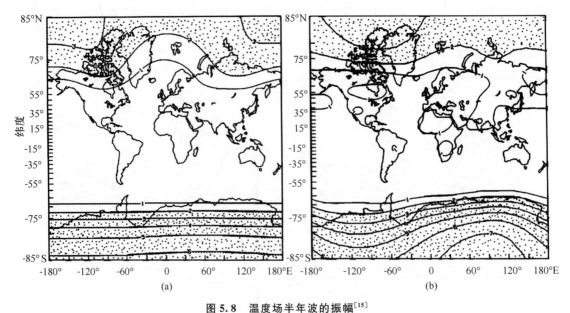

图 5.8　温度场半年波的振幅[15]

(a)模式模拟的结果;(b)观测的结果(图中单位是℃,阴影区是大于 2℃的地区)

这样一个简单的模式能模拟出这么好的结果确实是令人满意的。模式可调整的参数只有 4~5 个,而图中反映出比参数多得多的特征。为什么模式中没有考虑风场中的各向异性,还能得到如此令人满意的结果呢? 这是因为对气候平均而言,中高纬地区风场基本上满足地转关系,而地转风是沿等温线吹的,不会造成局地的热量辐合辐散,只有非地转风才可能造成局地热量积累。

5.6　水平二维上翻-扩散耦合模式

Kim 等[18]将水平方向为零维的上翻-扩散耦合模式[19,20]扩展为水平二维,并讨论了气候系统对水平大气中 CO_2 浓度增加的局地瞬变响应。

5.6.1　模式方程组

模式方程组与零维模式[20]相似,只是变量是地理分布的函数。如果设 $T(r,z,t)$ 为温度距平,即与平衡温度的偏差,$r=(\theta,\varphi)$ 为位置矢量,θ,φ 分别为纬度和经度,z 为深度(混合层底部为 0,海面向下为负),则模式方程组可以写为

$$\frac{\partial T}{\partial t}+W\frac{\partial T}{\partial z}=K\frac{\partial^2 T}{\partial z^2}\quad z\leqslant 0 \tag{5.65}$$

$$C(\mathbf{r})\frac{\partial T}{\partial t}+BT-\nabla\cdot[D(x)\nabla T]-WC^*(\mathbf{r})T+KC^*(\mathbf{r})\frac{\partial T}{\partial z}$$

$$=F(\mathbf{r},t)\quad z=0 \tag{5.66}$$

$$T\rightarrow 0,\qquad z\rightarrow -\infty \tag{5.67}$$

$$T(\mathbf{r},z,t=0)=T_0(\mathbf{r},z) \tag{5.68}$$

其中，$x=\sin\theta$，$C(r)$ 为大气和混合层单位面积的局地有效热容量，$C^*(r)$ 为深海的有效热容量，$D(x)=D_0(1+D_2x^2+D_4x^4)$，为大气和混合层的水平扩散系数，$F(r,t)$ 为辐射强迫项，其他系数的含义与上述零维模式相同。

由于模式变量是时间和三维空间的函数，因此即便是对最简单的辐射强迫，求解也是相当困难的，为了便于求解可将温度场分解为两部分。

$$T(r,z,t)=T_p(r,z,t)+T_h(r,z,t) \tag{5.69}$$

其中，$T_p(r,z,t)$ 为模式的特解，它代表了模式对外源强迫的稳定响应，$T_h(r,z,t)$ 为模式的连续解，它反映了初始场作用随时间衰减的瞬变性质，于是模式方程组可分解为

$$\frac{\partial T_p}{\partial t}+W\frac{\partial T_p}{\partial z}=K\frac{\partial^2 T_p}{\partial z^2}\quad z\leqslant 0 \tag{5.70}$$

$$C(r)\frac{\partial T_p}{\partial t}+BT_p-\nabla\cdot[D(x)\nabla T_p]-WC^*(r)T_p+KC^*(r)\frac{\partial T_p}{\partial z}=F(r,t)\quad z=0 \tag{5.71}$$

$$T_p\to 0,\qquad z\to -\infty \tag{5.72}$$

$$T_p(r,z,t=0)=T_{p_0}(r,z) \tag{5.73}$$

和

$$\frac{\partial T_h}{\partial t}+W\frac{\partial T_h}{\partial z}=K\frac{\partial^2 T_h}{\partial z^2} \tag{5.74}$$

$$C(r)\frac{\partial T_h}{\partial t}+BT_h-\nabla\cdot[D(x)\nabla T_h]-WC^*(r)T_h+KC^*(r)\frac{\partial T_h}{\partial z}=0\quad z=0 \tag{5.75}$$

$$T_h\to 0,\qquad z\to -\infty \tag{5.76}$$

$$T_h(r,z,t=0)=T_0(r,z)-T_{p_0}(r,z) \tag{5.77}$$

5.6.2　模式的解析解

5.6.2.1　特解

对脉冲强迫（相当于 CO_2 突然增加）和线性强迫（CO_2 随时间线性增加）很容易求得其特解，对 CO_2 突然加倍的脉冲强迫，强迫函数可写为

$$F(r,t)=-\Delta AH(t) \tag{5.78}$$

其中，ΔA 为 CO_2 突然加倍所造成的辐射强迫值，一般为 -4.2 W/m^2，$H(t)$ 为一脉冲函数，定义为

$$H(t)=\begin{cases} 0 & t<0 \\ 1 & t\geqslant 0 \end{cases}$$

将式(5.78)代入式(5.71)可求得其特解为

$$T_p=\alpha e^{\delta z} \tag{5.79}$$

其中

$$\delta=W/K$$
$$\alpha=-\Delta A/B$$

由式(5.79)可以看出 CO_2 加倍所造成的增暖在空间上是均匀的，且随深度逐渐减弱。这个结论与 North 等[15]用非耦合能量平衡模式所得的结果是一致的。

对 CO_2 随时间增加的线性强迫，强迫函数可写为

$$F(r,t)=rtH(t) \tag{5.80}$$

其中,r 为斜率,设式(5.70)～(5.73)有如下形式的特解

$$T_p = \alpha(t - \tau(r) + z/w)\mathrm{e}^{\delta z} \tag{5.81}$$

利用式(5.70)和式(5.71)可得出

$$\delta = W/K \tag{5.82}$$

$$\alpha = r/B \tag{5.83}$$

$$B\tau(r) - \nabla \cdot [D(x)\nabla\tau(r)] = C(r) + C^*(r)/\delta \tag{5.84}$$

这里 $\tau(r)$ 为时间滞后的地理分布函数,δ 为永久斜温层深度,如果将式(5.84)的右端看作是耦合系统的有效热容量,就不难理解为什么与深海耦合以后时间滞后增加了。由公式(5.81)可定义

$$T_{p_0} = -\alpha[\tau(r) - z/w]\mathrm{e}^{\delta z} \tag{5.85}$$

5.6.2.2 连续解

连续解由于与初始场有关,求解非常复杂,类似零维模式的处理对公式(5.74)～(5.77)实施 Laplace 变换,则有

$$K\frac{\partial^2 \widetilde{T}_h}{\partial z^2} - W\frac{\partial \widetilde{T}_h}{\partial z} - s\widetilde{T}_h = -T_{h_0} \qquad z \leqslant 0 \tag{5.86}$$

$$\left[sC(r) + B - \nabla \cdot [D(x)\nabla] - WC^*(r) + KC^*(r)\frac{\partial}{\partial z}\right]\widetilde{T}_h = C(r)T_{h_0} \quad z = 0 \tag{5.87}$$

$$\widetilde{T}_h \to 0, \qquad z \to -\infty \tag{5.88}$$

$$T_{h_0}(r, z) = T_0(r, z) - T_{p_0}(r, z) \tag{5.89}$$

其中

$$\widetilde{T}_h(r, z, s) = \int_0^\infty T(r, z, t)\mathrm{e}^{-st}\mathrm{d}t$$

根据公式(5.79)和式(5.85),引入如下形式的初始场

$$T_{h_0}(r, z) = u(r) + v(r)\mathrm{e}^{\delta z} + w(r)z\mathrm{e}^{\delta z} \tag{5.90}$$

则可得到公式(5.86)～(5.89)的解为

$$\widetilde{T}_h(r, z, s) = f(r) + g(r)\mathrm{e}^{\xi z} + h(r)z\mathrm{e}^{\xi z} + R(r, z, s)\mathrm{e}^{\lambda z} \tag{5.91}$$

其中,$f(r) + g(r)\mathrm{e}^{\xi z} + h(r)z\mathrm{e}^{\xi z}$ 是式(5.86)的特解,$R(r, z, s)\mathrm{e}^{\lambda z}$ 是满足边界条件的连续解,其特征值 λ 定义为

$$\lambda = \frac{\delta}{2} + \mu \tag{5.92}$$

其中

$$\delta = \frac{W}{K}$$

$$\mu = \sqrt{\frac{s}{K} + \frac{\delta^2}{4}}$$

另外公式(5.91)中

$$f(r) = u(r)/s \tag{5.93}$$

$$g(\boldsymbol{r})=\frac{-v(\boldsymbol{r})}{K\zeta^{2}W\zeta-s}+\frac{(2K\zeta-W)w(\boldsymbol{r})}{(k\zeta^{2}-w\zeta-s)^{2}} \tag{5.94}$$

$$h(\boldsymbol{r})=\frac{-w(\boldsymbol{r})}{K\zeta^{2}-W\zeta-s} \tag{5.95}$$

再对式(5.91)求 Laplace 反变换,即可求得模式的连续解,详细的求解过程读者可以参考文献[21]。

5.6.3　对 CO_2 增加的局地瞬态响应

假定 CO_2 随时间是线性增加的,即 $F=rtH(t)$,并取 $r=0.03$ W/(m^2 · a),它相当于 140 年 CO_2 含量增加 1 倍。图 5.9a 是取 $W=4$ m/a,$K=4000$ m^2/a,时间滞后函数 $\tau(\boldsymbol{r})$ 的地理分布。正像我们所预料,海洋中心比大陆中心滞后 30 年以上。图 5.9b 是特解的地表相对温度距平(即与全球平均温度的偏差,$T_p=\alpha\tau(\boldsymbol{r})$)。由图 5.9b 可以看出,亚洲中部和太平洋中部约差 0.5℃,这与 Hansen 等[22]资料分析的结果基本是一致的。但单独用特解与观测资料进行

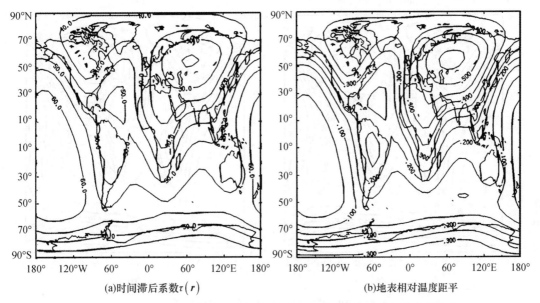

(a)时间滞后系数 $\tau(\boldsymbol{r})$　　　　　　　　(b)地表相对温度距平

图 5.9　取 $F=rt$,$W=4$ m/a,$K=4000$ m^2/a 时模式对 CO_2 增加的稳定响应

比较,并不能说明模式的响应是正确的。还需要用模式完整的解进行比较。图 5.10a、b、c、d 分别为 $t=1,10,100,700$ 完整的瞬态解(特解+连续解)的地表温度距平。由图 5.10c 可以看出,在过去 100 年中由于 CO_2 增加使亚洲中部比太平洋中部温度升高了约 0.3℃,这是因为与深海耦合以后,海陆之间热容量的差异增大导致海陆温差加大,这种海陆之间的温度差异确与 Hansen 等[22]资料分析的结果是一致的。然而模式的结果表明在过去的 100 年里,全球平均温度增加了约 1℃,这比实际情况要大 0.5℃,造成这种差异的主要原因可能是由于模式过于简单,有些物理过程没有考虑。

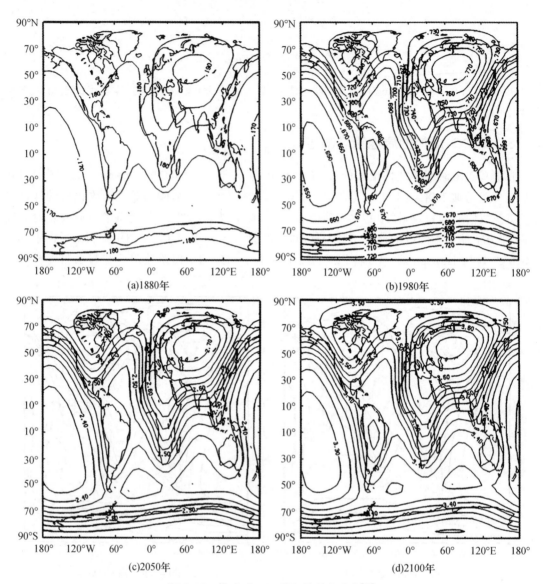

图 5.10 模式对 CO_2 增加的瞬变响应[18]

(a)$t=1$ 年;(b)$t=10$ 年;(c)$t=100$ 年;(d)$t=700$ 年

5.7 耦合能量平衡模式存在的问题

前面的讨论说明了耦合能量平衡模式确实比非耦合模式进了一步,更接近实际情况,但仍存在许多问题,主要表现在以下三方面。

(1)上翻-扩散模式虽然部分弥补了纯扩散模式的不足,但海水的上翻是与大洋环流联系在一起的,它随时间和空间都变化的,将它人为的取为全球均一的常数显然不符合实际,因此对它的参数化对改进耦合能量平衡模式将是至关重要的。

（2）水平二维上翻扩散模式中没有考虑深海的扩散过程,使热量在局地积累过大。

（3）辐射过程过于简单,许多影响辐射的重要因素如气溶胶等没有考虑。

此外,模式的求解也还存在许多问题。经过进一步的努力,上述问题可以在某种程度上得以改进,但无论如何改进,上述模式也只能提供认识气候变化的大致轮廓,要全面认识气候变化机制还需要耦合环流模式。

参考文献

[1] Budyko M I. The effect of solar radiation variations, on the climate of the earth[J]. Tellus, 1969, 21: 611-619.

[2] Sellers W D. A climate model based on the energy balance of the earth-atmosphere system[J]. J Appl Meteorol, 1969, 8: 392-400.

[3] 汤懋苍. 理论气候学概论[M]. 北京: 气象出版社, 1989: 75-103.

[4] Sclmeider S H and Dickinson R E. Climate modeling[J]. Rev Geophys Space Phys, 1976, 12: 447-493.

[5] North G R, Coakley J A and Cahalan R F. Energy balance climate models[J]. Rev Geophys Space Phys, 1981, 19: 91-121.

[6] North G R. Lesson from Energy Balance Models[C]//Physically-Based Modelling and Simulation of Climate and Climatic Change, Edit Sehiesinger M E, part Ⅱ, 1988: 627-651.

[7] 曹鸿兴. 动力气候概论[J]. 陕西气象专刊, 1988: 9-17.

[8] Short D A, North G R, Bess T D, Smith G L. Infrared parameterization and simple climate models[J]. J Clim Appl Meteor, 1984: 1222-1232.

[9] 丑纪范. 初步场作用的衰减与算子特征[J]. 气象学报, 1983, 41: 385-392.

[10] 汪守宏, 黄建平, 丑纪范. 大尺度大气运动方程组解的一些性质——定常外源强迫下的非线性适应[J]. 中国科学 B 辑, 1989, (3).

[11] North G R and Coakley J A. Differences between seasonal and mean annual energy balance model calculation of climate and climate sensitivity[J]. J Atmos Sci, 1979, 36: 1189-1204.

[12] North G R. Analytical solution to a simple climate model with diffusive heat transport[J]. J Atmos Sci, 1975, 32: 1301-1307.

[13] North G R. Theory of energy balance climate models[J]. J Atmos Sci, 1975, 32: 2033-2043.

[14] Sellers W D. Physical Climatology[M]. University of Chicago Press, Chicago, IL, 1965: 272.

[15] North G R, Mengel and Short D A. Simple energy balance model resolving the seasons and the continents: Application to the astronomical theory of the iceages[J]. J Geophys Res, 1983, 88: 6576-6586.

[16] Lindzen R S and Farrell B. Some realistic modification of simple climate model[J]. J Atmos Sci, 1977, 34: 1487-1501.

[17] North G R, Mengel J G and Short D A. On the transient response patterns of climate to time dependent concentrations of atmospheric CO_2, In climate Processes and Climate Sensitivity[J]. Geophysical Monograph, 29, Maurice Ewing Valume 5. eds. Hansen J E and Takahashi T. Am Geophys Un, 1984: 164-170.

[18] Kim K Y, North G R and Huang J P. On the transient response of a simple coupled climate system[J]. Journal of Geophysical Resenrch, 1992, 97: 10069-10081.

[19] Hoffert M I,Collegari A J and Hsieh C T. The role of deep sea heat storage in the secular response to climate forcing[J]. J Geophys Res,1980,85:6667-6679.

[20] Watts R G and Morantine M. Rapid climatic change and the deep sea[J]. Climate Change,1990,16:83-87.

[21] 叶笃正,曾庆存,郭裕福,等. 当代气候研究[M]. 北京:气象出版社,1991:284-285.

[22] Hansen J and Lebedeff S. Global trends of measured surface air temperature[J]. J Geophys Res,1987, 92:13345-13372.

第6章 气候系统的反馈机制

气候系统的成员之间及属性之间,存在大量的反馈机制,有些已被人们所认识,有比较明确的耦合联系,还有不少反馈机制由于其复杂性,仍未被人们所认识,其耦合联系不那么直观,其效果只有借助气候模式的模拟试验才能确定。这里我们从反馈的概念和定量描述入手介绍一些因果关系较为明确的反馈机制,并给出一个正反馈和一个负反馈的动力分析。

6.1 反馈的概念

反馈(feedback)这个词在无线电线路分析中经常用到,一个无线电装置就是一个复杂的系统,它由若干个(或级)功能不同的器件(或部件,如接收器、滤波器、振荡器、放大器等)组成,而每一个器件又由许多元件(如电阻、电容、晶体管等)组成,这些元件和器件被许多线路相互连接起来,形成复杂的相互作用链。某一级(称为原级)的信号变化通过相互作用链将引起其他各级的信号变化(响应),如果经过若干级后信号又被线路返回原级,将会对原级的信号变化起增强或削弱的作用,这种效应即称作反馈[1,2]。气候系统就相当于一个复杂的无线电装置,其成员(大气、海洋、陆面、冰雪等)就相当于功能不同的气候器件,这些成员的属性(变量)就相当于气候的元件,引起气候变化的各种物理(化学、生物)过程就相当于气候系统的线路,因此,气候系统中各种属性的变化之间也会出现反馈效应。所谓反馈,在气候中可以说成是气候系统中不同属性(变量)之间的相互作用。

气候中的反馈分为两种,一种叫正反馈,即反馈过程造成的气候变化与原变化同号;另一种叫负反馈,即反馈过程造成的气候变化与原变化反号。正反馈效应增大气象要素的异常,减小气候的稳定性,对气候的变化和异常有重大的作用;与此相反,负反馈效应则抑制气候的变化和异常,使气候稳定化,维持正常的气候状态(或振动)。多数的气候反馈是非线性的,其因果关系有时不直接,当有多种反馈机制同时起作用时,某种反馈机制的净效果与单有该反馈机制起作用的效果一般并不相同。图6.1是正负反馈的示意图。

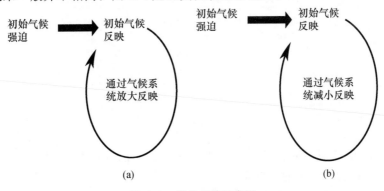

图 6.1 正负反馈示意图

(a)正反馈;(b)负反馈

6.2 反馈效应的定量描述

我们以温度 T 为例，来说明反馈效应的定量表征方法。假设 T 代表某个瞬态气候属性，$\tilde{T}$ 表示系统经调整后 T 所达到的平衡态（或气候状态），我们定义

$\Delta \tilde{T}_0$：系统在无反馈时，因外强迫的变化经内部调整达到平衡时 $\tilde{T}$ 的变化；

$\Delta \tilde{T}$：有反馈过程时，系统平衡态属性的总变比；

$\Delta \tilde{T}_f$：反馈过程对属性平衡态变化的净贡献。

显然有：

$$\Delta \tilde{T} = \Delta \tilde{T}_0 + \Delta \tilde{T}_f \tag{6.1}$$

我们借用无线电学中的一些概念来定量地描述气候反馈效应的强弱。

（1）系统增益 g

$$g = \Delta \tilde{T}_f / \Delta \tilde{T} \tag{6.2}$$

即净反馈变化与系统总变化之比值，它表示某个反馈过程对总的气候变化贡献的相对大小。

通常，外强迫引起的 $\Delta \tilde{T}_0$ 比内反馈引起的 $\Delta \tilde{T}_f$ 强，因此 $\Delta \tilde{T}$ 与 $\Delta \tilde{T}_0$ 同号，这样，对正反馈，$\Delta \tilde{T}_f$ 和 $\Delta \tilde{T}_0$ 与 $\Delta \tilde{T}$ 同号，这时 $g>0$；对负反馈，$\Delta \tilde{T}_f$ 和 $\Delta \tilde{T}_0$ 与 $\Delta \tilde{T}$ 反号，这时 $g<0$。

（2）反馈因数 f

$$f = \Delta \tilde{T} / \Delta \tilde{T}_0 \tag{6.3}$$

即有反馈时气候的总变化与无反馈时的气候变化之比值。它定量地描述反馈的强度（即反馈所产生的气候响应的强弱），正反馈时 $\Delta \tilde{T} > \Delta \tilde{T}_0$，因而，$f>1$；而负反馈时 $\Delta \tilde{T} < \Delta \tilde{T}_0$，因而 $f<1$。

（3）f 与 g 的关系

将式（6.2）代入式（6.1）得

$$\Delta \tilde{T} = \Delta \tilde{T}_0 + \Delta \tilde{T}_f = \Delta \tilde{T}_0 + g \Delta \tilde{T}$$

上式两边同除以 $\Delta \tilde{T}$ 得

$$\Delta \tilde{T} / \Delta \tilde{T}_0 = 1 + g \Delta \tilde{T} / \Delta \tilde{T}_0$$

即

$$f = \frac{1}{1-g} \tag{6.4}$$

或

$$g = 1 - \frac{1}{f} \tag{6.5}$$

由式（6.5）也可导出：正反馈时，由于 $f>1$，因而 $g>0$；负反馈时，$f<1$，因而 $g<0$。

（4）多种反馈过程对气候的总效应

假定有 N 个反馈过程同时起作用时总增益为 g，总反馈因数为 f，而单个反馈过程起作用

时,其效应分别为 g_i 和 $f_i (i=1,2,\cdots,N)$,这时

$$\Delta \widetilde{T} = \Delta \widetilde{T}_0 + \Delta \widetilde{T}_{f_1} + \Delta \widetilde{T}_{f_2} + \cdots + \Delta \widetilde{T}_{f_N} = \Delta \widetilde{T}_0 + \sum_{i=1}^{N} \Delta \widetilde{T}_{f_1}$$

因而

$$g = \Delta \widetilde{T}_f / \Delta \widetilde{T} = \sum_{i=1}^{N} \Delta \widetilde{T}_{f_i} / \Delta \widetilde{T} = \sum_{i=1}^{N} g_i \tag{6.6}$$

因此,多种反馈过程的总增益等于各个分增益的代数和,这是线性的关系。现在来看一看 f 和 f_i 的关系,由式(6.4)和式(6.6)有

$$f = \frac{1}{1-g} = \frac{1}{1 - \sum\limits_{i=1}^{N} g_i}$$

而 $g_i = 1 - \dfrac{1}{f_i}$,则

$$f = \frac{1}{1 - \sum\limits_{i=1}^{N} \left(1 - \dfrac{1}{f_i}\right)} = \frac{1}{\sum\limits_{i=1}^{N} \dfrac{1}{f_i} - (N-1)} \tag{6.7}$$

由于

$$\sum_{i=1}^{N} \frac{1}{f_i} = \frac{1}{f_1} + \frac{1}{f_2} + \cdots + \frac{1}{f_N} = \frac{\sum\limits_{i=1}^{N} (\prod\limits_{i=1}^{N} f_i)/f_i}{\prod\limits_{i=1}^{N} f_i} \tag{6.8}$$

其中,Π 表示连乘运算,即

$$\prod_{i=1}^{N} f_i = f_1 \times f_2 \times \cdots \times f_N$$

将公式(6.8)代入式(6.7)得

$$f = \frac{\prod\limits_{i=1}^{N} f_i}{\sum\limits_{i=1}^{N} (\prod\limits_{i=1}^{N} f_i)/f_i - (N-1)\prod\limits_{i=1}^{N} f_i} \tag{6.9}$$

因此,总反馈因数与各个单反馈因数之间呈一种比较复杂的非线性关系。当只有两种反馈过程同时起作用时,$N=2$,这时从式(6.9)可得

$$f = \frac{f_1 f_2}{f_1 + f_2 - f_1 f_2} \tag{6.10}$$

　　根据式(6.10),当 $f_1=1.8$,$f_2=1.5$ 时,有 $f=4.5$。这说明,如果存在一个强的正反馈,当有另一个中等的正反馈同时起作用时,会使总的反馈因数大增,而产生很强的气候响应。又如,当一个正反馈 $f_1=1.5$ 和一个负反馈 $f_2=0.5$ 同时起作用时,总的反馈面数为 $f=0.6$,正负反馈效应并不是相抵消,而是显示稍弱的负反馈。

　　上述例子说明,当有多种反馈过程同时作用时,它对气候的影响并不等于各单个反馈过程影响的简单线性叠加,不好由定性的讨论作出结论。要定量地考察多种反馈过程的总效应,应该借助气候模式进行敏感性试验。Hansen 等[3]用一个三维全球气候模式计算了各种反馈过程的净反馈因数,结果表明,对现代气候来说,水汽和海水的合成反馈因数 $f \approx 2$,云的 $f \approx$

1.3,当考虑上述三者的非线性组合时,$f \approx 3 \sim 4$。对 18000 年前(最后一次冰期)的古气候来说,陆冰的 f 为 $1.2 \sim 1.3$,海冰的 f 约为 1.2,植被的 f 为 $1.05 \sim 1.1$,水汽、海冰和云三者合成的 f 为 $2.5 \sim 5$。这表明冰期气候比现代气候更为敏感。

6.3 反馈响应的特征时间

反馈过程对气候系统的影响有一个响应特征时间,所谓响应特征时间指的是气候系统因外部强迫的变化而引起瞬态响应,这种响应在反馈效应的内部调整作用下达到平衡态响应所需的时间。下面,我们以地面辐射平衡为例,来确定它在无反馈和有反馈时的响应特征时间,并说明反馈过程对气候响应特征时间的影响。

(1)无反馈时的响应特征时间 τ_0

地面辐射平衡方程为

$$S_0 = (1-\alpha) = \sigma \widetilde{T}_0^4 \tag{6.11}$$

其中,S_0 为到达地面的太阳辐射,α 为地面反照率,$\widetilde{T}_0$ 为地面平衡温度。假定外强迫 S_0 突然改变一个小量 ΔS,而 α 不变(无反馈),(当达到新的平衡 $\widetilde{T}_0$ 时)引起 $\widetilde{T}_0$ 的变化为 $\Delta \widetilde{T}_0 = T - T'_0$,这时有

$$(S_0 + \Delta S)(1-\alpha) = \sigma (\widetilde{T}_0 + \Delta \widetilde{T}_0)^4 = \sigma \widetilde{T}_0^4 \left[1 + \frac{\Delta \widetilde{T}_0}{\widetilde{T}_0} \right] \tag{6.12}$$

将方程(6.12)减去方程(6.11)略去二阶以上小量,得

$$\Delta S(1-\alpha) = 4\sigma \widetilde{T}_0^3 \Delta \widetilde{T}_0 \tag{6.13}$$

则地面平衡温度的响应变化为

$$\Delta \widetilde{T}_0 = \frac{\Delta S(1-\alpha)}{4\sigma \widetilde{T}_0^3} \tag{6.14}$$

假定 ΔS 造成的系统的瞬态变化为 ΔT,由于这时还未达到新的平衡,显然有

$$\Delta S(1-\alpha) = 4\sigma \widetilde{T}_0^3 \Delta T$$

这时地面存在瞬态辐射不平衡。令其净通量差为 F_0,即

$$F_0 = \Delta S(1-\alpha) - 4\sigma \widetilde{T}_0^3 \Delta T \neq 0 \tag{6.15}$$

这个净通量的存在,将使地面温度发生调整变化,有

$$\frac{\mathrm{d}cT}{\mathrm{d}t} = F_0 \tag{6.16}$$

其中,c 为地面单位面积的热容量,令 c 为常数,有

$$\frac{\mathrm{d}cT}{\mathrm{d}t} = c \frac{\mathrm{d}}{\mathrm{d}t}(T-T_0) = c \frac{\mathrm{d}\Delta T}{\mathrm{d}t} = F_0 \tag{6.17}$$

将式(6.15)代入式(6.17),有

$$\frac{\mathrm{d}\Delta T}{\mathrm{d}t} = \frac{\Delta S(1-\alpha)}{c} - \frac{4\sigma \widetilde{T}_0^3}{c} \Delta T = \frac{4\sigma \widetilde{T}_0^3}{c} \left[\frac{\Delta S(1-\alpha)}{4\sigma \widetilde{T}_0^3} - \Delta T \right]$$

再用式(6.14)代入上式右边,得

$$\frac{\mathrm{d}\Delta T}{\mathrm{d}t}=\frac{4\sigma \widetilde{T}_0^3}{c}[\Delta \widetilde{T}_0-\Delta T] \tag{6.18}$$

利用初始条件：$t=0$ 时，$\Delta T=0$，对式(6.18)求时间积分，得

$$\Delta T=\Delta \widetilde{T}_0(1-\mathrm{e}^{-t/\tau_b}) \tag{6.19}$$

其中

$$\tau_b=c/4\sigma \widetilde{T}_0^3 \tag{6.20}$$

根据式(6.19)，严格地讲，只有 $t\rightarrow\infty$ 时，瞬态响应 ΔT 才趋近到平衡态响应 $\Delta \widetilde{T}_0$，但是 τ_b 的值不同，ΔT 趋近于 $\widetilde{T}_0$ 的速度也不同。为了便于比较，我们定义响应特征时间为瞬态响应 ΔT 趋近平衡态响应 $\Delta \widetilde{T}_0$，当它们之间相差为 $\Delta \widetilde{T}_0$ 的 e 分之一时所需的时间(也叫 e 倍响应时间)，由公式(6.19)可以看到，就是无反馈时的响应特征时间。根据公式(6.20)估算，当 $\widetilde{T}_0$ 取 255 K 时，对 63 m 深的海水的热容量，τ_b 约为 2.2 年。在低纬，海洋混合层薄，热扩散系数小，混合层温度相对比较快地趋于平衡态，响应特征时间为 20～50 年。而在高纬，深的冬季混合层和大的热扩散系数，形成大的热惯性，响应特征时间长，为 200～400 年。

(2)有反馈时的响应特征时间

假定外强迫改变 ΔS 后，引起气候瞬态响应 ΔT，由于反照率 α 可能依赖于温度 T(如冰雪有 $\alpha=a-bT$)，ΔS 也引起反照率的变化 $\Delta \alpha$，这个 $\Delta \alpha$ 反过来也会影响 ΔT，而起反馈作用，新的平衡条件是

$$(S_0+\Delta S)[1-(\alpha+\Delta \alpha)]=\sigma (\widetilde{T}_0+\Delta T)^4 \tag{6.21}$$

与公式(6.11)相减，略去高阶小量，得

$$\Delta S(1-\alpha)-S_0\Delta \alpha=4\sigma \widetilde{T}_0^3\Delta \widetilde{T}_0 \tag{6.22}$$

上式左端第一项为外强迫的变化，第二项为反馈的影响，右端为总的气候响应，由公式(6.22)可得

$$\Delta \widetilde{T}=\frac{\Delta S(1-\alpha)}{4\sigma \widetilde{T}_0^3}-\frac{S_0\Delta \alpha}{4\sigma \widetilde{T}_0^3} \tag{6.23}$$

上述右端第一项即无反馈时的气候响应 $\Delta \widetilde{T}_0$，见公式(6.14)，第二项为反馈的净效应 $\Delta \widetilde{T}_f=-S_0\Delta \alpha/4\sigma \widetilde{T}_0^3$，则

$$\Delta \widetilde{T}=\Delta \widetilde{T}_0+\Delta \widetilde{T}_f$$

对于瞬态响应 $\Delta \widetilde{T}$，公式(6.23)的左端与用 ΔT 代替 $\Delta \widetilde{T}$ 的右端不平衡，而有净的瞬变辐射通量 F，即

$$F=\Delta S(1-\alpha)-S_0\Delta \alpha-4\sigma \widetilde{T}_0^3\Delta T$$

这个净通量将引起地面温度发生调整变化，即有

$$\frac{\mathrm{d}cT}{\mathrm{d}t}=F=\Delta S(1-\alpha)-S_0\Delta \alpha-4\sigma \widetilde{T}_0^3\Delta T \tag{6.24}$$

由于 $\widetilde{T}_0$ 是无反馈时的地面辐射平衡温度，$\dfrac{\mathrm{d}\widetilde{T}_0}{\mathrm{d}t}=0$，则公式(6.24)可改写成

$$\frac{\mathrm{d}(T-\widetilde{T}_0)}{\mathrm{d}t}=\frac{4\sigma\widetilde{T}_0^3}{c}\left[\frac{\Delta S(1-\alpha)}{4\sigma\widetilde{T}_0^3}-\frac{S_0\Delta\alpha}{4\sigma\widetilde{T}_0^3}-\Delta T\right]$$

即

$$\frac{\mathrm{d}\Delta T}{\mathrm{d}t}=\frac{4\sigma\widetilde{T}_0^3}{c}[\Delta\widetilde{T}_0+\Delta T_f-\Delta T]\tag{6.25}$$

由于 $g=\Delta T_f/\Delta T$,则上式可以改写成

$$\frac{\mathrm{d}\Delta T}{\mathrm{d}t}=\frac{4\sigma\widetilde{T}_0^3}{c}[\Delta\widetilde{T}_0-(1-g)\Delta T]=\frac{4\sigma\widetilde{T}_0^3}{c}(\Delta\widetilde{T}_0-\frac{1}{f}\Delta T)$$

利用初始条件:$t=0$ 时,$\Delta T=0$,上式对 t 求积分,其解为

$$\Delta T=f\widetilde{T}_0(1-\mathrm{e}^{-t/\tau})=\Delta\widetilde{T}(1-\mathrm{e}^{-t/\tau})\tag{6.26}$$

其中有反馈时的 e 倍响应特征时间 τ 为

$$\tau=fc/\Delta\sigma\widetilde{T}_0^3=f\tau_b\tag{6.27}$$

可见,反馈过程对气候的响应特征时间有影响,使响应的特征时间为无反馈时的 f 倍。

根据公式(6.27),当有正反馈时,$f>1$,则 $\tau>\tau_b$,响应特征时间增大,这是因为正反馈使系统不稳定化而远离平衡态,要调整达到平衡,所需的时间长。当有负反馈时,$f<1$,则 $\tau<\tau_b$,响应特征时间减少,这是因为,负反馈使系统稳定化,更接近平衡态,因而调整达到平衡所需的时间短。

6.4　气候中一些主要的反馈机制

6.4.1　气候中一些主要的正反馈的例子

有许多正反馈效应会使全球变暖过程以恶性循环的方式发展并使气候变化的发展变得非常复杂及难以预测,下面给出正反馈的几个例子。

(1)冰雪-反照率-温度反馈

众所周知,地面冰雪线的范围(或冰雪面积)S 强烈地依赖于地面温度 T_g。例如 Sellers 曾给出冰雪面积与地面温度之间如下的线性关系:

$$S=A-BT_g\tag{6.28}$$

其中的系数,对于雪,$A=0.52$, $B=0.028$;对于冰,$A=0.25$, $B=0.030$。另一方面,冰雪的反照率又比一般陆面和海面的反照率大得多,例如,$\alpha_{海冰}=0.4\sim0.65$,$\alpha_{雪面}=0.7\sim0.8$,而 $\alpha_{陆面}=0.1\sim0.3$,$\alpha_{海面}=0.05\sim0.14$.

基于上述两种原因,如果有某种过程造成地面温度 T_g 下降,则根据式(6.28),将造成冰雪面积 S 增大,从而使地面反照率 α 增大,α 增大又使地面接收的太辐射减小,这又使地面温度 T_g 进一步降低。

(2)水汽-红外辐射-温度反馈

一般情况下,大气中相对湿度接近于常数,即 $r=q/q_s\approx$常数。另一方面,饱和比湿强烈地依赖于温度,$q_s(T,P)$,如果因某种原因使大气温度 T 升高,则使饱和比湿 q_s 增大,又因 r 近似不变,则造成大气中水汽含量 q 增大,这将使大气对向外长波辐射(OLR)的透明度减小,从而

使温度 T 进一步升高。由于这种反馈与水汽的温室效应有关,有时也将叫作水汽的温室反馈。

(3)植被-反照率-行星环流反馈

这是一种由于反照率差异引起辐射不平衡而强迫出行星环流(水平环流和垂直环流)的异常的反馈过程,在低纬度,这种反馈机制在副热带和热带又略有不同,由于植被的反照率($\alpha_{草地}$ =0.14～0.18)比裸地的反照率($\alpha_{沙漠}$=0.28)小很多,因此,在副热带的半干旱区,由于缺雨而少植被使地面反照率增大,这使地面总辐射减小(吸收的太阳辐射减小,由于地面温度高,地面放射的长波辐射增多),成了有效的辐射热汇。由于在副热带地区平流作用小,要维持局地的热平衡,只有靠大气激发出动力下沉的局地环流才能补偿辐射亏损,这种动力下沉运动产生增温减湿作用,将使半干旱区更加干燥,沙漠扩大(详见 6.5 节生物-地球物理反馈)。

在热带的海陆交界区,冰期大陆的干冷也使植被减少,地面反照率增大,地面总辐射减小,这在大陆上强迫出动力下沉运动,在海洋上强迫出上升运动,地面空气由大陆流向海洋,使大陆更加干冷。相反,在气候的暖期(如间冰期),大陆暖湿,将出现与冰(冷)期相反的过程,地面空气由海洋流向大陆,使大陆更加暖湿。这种反馈过程是使气候的冷期和暖期都能维持一段时间的一种机制。

(4)自然的半球气候反馈

这是一种包含海洋上翻、下翻效应的海气耦合反馈机制。假设起始时有某种原因造成极区的冷却,其后的过程可以表示如下:极区冷却—经向温度梯度和西风带强度增大—副热带高压偏向赤道—信风强度增强—赤道海洋(除印度洋)有上翻运动—赤道 SST 降低—大气 CO_2 $+H_2O$ 含量减小—大气进一步冷却。这是一种自然的正反馈过程,它控制着相当有效的海气交换过程。

(5)间冰期冰消失的反馈过程

假定由于天文因子造成夏季入射辐射的增加,其后的过程可能存在以下两种循环。

① 陆冰体积减小—冰山向海洋的流动增加—冰在海洋中的融解增加—洋面温度降低—被大气抽取的水汽减少—陆冰体积进一步减小。

② 陆冰体积减小—向海洋融水流动增加—平面升高—对陆冰的侵袭增加—陆冰进一步减少。

6.4.2　负反馈的例子

(1)云量-海温反馈

当海面温度升高时,海面的蒸发将增多,其上空的云量将增多,由于云对太阳辐射的反射效应,云量的增多将使海面接收到的太阳辐射减少,这将使海面温度降低,与原变化反号。这种反馈过程是造成海气系统周期为月量级的振荡的重要机制(详见 6.6 节云的反馈调节作用)。

(2)风-洋流-海冰反馈

这种反馈是由于低层大气不均匀加热变化等多种原因造成的,使海洋副热带涡旋或反气旋异常增强,使洋流向极地的热输送大为增加,使极冰减少,这将使赤道与极地之间的南北温差减小,相应地使风力和大气环流衰减,由于风生洋流效应,海洋环流必然要减弱,进而造成与起始过程相反的变化。这种负反馈过程形成大气-海洋-海冰系统的自振,其周期较长,为

3～5年。

（3）粉尘、气溶胶-地表温度反馈

气溶胶或者粉尘是通过其他因素来对气候产生影响，气候的变化也会对粉尘和气溶胶的浓度产生影响。下面举例来说明，当气候变暖时，会使得干旱区蒸发更加强烈从而变得更加干旱，会使地面植被发生退化，地面物质容易被风吹蚀使大气中悬浮物或者气溶胶粒子浓度增大，由于气溶胶和悬浮物质的浓度增大会散射太阳辐射使地面降温，减缓变暖趋势。这是负反馈作用。

（4）冰雪圈-温度反馈

当气候变冷时，或导致高纬度地区的洋面或者湖面结冰，由于湖面与洋面的结冰会产生一系列环境效应。阻断了洋流，阻断了南北的洋流热量输送，从而导致中高纬度地区气候变冷，增大了洋面的反射率，使得地面接受的太阳辐射减少，引起气候的变冷，阻断了洋面的水分蒸发，使得气候变干燥，封冻洋面由于缺乏氧气与太阳辐射生物生产率将会大幅度降低。由于生物光合作用的减弱会导致吸收二氧化碳的量减少，使得大气中的二氧化碳的浓度升高，气候变暖洋面和湖面解冻。这就是冰雪圈与气候的负反馈机制。

（5）水汽-地面温度反馈

当气候变暖，地面温度升高，地面蒸发加剧，在水源充足的地区，大气的水汽含量将会增大，云量的增加又会使到达地面的太阳辐射减少，气候变冷。反之，当气候变冷，地面蒸发减弱，大气的水汽含量将会减少，从而导致云量的减少。云量的减少，将会使到达地面的太阳辐射增加，气候变暖。

6.5　生物-地球物理反馈

Charney[4]根据在沙漠边缘地区可能存在的地面反照率的一种生物-地球物理反馈机制，提出关于沙漠自生效应的假说。他认为，在沙漠及半沙漠区，由于缺雨和少植被，会造成高的地面反照率，地面反射的太阳辐射多，加之高的地面温度使地面放射的长波辐射也多，吸收的能量少，放射的能量多使沙漠成为辐射热汇区，由于夏季副热带地区平流效应小，为了维持这些地区的热平衡，大气会自动激发下沉（增暖）的垂直运动来补偿这里的辐射热量亏损，这种下沉运动使空气的干燥度增加，使对流活动及降水减少，结果使植被进一步减少，导致沙漠边缘的扩展。这种机制特别适用于撒哈拉—阿拉伯—印度、巴基斯坦一带沙漠区，这些地区夏季不大受全球平流的影响，尤其是对撒哈拉南边缘的萨赫勒地区最为适合。

为了估汁沙漠的自生效应，Charney[4]设计了一个适合于撒哈拉的简单的数学模式，假定流动是纬向对称的，南面为ITCZ所固定，其温度是规定的，在冬季，北边界为地中海，通过海上对流或纬向平流建立其温度；在夏季这两种效应都很弱，在这里使用 P, u, T 连续条件。

为了简单，把海洋看作向北无限延伸到无穷远，由于只关心南边界附近的效应，也让北边界的温度固定，唯一的热源是辐射，不考虑温度的日变化和日间平流，作为调整，直到固定的对流高度（5 km）取相对大的涡旋黏性系数。

这种自生效应的物理机制是：如果没有运动，沙漠上空的温度将处于辐射平衡，这会在侧边界造成不允许 P 和 T 的不连续，经向气压和温度梯度产生有垂直切变的地转平衡纬向速度，这会产生纬向摩擦力，这摩擦力必须和与经圈环流相联的柯氏力相平衡，这个经圈环流则将改变温度场,并使它与辐射平衡相偏离,这种偏离的程度取决于摩擦力,因而取决于涡旋黏性。

由于我们讨论的是平衡流动,$\frac{\partial}{\partial t}=0$;运动又是纬向对称的,即有$\frac{\partial}{\partial x}=0$。对于撒哈拉地区,平流效应近似为 0。因此,可略去方程中的非线性水平平流项。在这些近似之下,支配运动的方程组呈如下形式

$$-\bar{f}\rho v=\pi_z^{(x)}=(\bar{\rho}\nu u_z)_z \text{(纬向动量方程)} \tag{6.29}$$

$$\bar{f}\rho u=-P_y \text{(经向动量方程)} \tag{6.30}$$

$$0=-P_z-\rho g \text{(静力学方程)} \tag{6.31}$$

$$(\bar{\rho}v)_y+(\bar{\rho}w)_z=0 \text{(连续方程)} \tag{6.32}$$

$$(\gamma_d-\gamma)w=\frac{\varepsilon}{\rho C_p} \text{(热力学方程)} \tag{6.33}$$

其中,u 为摩擦应力,ε 为单位体积的加热率,下标 y 或 z 表示对 y 或 z 的偏导数。

由式(6.30)和式(6.31)消去 P,可得热成风方程

$$fu_z=-g\frac{T_y}{\bar{T}} \tag{6.34}$$

将公式(6.29)对 z 求积分,并利用公式(6.34),得

$$\psi=\int_0^z \bar{\rho}v\mathrm{d}z=-\frac{\bar{\rho}v}{f}u_z=\frac{g\bar{\rho}v}{f^2\bar{T}}T_y \tag{6.35}$$

这里 ψ 为经向流函数(质量通量)。将连续方程(6.32)对 z 求积分,再利用(6.35),得

$$-\psi_y=\bar{\rho}w=-\frac{g\bar{\rho}v}{f^2}\frac{T_{yy}}{\bar{T}} \tag{6.36}$$

利用 $N^2=\frac{g}{T}(r_d-r)$ 及 $\varepsilon=-F_z$,热力学方程(6.33)可写成

$$C_p\frac{N^2}{g}\bar{\rho}w=-\frac{F_z}{\bar{T}} \tag{6.37}$$

其中,N^2 是静力稳定度参数,F_z 是辐射净通量的辐散,是经圈环流的强迫源项。

为了处理辐射传输,作如下假定:①大气对太阳辐射是透明的;②对长波辐射是灰体,其吸收系数 $k=$ 常数;③吸收物质为水汽,其密度随高度呈指数衰减,即 $\rho_w=\rho_{w_0}\mathrm{e}^{-z/h}$。若 τ 为光学厚度,则 $\mathrm{d}\tau=\kappa\rho_w\mathrm{d}z=\kappa\rho_{w_0}\mathrm{e}^{-z/h}\mathrm{d}z$,并有 $\tau=\tau_\infty(1-\mathrm{e}^{-z/h})$,其中 $\tau_\infty=h\kappa\rho_{w_0}$,令 U 为大地辐射的向上通量,G 为向下通量,B 为黑体辐射通量,即 $B=\sigma T^4$,则

$$F=U-G \tag{6.38}$$

辐射传输方程变成

$$U_\tau=B-U \tag{6.39}$$

$$G_\tau=G-B \tag{6.40}$$

由公式(6.38)并利用公式(6.39)和公式(6.40),有

$$F_\tau=U_\tau-G_\tau=2B-U-G \tag{6.41}$$

$$F_\tau=2B_\tau-U_\tau-G_\tau=2B_\tau+U-G \tag{6.42}$$

由公式(6.38)和公式(6.42)相减,得

$$F_{\tau\tau}-F=2B_\tau=2B_T T_\tau=8\sigma\bar{T}^3 T_\tau \tag{6.43}$$

联系 F 和 T 的另一个方程由式(6.36)和式(6.37)消去 w 得到,有

$$C_p \overline{\rho} vh \frac{N^2}{f^2} T_{yy} = (\tau_\infty - \tau) F_\tau \qquad (6.44)$$

地面的净辐射通量等于吸收的太阳辐射 S,即 $F=(1-A)S$,这里 A 是地面反照率,当 A 变化后,就改变辐射通量 F,根据公式(6.43)和公式(6.44),就会改变温度的分布 T,T 变化后,在摩擦力作用下并由于质量连续性的要求,就会导致垂直运动 w 的变化,见式(6.36),或导致经圈质量环流 ψ 的变化,见式(6.35)。

公式(6.43)和式(6.44)可用张驰法求解,求出 T 后,由公式(6.35)和公式(6.36)解出 ψ 和 w。Charney 在北副热带环流背景下,计算了反照率 A 由 14% 增大到 35% 时所产生的撒哈拉沙漠的温度偏差和质量环流。图 6.2 是冬季(图 6.2a,b)和夏季(图 6.2c,d)的 $T-\overline{T}$ 及 ψ 的结果。从图中可以看到,当反照率由 0.14 增大到 0.35 时,由于辐射亏损增大,使对流层温度下降了 1~2 K,而下沉的垂直速度增大一倍左右(夏季的最大下沉运动由 2 mm/s 增大到 4 mm/s;冬季的最大下沉运动由 5 mm/s 增大到 7 mm/s)。这种下沉运动所造成的增暖正是为补偿辐射亏损所产生的对流层温度下降所必须的。

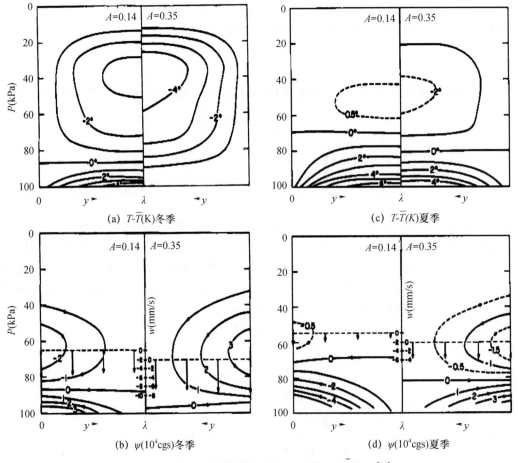

图 6.2 冬(a,b)和夏季(c,d)Sahara 的 $T-\overline{T}$ 和 ψ[14]

为了检验 Charney 的假说及其理论分析,Halerm 和 Jastrow 用修改的 Arakawa-Mintz

GCM 模式做了模拟试验。图 6.3 为在两种反照率下,北非 7 月平均降水量随纬度的分布。由图 6.3 可以看到反照率的增大使雨区向南移动了 4~6 个纬度,使 Sahara 沙漠边缘向南扩展。这个数值试验证实了 Charney 的关于沙漠自生的假说。

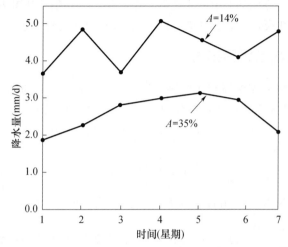

图 6.3　非洲 18°N 以北 A 等于 14%和 35%时的降水量[4]

后来又有不少人用不同的 GCM 也做了地面反照率对气候影响的数值试验。Charney[5]等用 GLAS 模式做了试验,他们将非洲的 Sahel、印度的 Thar 和美国西部大平原的反照率增大 30%,结果发现,前 30 天这些反照率异常区的降水减少了 10%~25%。Chervin[6]用 NCAR 模式研究气候对陆面反照率的敏感性,他把北非和美国大平原的反照率由 0.1 增大到 0.45,结果发现,大部分这些地区的湿度和降水都减小。Sud 等[7]考察了巴西东北地区的地面反照率变化对降水的影响,他们让(4°—24°S,32°—47.5°W)区域 10 个格点的反照率增大 9%~30%,发现到第 25~45 天,异常反照率下的降水比控制试验(正常反照率)要少得多。Carson 和 Sangster[8]用英国气象局 5 层低分辨率模式做了类似的试验,在两次试验中(一例无雪地面反照率等于 0.1,另一例中等于 0.3),从他们给出的 90 天(第 21~110 天)的平均降水分布图(图略)中看到,高反照率例子中大陆的多数地区的降水比低反照率的少,全球陆地平均反照率的增加造成蒸散的减少(-0.9 mm/d),造成降水的减少更多(-1.2 mm/d)。

总之,这些用不同的 GCM 做的数值试验的结果都支持 Charney 关于反照率影响的推论和沙漠自生效应的假说,即地面附近因反照率的增大而造成的辐射亏损趋于产生下沉运动,并使降水减少。这些模拟所显示的敏感性表明,地面反照率的真实规定对月和季尺度的模式预报可能是相当重要的。

6.6　云的反馈调节作用

云是地气系统有反馈作用的调节器,云的这种调节作用可以作如下简单的设想:假定开始时在海洋中有增多的热量,海洋将增强对大气的加热,这样在大气中上升运动就会加强并造成云量的增加,这种云量的增加造成对太阳辐射屏障作用的增强,并出现太阳热通量的负异常。这时,海洋因得到的热量少于它给予大气的热量而冷却并开始使大气冷却,这样,在大气中就会产生下沉运动并使云开始消散,而在云量减少的情况下,海洋的加热将增强,从而恢复到我们开始所假定的条件,这样,整个过程将重复。因此,由于云的存在及其负反馈的调节作用会使地气系统产生长周期振动。

为了定量地描述这种在云的调节下地气系统的振荡运动,并估计其周期,巢纪平等[9]曾用类似的简化地气系统耦合线性模式对这个问题作了讨论。在这里我们简要地介绍巢纪平等的工作。

6.6.1 简化的海气耦合距平模式

对于长期过程,必须考虑摩擦和非绝热效应,为了描述大气运动的长期过程,我们利用包含摩擦的涡度方程和包含非绝热加热的热力学方程,其简化形式为

$$\frac{d}{dt}(\zeta + f) = f\frac{\partial \omega}{\partial p} - a\zeta \tag{6.45}$$

$$\frac{d_k T}{dt} - s_p \omega = \frac{\partial}{\partial p} k_R \frac{\partial T}{\partial p} + \frac{\partial}{\partial p} k \frac{\partial T}{\partial p} - \frac{1}{\tau_R}(T - T_e) + \widetilde{T}\zeta_{og} + \frac{k'}{\rho c_p} S \tag{6.46}$$

其中,ζ 为相对涡度,a 为 Rayleigh 摩擦系数,热力学方程(6.46)的推导可参看第1章。其中,s_p 为静力稳定度参数,$s_p = \frac{R\overline{T}}{pg}(\gamma_d - \gamma)$,式(6.46)右边各项依次代表湍流加热率,强吸收区的长波辐射加热率,弱吸收区的长波辐射加热率,凝结加热率和太阳短波辐射加热率。利用准地转近似,即

$$u = -\frac{1}{f}\frac{\partial \varphi}{\partial y}, \quad v = \frac{1}{f}\frac{\partial \varphi}{\partial x}$$

$$\zeta = \frac{1}{f}\nabla^2 \varphi, \quad T = -\frac{P}{R}\frac{\partial \varphi}{\partial p}$$

方程(6.45)和(6.46)可变成对单一变量 φ 的预报方程

$$\frac{\partial \nabla^2 \varphi}{\partial t} + J(\varphi, \zeta + f) = f^2\frac{\partial \omega}{\partial p} - \alpha\nabla^2 \varphi \tag{6.47}$$

$$\frac{\partial}{\partial t}\left(\frac{\partial \varphi}{\partial p}\right) + \frac{1}{f}J\left(\varphi, \frac{\partial \varphi}{\partial p}\right) + \sigma_p \omega$$

$$= \frac{\partial}{\partial p}(k + k_R)\frac{\partial^2 \varphi}{\partial p^2} - \frac{1}{\tau_R}\frac{\partial \varphi}{\partial p} -$$

$$\frac{R}{p\tau_R}T_e - \frac{R}{pf}\widetilde{T}^*(\nabla^2 \varphi)_0 - \frac{Rk'}{p\rho c_p}S \tag{6.48}$$

其中,$\sigma_p = \frac{R}{p}s_p$,$J$ 是代表平流效应的 Jacobian 算子,即

$$J(A, B) = \frac{\partial A}{\partial x}\frac{\partial B}{\partial y} - \frac{\partial A}{\partial y}\frac{\partial B}{\partial x}$$

假设地表层温度变化服从垂直热传导规律,海洋表层还受洋流平流的影响,则地表温度 T_s 满足如下形式方程

$$\frac{\partial T_s}{\partial t} + \delta J(\varphi_s, T_s) = K_s\frac{\partial T_s}{\partial z^2} \tag{6.49}$$

其中,δ 是海陆参数,对海洋 $\delta = 1$,对陆地 $\delta = 0$,K 是海洋热传导系数,φ_s 为洋流的流函数。

方程(6.47),(6.48)和(6.49)构成了我们的简化地气耦合模式的基本方程,为了能应用线性波理论来讨论地气系统的振荡问题,我们用静止的气候基本态(没有大气流动和洋流),并假

设地面均为海洋,对方程(6.47)—(6.49)求距平并进行线性化,这样方程中平流项都消失,得到线性化的地气耦合距平模式为

$$\frac{\partial \nabla^2 \varphi'}{\partial t} + \beta \frac{\partial \varphi'}{\partial x} = f^2 \frac{\partial \omega'}{\partial p} - \alpha \nabla^2 \varphi' \tag{6.50}$$

$$\frac{\partial}{\partial t}\left(\frac{\partial \varphi'}{\partial p}\right) + \sigma_p \omega' = \frac{\partial}{\partial p}(k+k_R)\frac{\partial^2 \varphi'}{\partial p^2} - \frac{1}{\tau_R}\frac{\partial \varphi}{\partial p} - \frac{R}{p\tau_R}T'_e - \frac{R}{pf}\widetilde{T}^*(\nabla^2 \varphi')_{p_0} \tag{6.51}$$

$$\frac{\partial T'_s}{\partial t} = K_s \frac{\partial^2 T'_s}{\partial z^2} \tag{6.52}$$

这里略去了短波辐射距平项 s'。从公式(6.50)和式(6.51)中消去垂直运动项 ω',得到对大气的非绝热位涡度距平方程

$$\frac{\partial}{\partial t}\left(\nabla^2 \varphi' + \frac{f^2}{\sigma_p}\frac{\partial^2 \varphi'}{\partial p^2}\right) + \beta \frac{\partial \varphi'}{\partial x}$$

$$= \frac{f^2}{\sigma_p}\frac{\partial^2}{\partial p}\left[(k+k_R)\frac{\partial^2 \varphi}{\partial p^2}\right] - \frac{f^2}{\sigma_p \tau_R}\frac{\partial^2 \varphi'}{\partial p^2} -$$

$$\frac{f}{\sigma_p}\frac{R}{p}\frac{\partial \widetilde{T}^*}{\partial p}(\nabla^2 \varphi')_{p_0} - \alpha \nabla^2 \varphi' \tag{6.53}$$

方程(6.53)的上边界条件可以取

$$p=0 \text{ 处} \qquad \varphi' = \frac{\partial \varphi'}{\partial p} = \frac{\partial^2 \varphi'}{\partial p^2} = 0 \tag{6.54}$$

下边界条件用热力学方程(6.51)于地面,这里的 $T'_e = T'_s$,$\omega' = 0$,并且可以略去凝结潜热项(即含 $\widetilde{T}^*$ 的项),这时有

$$p=p_0 \text{ 处},\left[\frac{\partial}{\partial t} - \frac{\partial}{\partial p}(k+k_R)\frac{\partial}{\partial p}\right]\frac{\partial \varphi'}{\partial p} = -\frac{1}{\tau_R}\left(\frac{\partial \varphi'}{\partial p} + \frac{R}{p_0}T_s\right) \tag{6.55}$$

方程(6.51)依赖于 φ 的垂直结构(垂直偏导数 $\frac{\partial}{\partial p}$)。为了简单起见,我们应用边界条件式(6.54)和式(6.55),将方程(6.51)由 p_0 到 $p=0$ 进行垂直积分,并假设方程中各项前的系数均与高度无关,得到

$$\int_{p_0}^0 \left(\frac{\partial}{\partial t}\nabla^2 \varphi' + \beta \frac{\partial \varphi'}{\partial x}\right)\mathrm{d}p - \frac{f^2}{\sigma_p}\left[\frac{\partial}{\partial t} - \frac{\partial}{\partial p}(k+k_R)\frac{\partial}{\partial p}\right]\frac{\partial \varphi'}{\partial p}\Big|_{p_0}$$

$$= \frac{f^2}{\sigma_p \tau_R}\frac{\partial \varphi'}{\partial p}\Big|_{p_0} + p_0 \frac{fR}{\sigma_p \widetilde{p}}\frac{\partial \widetilde{T}^*}{\partial p}(\nabla^2 \varphi')_{p_0} - \alpha \int_{p_0}^0 \nabla^2 \varphi' \mathrm{d}p$$

利用边界条件方程(6.55),上式左边后一项及右边第一项合起来等于 $-\frac{f^2}{\sigma_p p_0 \tau_R}(T'_s)_{p_0}$,再利用中值定理 $\int_{p_0}^0 (\ )\mathrm{d}p = -p_0 (\ )_{\widetilde{p}}$ 代表平均层 $\widetilde{p}$(500 hPa)上的量,则有

$$-p_0\left(\frac{\partial}{\partial t}\nabla^2 \varphi' + \beta \frac{\partial \varphi'}{\partial x}\right)_{\widetilde{p}}$$

$$= -\frac{f^2}{\sigma_p p_0 \tau_R}(T'_s)_{p_0} + p_0 \frac{fR}{\sigma_p \widetilde{p}}\frac{\partial \widetilde{T}^*}{\partial p}(\nabla^2 \varphi')_{p_0} - \alpha p_0 (\nabla^2 \varphi')_{\widetilde{p}}$$

观测表明,距平场具有准正压性,因此可以假设地面涡度距平与平均层涡度距平成正比,即 $(\nabla^2 \varphi')_{p_0} = b (\nabla^2 \varphi')_{\widetilde{p}}$ 代入上式,得到大气平均层运动满足的方程为

$$\frac{\partial}{\partial t}\nabla^2\varphi' + \beta\frac{\partial\varphi'}{\partial x} + F\ \nabla^2\varphi' = \frac{f^2 R}{\sigma_p p_0 \tau_R}(T_s')_{p_0} \tag{6.56}$$

其中

$$F = \alpha + \frac{fR}{\sigma_p \widetilde{p}}\frac{\partial \widetilde{T}^*}{\partial p}$$

方程(6.56)说明,大气平均层上的异常运动除了受大气中动力过程(平流、摩擦)和热力过程(凝结、湍流等加热效应)影响外,还受海面温度距平的控制。而海温距平 T_s' 的变化由热传导规律(6.52)方程支配,其定解条件之一为,在一定的深度 D,海温距平为 0,即

$$z = -D \text{ 处 } T_s' = 0 \tag{6.57}$$

这里 D 可认为是海洋活动层的深度。另外,由海洋向大气过渡时,两个介质的温度距平连续,即

$$z = 0 \text{ 处 } T_{s0}' = T_{a0}' \tag{6.58}$$

注意,认为气压坐标中的 $p = p_0$ 等同于高度坐标中的 $z = 0$,它们都代表海气交界面,因而,式(6.56)中的 $(T_s')_{p_0}$ 等同于式(6.58)中的 T_{s0}'。

为了使海气相耦合,海气交界面还必须满足能量平衡方程,由第 1 章的式(1.52),地表能量平衡方程可写成

$$-\rho c_p K_T\frac{\partial T}{\partial z} + \rho_s c_{ps} K_s\frac{\partial T_s}{\partial z} - L\rho K_q\gamma\frac{\mathrm{d}\ln e_s}{\mathrm{d}T}q_s = R \tag{6.59}$$

其中

$$R = (S + s_0)_0^*(1-\alpha)(1-c_s n) - I^*(1-c_i n) - \alpha\sigma(T_s^4 - T_0^4) \tag{6.60}$$

现在要把方程(6.59)写成距平形式,左边第一项和第二项直接将 T 和 T_s 分别改写成 T' 和 T_s' 即可,对第三项潜热通量项,令 $K_q = K_T$ 有

$$\left(\frac{\mathrm{d}\ln e_s}{\mathrm{d}T}q_s\right)' \approx \frac{\mathrm{d}\ln\widetilde{e}_s}{\mathrm{d}T}q_s' \approx \frac{\mathrm{d}\ln\widetilde{e}_s}{\mathrm{d}T}\frac{\partial\widetilde{q}_s}{\partial T}T_s' \tag{6.61}$$

对方程(6.59)右边辐射通量 R 的异常 R',只考虑云量异常以 n' 的作用,由方程(6.60)有

$$R = (S + s_0)_0^*(1-\widetilde{\alpha})(-c_s n') - \widetilde{I}^*(-c_i n') - 4a\widetilde{\sigma}T^3(T_{s0}' - T_0')$$

由于 T_{s0}' 和 T_0' 差别很小,可令 $T_{s0}' = T_0'$,见式(6.58),这时

$$R = -[(S + s_0)_0^*(1-\widetilde{\alpha})c_s - \widetilde{I}^* c_i]n' \tag{6.62}$$

假定云量 n 与 Ekman 层顶($z = D_E$)的垂直速度成正比,由 Ekman 理论,有

$$n = \frac{w_{DE}}{w_0} = \frac{l_b}{w_0}\zeta_{0g} \tag{6.63}$$

其中,l_b 为边界层厚度,ζ_{0g} 为地面的地转风涡度,u_0 为参考垂直速度,则有

$$n' = \frac{\widetilde{l}_b}{w_0}\zeta_{0g}' \tag{6.64}$$

再令

$$S_0 = (S + s_0)_0 \times (1-\widetilde{\alpha})c_s - \widetilde{I}c_i \tag{6.65}$$

将方程(6.64)和方程(6.65)代入方程(6.62),得

$$R' = -S_0\frac{\widetilde{l}_b}{w_0}\zeta_{0g}' \tag{6.66}$$

利用方程(6.61)和方程(6.66),地表能量平衡方程(6.59)的距平形式可写成 $z=0$：

$$\rho_s c_{ps} K_s \frac{\partial t'_s}{\partial z} - \rho c_p K_T \frac{\partial T'}{\partial z} + \left(L\rho K_T \gamma \frac{\mathrm{d}\ln\widetilde{e}_s}{\mathrm{d}\overline{T}}\right)T'_s = -\frac{S_0 \widetilde{l}_b}{w_0}\zeta'_{0g} \tag{6.67}$$

上式左边三项分别表示海面到海洋下层的热通量距平,海面向大气的感热通量距平和海面向大气的潜热通量异常;而右边项表示由云量异常调节的海面辐射通量的异常。利用条件方程(6.58),方程(6.67)中感热通量项消失(这种处理相当于在海气耦合中突出地考虑与云过程有关的潜热通量异常和辐射通量异常的作用),这时地表能量平衡方程的距平形式变成

$$\rho_s c_{ps} K_s \frac{\partial T'_s}{\partial z} - \left(L\rho K_T \frac{\mathrm{d}\ln\widetilde{e}_s}{\mathrm{d}\overline{T}}\frac{\partial\widetilde{q}_s}{\partial\overline{T}}\right)T'_s = -\frac{S_0 \widetilde{l}_b}{w_0 f}(\nabla^2\varphi') \tag{6.68}$$

这样,方程(6.56)和(6.52)以及边界条件方程(6.58)和方程(6.68)构成了我们的简化海气耦合距平模式。其海气耦合的主要物理过程是由于海面温度异常 T'_s,使海洋向大气输送的水汽(或蒸发潜热)通量发生异常,这造成大气中云量的异常,大气中的云量异常伴随有大气凝结(潜热)加热率的异常,影响大气,同时云量异常又调节着洋面上的辐射通量的异常,影响对洋面的加热,从而影响海面温度的异常。这就是我们简化海气耦合模式的反馈机制,它将引起海气系统的振荡。

6.6.2　云调节的海气系统的长期振荡

为了讨论的方便,我们先对上述海气耦合距平模式进行无量纲化,令

$$t=\tau t^*, z=Dz^*, x=lx^*, y=ly^*, T'_s=\delta T_s T_s^*$$

而 φ 的特征尺度可由方程(6.56)的 $\beta\frac{\partial\varphi'}{\partial x}$ 与 $\frac{f^2 R}{\sigma_p p_0^2 \tau_a}(T'_s)$ 做类比,有 $\varphi'=\frac{f^2 Rl\delta T_s}{\sigma_p p_0^2 \tau_R \beta}\varphi^*$,将这些量代入方程(6.56),得到大气位涡方程的无量纲形式为

$$\varepsilon\frac{\partial\nabla^2\varphi^*}{\partial t^*} + \widetilde{F}\nabla^2\varphi^* + \frac{\partial\varphi^*}{\partial x^*} = (T_s^*)_{z=0} \tag{6.69}$$

其中

$$\varepsilon=\frac{1}{\tau\beta l}\quad \widetilde{F}=\frac{F}{\beta l}$$

将无量纲分解式代入方程(6.52),得

$$\mu\frac{\partial T_s^*}{\partial t} = \frac{\partial^2 T_s^*}{\partial z^{*2}} \tag{6.70}$$

其中

$$\mu=\frac{D^2}{\tau K_s}$$

将无量纲分解式分别代入定解条件方程(6.57)和方程(6.68),得

$$z^*=-1: T_{s_0}^*=0 \tag{6.71}$$

$$z^*=0: \left(\frac{\partial T_s^*}{\partial z^*}\right) + \lambda_O T_{s_0}^* = -\lambda_s(\nabla^2\varphi^*)_0 \tag{6.72}$$

其中

$$\lambda_Q = \frac{D}{D_Q} D_Q = \frac{\rho_s c_{ps} K_s}{\rho K_T L \gamma \dfrac{\mathrm{d}\ln \tilde{e}_s}{\mathrm{d}\tilde{T}} \dfrac{\partial \tilde{q}_s}{\partial \tilde{T}}}$$

$$\lambda_s = \frac{D}{D_s} D_s = \frac{\rho_s c_{ps} K_s}{\dfrac{S_0 l_b}{\omega_0} \dfrac{b f R}{\sigma_p p_0^2 \tau_R \beta l}}$$

现在对该海气耦合线性系统求单波解,并假定运动与 y 无关,即令

$$\varphi^* = \varphi \mathrm{e}^{-i(mx^* - \sigma t^*)}, \quad T_s^* = T_s(z^*) \mathrm{e}^{-i(mx^* - \sigma t^*)} \tag{6.73}$$

将方程(6.73)代入方程(6.69),得其复振幅方程为

$$m[m\varepsilon\sigma + 1 - i\tilde{F}m]\varphi = iT_s(0) \tag{6.74}$$

将式(6.73)代入式(6.70),得其复振幅方程为

$$\frac{\mathrm{d}^2 T_s}{\mathrm{d}z^{*2}} - i\mu\sigma T_s = 0 \tag{6.75}$$

将式(6.73)分别代入式(6.71)和(6.72)得

$$z^* = -1 : T_s = 0 \tag{6.76}$$

$$z^* = 0 : \left(\frac{\partial T_s}{\partial z^*}\right) + \lambda_Q(T_s) = \lambda_s m^2 \varphi \tag{6.77}$$

式(6.75)的通解为

$$T_s = c_1 \mathrm{e}^{-\sqrt{i\mu\sigma} z^*} + c_2 \mathrm{e}^{\sqrt{i\mu\sigma} z^*}$$

用定解条件式(6.76)代入上式,得

$$c_2 = -c_1 \mathrm{e}^{2\sqrt{i\mu\sigma}}$$

则

$$T_s = c_1(\mathrm{e}^{-\sqrt{i\mu\sigma} z^*} - \mathrm{e}^{2\sqrt{i\mu\sigma}} \mathrm{e}^{\sqrt{i\mu\sigma} z^*})$$

于是在 $z^* = 0$ 处有

$$\begin{cases} (T_s)_0 = c_1(1 - \mathrm{e}^{2\sqrt{i\mu\sigma}}) \\ \left(\dfrac{\partial T_s}{\partial z^*}\right)_0 = -c_1 \sqrt{i\mu\sigma}(1 + \mathrm{e}^{2\sqrt{i\mu\sigma}}) \end{cases} \tag{6.78}$$

现在将公式(6.74)和(6.78)代入另一个定解条件式(6.77),消去公因子 c_1,得

$$-\sqrt{i\mu\sigma}(1 + \mathrm{e}^{2\sqrt{i\mu\sigma}} + \lambda_Q(1 - \mathrm{e}^{2\sqrt{i\mu\sigma}}) = \frac{i\lambda_s m^2(1 - \mathrm{e}^{2\sqrt{i\mu\sigma}})}{m(m\varepsilon\delta + 1 - i\tilde{F}m)} \tag{6.79}$$

由于

$$(1 + \mathrm{e}^{2\sqrt{i\mu\sigma}}) = \mathrm{e}^{\sqrt{i\mu\sigma}}(\mathrm{e}^{\sqrt{i\mu\sigma}} + \mathrm{e}^{-\sqrt{i\mu\sigma}}) = 2\mathrm{e}^{\sqrt{i\mu\sigma}} \cosh\sqrt{i\mu\sigma}$$

$$(1 - \mathrm{e}^{2\sqrt{i\mu\sigma}}) = \mathrm{e}^{\sqrt{i\mu\sigma}}(\mathrm{e}^{\sqrt{i\mu\sigma}} - \mathrm{e}^{-\sqrt{i\mu\sigma}}) = -2\mathrm{e}^{\sqrt{i\mu\sigma}} \sinh\sqrt{i\mu\sigma}$$

则式(6.79)可以写成

$$\sqrt{i\mu\sigma}\,\mathrm{cth}\sqrt{i\mu\sigma} + \lambda_Q = \frac{i\lambda_s m}{m\varepsilon\delta + 1 - i\tilde{F}m} \tag{6.80}$$

式(6.80)就是我们简化海气耦合系统振荡运动的频率方程。

由于海洋混合层深度 D 约为 100 m,k_s 一般为 $10^0 \sim 10^1$ cm²/s,则 $\tau_s = \dfrac{D^2}{k_s} = 10^7 \sim 10^8$ s,对于

特征时间为月量级的运动 $\tau \sim 10^6$ s,则 $\mu = \dfrac{\tau_s}{\tau} \gg 1$,这时 cth $\sqrt{i\mu\sigma} \approx 1$,则频率方程(6.80)简化成

$$\sqrt{i\mu\sigma} + \lambda_Q = \frac{i\lambda_s m}{m\varepsilon\delta + 1 - i\widetilde{F}m} \tag{6.81}$$

将左边 λ_Q 项移到右边后对(6.81)求平方可以得到对频率 σ 的三次方代数方程,形式如下

$$a\sigma^3 + b\sigma^2 + c\sigma + d = 0 \tag{6.82}$$

其中系数

$$\begin{cases} a = i_\mu m^2 \varepsilon^2 \\ b = 2i_\mu m\varepsilon(1 - i\widetilde{F}m) - \lambda_a^2 \varepsilon^2 m^2 \\ c = 2m\varepsilon\lambda_a [im(\lambda_Q\widetilde{F} + \lambda_s) - \lambda_Q] + \mu\widetilde{F}m(2 - i\widetilde{F}m) + i\mu \\ d = \lambda_Q^2[1 + \widetilde{F}m(2i + \widetilde{F}m)] - \lambda_s m[2\lambda_Q(1 + \widetilde{F}m) + \lambda_s] \end{cases} \tag{6.83}$$

频率方程(6.82)表明,这个海气耦合系统中存在频率不同的三组波。数值计算时,令 $\dfrac{\varepsilon m}{\mu} \ll 1$,

略去 $(\dfrac{\varepsilon m}{\mu})^2$ 量级的项,并取 $K_s = 10 \text{ m}^2/\tau_\beta = \dfrac{1}{\beta l} = 1.22 \times 10^5 \text{ s}, D_Q = 0.667 \times 10^4 \text{ cm}, D_s = 1.15 \times$

10^4 cm,结果发现,这三组波中有两组是频率相近的波,当波长为 6000 km 时,σ 约为 $1.3 \times$ 10^{-5} s^{-1},相当于周期为 5～6 天,这是一类短周期波,其本质是在海洋加热影响下的非绝热罗斯贝波(β 效应造成的),非绝热加热虽然对罗斯贝波的频率(或波速)影响不大,但对振幅的影响却很显著。由计算发现,一组是阻尼波,另一组是发展波,当波长为 6000 km 时,发展波的增长率为 $1.5 \times 10^{-6} \text{ s}^{-1}$,其 e 倍增长时间为 7～8 天。频率方程的另一个解,当波长为 6000 km 时,其振荡频率 σ 约为 $0.5 \times 10^{-6} \text{ s}^{-1}$,即周期约为 3 个月。这是一类后退的波,其移速约 1000～2000 km/mon。这类移动缓慢的波,周期为月的量级,其 e 倍增长时间为 1 个月左右,这代表由云的调节作用产生的海气耦合系统的一种长周期振荡运动。

6.6.3　云量-地表温度反馈

Stephen[10] 通过简单辐射通量模式的数值积分对地球大气系统辐射平衡与云量或有效云顶高度变化之间的关系以及云量变化对地表温度的影响进行研究,定性讨论地表温度与云的形成有关的动态耦合或"反馈"效应。

6.6.3.1　简单的气候模式

通过数值积分可以得到由地球-大气系统发射到太空的红外通量 $F_v \uparrow$(波长间隔($v, v + \Delta v$)):

$$F_v \uparrow = \left\{ B_v(T_a)\tau_{vs} + \int_{\tau_{vs}}^1 B_v(T_z) \mathrm{d}\tau_{vz} \right\}(1 - A_c) + \left[B_v(T_c)\tau_{vc} + \int_{\tau_{vc}}^1 B_v(T_z) \mathrm{d}\tau_{vz} \right] A_c \tag{6.84}$$

T_z 是任意高度 z 处的大气温度,$B_v(T_z)$ 是对于温度 T_z,频率间隔为($v, v + \Delta v$)的黑体辐射,下标 c 代表云顶的 z 层,下标 s 代表地表,τ_{vz} 代表在高度 z 和无穷远($\tau_{v\infty}$)处之间的大气传输,A_c 代表天空中云层覆盖的比率。上式第一项是直接从大气逃逸到太空的地表辐射,第二项是大气发射到太空的辐射,第三项是逃逸到太空的云顶辐射,第四项是大气发射到云层上面空间的红外辐射。

为了进行计算，采用反映当天全球平均条件的模式大气（见表 6.1）。

表 6.1　用于全球平均模式大气的参数

参数	数值
地表温度（T_s）	288 K
地表气压（p_s）	1013 hPa
对流层直减率（$\frac{\partial T_z}{\partial z}$）	$-6.5\ \text{K/km}$
平流层温度	218 K
地表相对湿度	75%
水蒸气混合比的垂直分布（ω_z）	$\omega_s(p_z/p_s)^4$
二氧化碳量	300 ppm ①

Manabe 和 Wetherld[11]建议相对湿度保持常数。总的红外辐射通量为：

$$F_{IR} = \int_{10}^{2400\ \text{cm}^{-1}} F_v \uparrow \mathrm{d}v \tag{6.85}$$

由表 6.1 的模式参数计算得到的地气系统总红外辐射通量为 $0.3450\ \text{cal/(cm}^2 \cdot \text{min)}$。

这个总输出辐射通量的值与 31% 的行星反照率 α_p 的入射太阳辐射通量持平（基于太阳常数为 $2.00\ \text{cal/(cm}^2 \cdot \text{min)}$。这个 α_p 的值接近 30% 卫星的值和 33% 由 London 和 Sasamori[12]计算得到的值。一个 31% 的行星反照率可以通过假设地球有云部分的反照率为 50%，地球无云部分的反照率为 12% 来调和。尽管这里使用了一层反照率为 50% 的单层云来评估平均云量变化对辐射平衡的影响，但真实情况更为复杂。对于真实的地球，云存在于许多重叠层中，每一层都有不同的高度和反照率。此外，特定云层的反射率取决于地球表面和各种云层的反照率，并且可以仅通过计算云层和下层反射面之间的多次反射来计算。具有 50% 的有效反照率的单个云层表示各种反照率的许多云层的统计集合或全球平均值。另外，云量变化对局部辐射平衡的影响取决于当地平均太阳天顶角。这种依赖性对于极地地区典型的大天顶角特别重要。尽管如此，单个云层在研究平均云量变化对辐射平衡的影响方面仍然非常有用。尽管辐射模式计算出的红外通量总量接近观测值，但在云量变化和对流层温度变化的条件下，还需要进行其他两项比较，以测定辐射模式对红外通量计算的适用性。首先，应该估计出辐射通量对云量变化的敏感性，即 $F_{IR}(A_c)$，即图 6.4 中标记为"有效云顶高度 = 5.5 km"的曲线给出了模式计算出的红外通量值，是云量 A_c 的函数，在这个例子中，大气变量来自于表 6.1。图 6.4 可以看出 F_{IR} 随 A_c 减小而减小。这种情况会减少，因为云层的增加取代了黑体辐射的辐射体，而较暖的下层表面的云层较冷。该图显示随着云量增加，红外通量线性减少，对于 5.5 km 云高度曲线，减少率为

$$\frac{\partial F_{IR}}{\partial A_c} \approx -0.107 \tag{6.86}$$

公式（6.86）可以与 Budyko[13]的经验公式进行比较：

$$I_B = A + BT_s - (A_1 + B_1 T_s)A_c \tag{6.87}$$

I_B 是发射到太空的红外通量，T_s 是地表温度，$A = 0.319\ \text{cal/(cm}^2 \cdot \text{min)}$，$B = 0.00319\ \text{cal/}$

---

① $1\text{ppm} = 10^{-6}$。

（cm² · min），$A_1 = 0.0684$ cal/(cm² · min)，$B_1 = 0.00228$ cal/(cm² · min)。将模式大气的适用参数应用于公式（6.87），并针对 A_c 进行微分，我们得到

$$\frac{\partial I_B}{\partial A_c} = -0.1026 \tag{6.88}$$

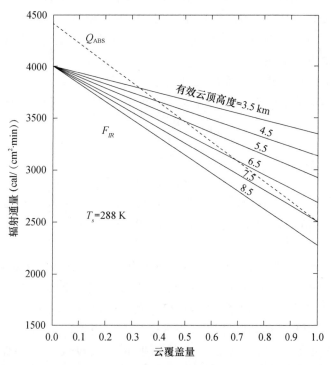

图 6.4　对于几个有效云顶高度值，从地气系统发射到外太空的红外辐射通量和吸收太阳能随云覆盖量的变化[10]

这与公式（6.86）一致，对于有效云顶高度为 5.5 km 的模式大气情况，由图 6.5 的模式结果得出。注意到在 Budyko 的经验公式中，I_B 随着 A_c 而线性下降。对于图 6.5 中的所有计算 F_{IR} 的情况，也可以看出这一点，并且公式（6.84）暗示了。

辐射模式准确性的另一个测试是计算出的通量对表面温度变化的敏感性。通过微分公式（6.87），将 A_c 固定为 0.5，我们有

$$\frac{\partial I_B}{\partial T_s} = +0.0031 \tag{6.89}$$

通过改变当前 5.5 km 处有效云顶高度和 $A_c = 0.5$ 的情况下的辐射模式中的 T_s，我们发现

$$\frac{\partial F_{IR}}{\partial T_s} = +0.0033 \tag{6.90}$$

这与公式（6.89）给出的 Budyko 的经验结果又是一致。因此，利用数值辐射模式获得的关于 A_c 对 F_{IR} 变化影响的全球平均情况的结果将非常类似于通过使用单个经验代数表达式可以获得的结果，见式（6.87）。然而，这个经验公式并不包括云顶高度变化对辐射平衡的影响。因此，上述辐射模式已被用于计算全球平均情况下云高和云量变化对红外通量的影响。下面给出对于全球平均的案例结果。

6.6.3.2　全球平均的结果

本节介绍了满足入射太阳能的未反射部分与由地球-大气系统发射到太空的输出红外通量之间的全球辐射平衡条件所需的有效云顶高度和云覆盖部分之间的定量关系。

云量增加会导致输出红外通量 F_{IR} 减小。这在图 6.5 的先前讨论中已经提到。此外,图 6.5 显示出了对于更高的有效云顶高度而言,由于 A_c 的增加而引起的 F_{IR} 的减小比对于更低的有效云顶高度更加显著。当然,这是因为高云比低云更冷,并且当它们不存在时,比低云或地球表面发射更少的黑体辐射。

为了实现全球辐射平衡,出射通量 F_{IR} 必须等于在地球-大气系统中吸收的太阳能 Q_{ABS}。后者取决于太阳常数 Q_{SC},地球有云部分的反照率 α_c 和全球无云部分的反照率 α_s 如下:

$$Q_{ABS} = \frac{Q_{SC}}{4}(1-\alpha_p) \tag{6.91}$$

整个行星反照率 α_p 为:

$$\alpha_p = \alpha_c A_c + \alpha_s(1-A_c) \tag{6.92}$$

如前所述,在全球平均情况下,α_c 被认为是 0.50,而在这些计算中认为 α_s 是 0.12。随着 A_c 从 0.4400 cal/(cm² · min)(无云覆盖,$\alpha_p = \alpha_s$)到 0.2500 cal/(cm² · min)(100% 云量,$\alpha_p = \alpha_c$),Q_{SC},α_c,α_s 和 Q_{ABS} 线性减少。

因此,如果发生云量增加,有两个竞争因素在起作用:Q_{ABS} 减少和 F_{IR} 减少。图 6.5 显示,随着云量增加,太阳吸收速率减少(即,α_p 的增加),比发射到太空的红外通量速率减少快。因此,这些计算表明,对于全球平均参数 Q_{SC},α_c 和 α_s 的实际值,对云量增加(云顶高度固定)的辐射平衡的净影响是辐射不平衡,其原因是 F_{IR} 超过 Q_{ABS}。当 $F_{IR} > Q_{ABS}$ 时,地球的辐射平衡温度最终会降低以恢复平衡:$F_{IR} = Q_{ABS}$。假设辐射和对流过程将能够保存目前观测到的 -6.5 K/km 的对流层流直减率,那么如果云顶高度和云反照率保持不变,地球云量平均持续增加的效应将会降低全球平均地表温度。对于高而薄的卷云来说,其中云反照率参数不比 α_s 大几倍,并且其中卷云的红外发射率可能远远小于 1[14] 表明,这种发射率总是小于 0.7,Manabe 和 Wetherald 表明,在没有更好地了解这些参数的数值的情况下,没有关于增加卷云覆盖物对表面温度的影响的说法。

云量的另一个可能"变化"是云顶的平均高度或有效高度的变化。图 6.5 显示云顶有效高度增加(云量或云反照率保持不变)对辐射平衡的净影响是辐射不平衡,导致 Q_{ABS} 超过 F_{IR}。通过应用前几段的论点(关于对流层减少率的保存),图 6.5 表明,只要云层覆盖量和云反照率保持不变,全球有效云顶高度持续全球增长的效应将会增加全球地表温度。

对于辐射平衡($Q_{ABS} = F_{IR}$),曲线 Q_{ABS} 必须与图 6.5 中的 F_{IR} 线相交。这些交点可能是云量和云顶高度的辐射平衡状态。对于当前全球平均值为 50% 的云层覆盖,Q_{ABS} 与图 6.5 中的 F_{IR} 相交,有效云顶高度约为 5.5 km。

前面讨论的主要观点是,"云量的变化"并不一定意味着辐射平衡的变化必须伴随云量的变化。如果云的数量和高度都发生变化,Q_{ABS} 仍然等于 F_{IR},那么就不需要改变辐射平衡。这可以通过从图 6.5 中交叉绘制 Q_{ABS} 与各种 F_{IR} 线的交叉点来说明。结果是图 6.5 中标记为 "$T_s = 288$ K" 的曲线。针对另外两个表面温度重复该过程,$T_s = 290$ K 和 $T_s = 286$ K 产生图 6.5 中看到的其他两个曲线(表 6.1 的其他参数也是适用于这些情况)。图 6.5 中的每条曲线代表可能的云顶高度和云层覆盖量的轨迹,辐射平衡保持不变,净辐射平衡没有变化(对于固定递减率,表面温度也没有变化)。但是,图中的箭头显示,有效云顶高度由现在的 5.5 km 增加到 6.1 km 可能会使地表温度上升 2 K,或者云层覆盖率本身从 50% 增加到约 58% 应该将 T_s 减少 2 K(假设固定的减少率)。因此,为了确定云量变化对辐射平衡的影响,首先必须确定"变化"是指云顶高度还是云层覆盖,因为图 6.5 显示如果云顶高度和云量的变化都是随着图 6.5 中的一条曲线变化的话,净辐射平衡的变化不需要发生。

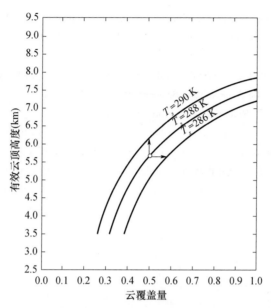

图 6.5　图中曲线的交点与三种表面温度值的各种 F_{IR} 曲线的交叉图。
每条曲线表示云顶高度和云层覆盖量的可能平衡值的轨迹,其与表面温度的恒定值一致[10]

最后,假设我们可以根据某种原因(例如气溶胶的增加)来确切地确定全球云量可能会有多少变化。然后,我们可以计算这种云变化对辐射平衡的影响。然而,为了确定这种云变化对全球气候的最终影响,最终有必要考虑其他可能的反馈机制的影响,这些反馈机制可能同时起作用,以减少或放大云量的初始变化。

参考文献

[1] 黄建平. 理论气候模式[M]. 北京:气象出版社,1992.

[2] 林本达,黄建平. 动力气候学引论[M]. 北京:气象出版社,1994.

[3] Hansen J,Russell G,Rind D,et al. Efficient three-dimensional global models for climate studies:Model I and II[J]. Mon Wea Rev,1983,111(4):609-662.

[4] Charney J G. Dynamics of deserts and drought in Sahel[J], Quart J Roy Met Soc,1975,101:193-202.

[5] Charney J,Quirk W J,Chow S H,et al. A comparative study of the effects of albedo change on drought in semi-arid regions[J]. J Atmos Sci,1977,34(9):1366-1385.

[6] Chervin R M. Response of NCAR general circulation model to changed land surface albedo[C]// Report of the JOC study conference on climate models:Performance,Intercomparison and Sensitivity Studies, Washington D. C. 3—7Aril, 1978, GARP Publ. Series, 1979,22(1):563-581.

[7] Sud Y C and Fennessy M. A study of the influence of surface albedo on July circulation in semi-arid regions

using the GLAS GCM[J]. J Climatology,1982,2:105-125.

[8] Carson D J and Sangster A B. The influence of land surface albedo and soil moisture on general circulation model simulations[C]//CARP/WCRP Research Activities in Atmospheric and Oceanic Modelling, Numerical Experimentation Programme，Report No. 2,1981:5. 14-5. 21.

[9] 长期数值天气预报研究小组. 一种长期数值天气预报方法的物理基础[J]. 中国科学,1977,20(2): 162-172.

[10] Schneider S H. Cloudiness as a global climatic feedback mechanism：The effects on the radiation balance and surface temperature of variations in cloudiness[J]. Journal of the Atmospheric Sciences,1972,29: 1413-1422.

[11] Manabe S and Wetherald R T. Thermal equilibrium of the atmosphere with a given distribution of relative humidity[J]. Journal of the Atmospheric Sciences,1967,24:241-259.

[12] London J and Sasamori T. Radiative energy budget of the atmosphere[J]. Space Res,1971,11:640-640.

[13] Budyko M L. The effect of solar radiation variations on the climate of the earth[J]. Tellus,1971,21:611-619.

[14] Hunt G E. Radiative properties of terrestrial clouds at visible and infrared thermal window wavelengths [J]. Quarterly Journal of the Royal Meteorological Society，1973,99(420): 346-369.

第7章 气候系统的敏感性

造成气候变化的物理过程和因子十分复杂,既有外部因子,又有内部因子,内部因子之间又存在许多复杂的非线性相互作用,所以要想从观测到的气候属性的总体状态变化中区分出某个因子的作用通常是很难办到的。为了确定和比较各种过程或因子对气候变化影响的大小和程度,现代气候学引进气候敏感性的概念,并利用气候模式进行敏感性试验,这也是当今气候研究的一个重要方向。敏感性试验不但能帮助人们理解气候变化的机制,为进一步改进模式的模拟和预测性提供依据,而且也被用来作为决定人类影响气候变化应采取的对策的一种重要手段。

7.1 气候敏感性的概念

7.1.1 气候敏感性的概念

气候敏感性可以定义为当其他因子不变时,某个因子的一定量(如百分比)变化所引起气候属性(变量)的相应改变量的大小,敏感性的概念有些类似于数学中偏导数的概念。假定 T 代表某个气候属性,它是外部因子 s 和内部因子 a 的函数,即

$$T = T(s, a) \tag{7.1}$$

其中,s 也称为外强迫,a 也称为内反馈,有

$$\Delta T = \frac{\partial T}{\partial s} \Delta s + \frac{\partial T}{\partial a} \Delta a \tag{7.2}$$

式中,$\frac{\partial T}{\partial s}$ 即表示气候对外部因子(或外部强迫)的敏感性,而 $\frac{\partial T}{\partial a}$ 即表示气候对内部因子(或内部反馈及参数化)的敏感性。

7.1.2 气候敏感性参数

假定 A 统一地代表内部和外部因子,则定义气候敏感性参数 β 为

$$\beta = \frac{A}{100} \frac{\mathrm{d}T}{\mathrm{d}A} \tag{7.3}$$

根据式(7.3),敏感性参数表示的是控制气候的内部或外部因子改变百分之一时,气候属性(变量,如温度)的相应改变量。

7.2 气候的敏感性估算

下面我们以最简单的全球辐射平衡问题为例说明评估气候敏感性的方法。

7.2.1　无反馈时的气候敏感性

当地球处于辐射平衡时,它所吸收的太阳辐射的速率应与它所放射的红外辐射的速率相等,即有

$$\pi R^2 (1-\alpha) S_0 = 4\pi R^2 I$$

或

$$\frac{S_0}{4}(1-\alpha) = I \tag{7.4}$$

其中,S_0 是太阳常数($S_0 = 1340 \ \text{W/m}^2$),$\alpha$ 是行星反照率,I 是射出的长波辐射通量。假定没有任何反馈过程起作用(这里即没有反照率-温度反馈,取 $\alpha = 0.3$ 为常数),并且红外辐射 I 服从黑体定律,即取 $I = \sigma T_0^4$,其中 T_0 是地面的辐射平衡温度,则式(7.4)变成

$$\frac{S_0}{4}(1-\alpha) = \sigma T_0^4 \tag{7.5}$$

上式两边取对数求导,由于无反馈,$\mathrm{d}\alpha = 0$,则有

$$\frac{\mathrm{d}S_0}{S_0} = 4\frac{\mathrm{d}T_0}{T_0}$$

这时敏感性参数 β 为

$$\beta = \frac{S_0}{100}\frac{\mathrm{d}T_0}{\mathrm{d}S} = \frac{T_0}{400} \tag{7.6}$$

为了计算 β,需要确定辐射平衡温度 T_0 的值,由式(7.5)得

$$T_0 = \left[\frac{S_0(1-\alpha)}{4\sigma}\right]^{1/4}$$

取 $\alpha = 0.3$,$S_0 = 1340 \ \text{W/m}^2$,$\sigma = 0.56687 \times 10^{-7} \ \text{W/(m}^2 \cdot \text{K}^4)$,则

$$T_0 \approx 255 \ \text{K}$$

代入式(7.6),得

$$\beta = \frac{255}{400} \approx 0.64 \ \text{K} \tag{7.7}$$

这就是无反馈时地球平衡温度对太阳常数变化(外强迫)的敏感性参数值。

但是,在实际大气中总有反馈过程存在,对于该问题,如规定反照率 α 为温度 T 的函数,即 $\alpha = \alpha(T)$,则存在反照率-温度反馈效应。另外,红外辐射 I 除了有上述黑体参数化方案($I = \sigma T_0^4$)外,也可能有不同的参数化方案 $I = I(T)$(这也可叫红外辐射-温度反馈)。这时,气候敏感性参数 β 就不是如式(7.7)所示的值。

7.2.2　反馈对敏感性的影响

将式(7.4)对温度 T 求微商,得

$$\frac{1}{4}\frac{\mathrm{d}S}{\mathrm{d}T}(1-\alpha) - \frac{S_0}{4}\frac{\mathrm{d}\alpha}{\mathrm{d}T} = \frac{\mathrm{d}I}{\mathrm{d}T}$$

则

$$\frac{\mathrm{d}S}{\mathrm{d}T} = \frac{4}{(1-\alpha)}\frac{\mathrm{d}I}{\mathrm{d}T} + \frac{S_0}{(1-\alpha)}\frac{\mathrm{d}\alpha}{\mathrm{d}T}$$

这时,气候对太阳常数变化的敏感性参数 β 为

$$\beta=\frac{S_0}{100}\frac{\mathrm{d}T}{\mathrm{d}S}=\frac{S_0(1-\alpha)\times0.01}{4\dfrac{\mathrm{d}I}{\mathrm{d}T}+S_0\dfrac{\mathrm{d}\alpha}{\mathrm{d}T}} \tag{7.8}$$

上式右边项分母中的 $\dfrac{\mathrm{d}\alpha}{\mathrm{d}T}$ 表示行星反照率对地面温度变化的敏感性(即反照率-温度反馈)对 β 的影响(更确切地讲,是反照率-温度反馈引起的平衡温度对太阳常数变化的敏感性的影响), 而 $\dfrac{\mathrm{d}I}{\mathrm{d}T}$ 项则表示红外辐射对地面温度变化的敏感性(即红外参数化或红外-温度反馈) β 的影响。 由于内部过程的参数化一般即代表某种反馈效应,因此,笼统地讲,式(7.8)右边分母即表示内 反馈(或参数化)引起的气候对外部强迫的敏感性的影响。

比较式(7.8)与式(7.6)可以看到,气候对太阳辐射(外强迫)的敏感性在有内反馈($\dfrac{\mathrm{d}\alpha}{\mathrm{d}T}\neq$ 0,或 $\dfrac{\mathrm{d}I}{\mathrm{d}T}\neq0$)时与无反馈时是不同的。式(7.8)中 $\dfrac{\mathrm{d}I}{\mathrm{d}T}>0$,而 $\dfrac{\mathrm{d}\alpha}{\mathrm{d}T}<0$,因此,若不考虑反照率-温 度反馈(即取 $\dfrac{\mathrm{d}\alpha}{\mathrm{d}T}=0$),则 β 将减小,换言之,反照率-温度反馈使气候敏感性增大,由此也可推断 出反照率-温度反馈是一种正反馈过程。

7.3　影响气候敏感性的因子

7.3.1　影响 $\dfrac{\mathrm{d}I}{\mathrm{d}T}$ 的因子

红外辐射通量 I 是温度的函数,$I=I(T)$ 的不同参数化方案,影响 $\dfrac{\mathrm{d}I}{\mathrm{d}T}$ 的值,因而会影响气 候敏感性。前面已讨论过 $I=\sigma T_0^4$ 的黑体参数化情形的气候敏感性,这时 $\beta=0.64\mathrm{K}$。现在考 虑 $I=I(T)$ 的其他参数化方案对 $\dfrac{\mathrm{d}I}{\mathrm{d}T}$ 以及 β 的影响。

(1)I 的线性参数化

Budyko[1]建议,向太空的红外辐射 I 可以表示成温度的线性函数,即

$$I=A+BT \tag{7.9}$$

其中,A 和 B 是由观测导出的常数,他根据北半球的资料求得,当 $A=203.3\ \mathrm{W/m^2}$ 及 $B=2.09$ $\mathrm{W/(m^2\cdot℃)}$ 时计算与观测拟合得最好。这时能量平衡方程式(7.4)变成

$$A+BT_0=\frac{S_0}{4}(1-\alpha) \tag{7.10}$$

其中,A 和 B 值考虑了平均云量条件、红外吸收气体效应及水汽变化效应。由式(7.10)求得 $T_0=14.97℃$。

由式(7.9)得 $\dfrac{\mathrm{d}I}{\mathrm{d}T}=B$,将这个 $\dfrac{\mathrm{d}I}{\mathrm{d}T}$ 及式(7.10)代入式(7.8),则对于常定的反照率($\dfrac{\mathrm{d}\alpha}{\mathrm{d}T}=$ 0),有

$$\beta=\frac{(A+BT_0)\times0.01}{B}=1.12℃ \tag{7.11}$$

因此,I 的线性参数化时的 β 值(1.12℃)超过黑体参数化时的 β 值(0.64℃),使气候敏感

性增大。

(2)云量对的 $\frac{dI}{dT}$ 的影响

Budyko 还根据观测资料导出了红外辐射通量与温度及云量之间的关系,为

$$I = a_1 + a_2 n + (b_1 + b_2 n) T_0 \tag{7.12}$$

其中,a_1、a_2、b_1 和 b_2 是常数,n 是云量(面积成数),T_0 是地面温度。

Cess[2] 对北半球求得 $a_1 = 257$ W/m², $a_2 = -91$ W/m², $b_1 = 1.63$ W/(m² · ℃),$b_2 = -0.11$ W/(m² · ℃),这时有

$$\frac{dI}{dT_0} = b_1 + b_2 n \tag{7.13}$$

由于 $b_2 < 0$,由式(7.13)可知,当云量 n 增加时,$\frac{dI}{dT_0}$ 将减小,根据式(7.13),则气候对太阳常数变化的敏感性将增大。

(3)各种反馈对 $\frac{dI}{dT_0}$ 的影响

任何将地面温度 T_0 与对流层温度廓线、湿度或云量相联系的反馈都可能影响红外辐射通量对地面温度变化的敏感性 $\frac{dI}{dT_0}$。

为了说明各种反馈如何影响 $\frac{dI}{dT_0}$ 从而影响 β 的,我们取 Coakley[3] 给出的 $\frac{dI}{dT_0}$ 如下

$$\frac{dI}{dT_0} = \frac{\partial I}{\partial T_0} + \frac{\partial I}{\partial n}\frac{dn}{dT_0} + \frac{\partial I}{\partial T_c}\frac{dT_c}{dT_0} + \frac{\partial I}{\partial T}\frac{dT}{dT_0} \tag{7.14}$$

其中,$\frac{dn}{dT_0}$ 表示云量反馈,$\frac{dT_c}{dT_0}$ 代表云顶温度反馈,而 $\frac{dT}{dT_0}$ 表示对流层温度直减率反馈。下面分别讨论这三种反馈对 $\frac{dI}{dT_0}$ 的影响。

对 $\frac{dI}{dT_0}$ 有最大潜在影响的反馈是与云量相联的反馈。Cess[4] 研究表明,$\frac{dI}{dT_0}$ 的大小在 $-91 \sim -38$ W/(m² · ℃)的范围之内,$\frac{dn}{dT_0} = 0.02℃^{-1}$ 时的云量反馈会造成大小为 1.8 W/(m² · ℃)的 $\frac{dI}{dT_0}$,这个数值与由气候资料导出的 $\frac{dI}{dT_0}$ 一样大。可见云量反馈会大大影响气候敏感性。

另一个与云有关的反馈是云顶温度反馈。计算表明,当云顶温度固定时,$\frac{\partial I}{\partial T_0} = 2.16 - 1.75n$,对 $n = 0.5$ 有 $\frac{\partial I}{\partial T_0} = 1.29$ W/(m² · ℃),而当云顶高度固定且对流层温度直减率常定(取 $\frac{dT_c}{dT_0} = 1.0$)时,有

$$\frac{dI}{dT_0} = \frac{\partial I}{\partial T_0} + \frac{\partial I}{\partial T_c}\frac{dT_c}{dT_0} = 2.16 + 0.19n$$

由上式,当 $n = 0.5$ 时,$\frac{dI}{dT_0} = 2.26$ W/(m² · ℃)。因此,如果云顶保持常定的温度($\frac{dI}{dT_0} = 1.29$ W/(m² · ℃))改变成保持常定的高度($\frac{dI}{dT_0} = 2.26$ W/(m² · ℃))时,$\frac{dI}{dT_0}$ 会改变 1.0 W/(m² · ℃),

使气候敏感性减小。但是,在气候变化时云如何变化仍是个谜。

最后,同水汽和云量的反馈一样,温度直减率反馈也会影响 $\dfrac{\mathrm{d}I}{\mathrm{d}T_0}$,Ramanathan[5] 指出,在 GCM 的 $0\sim2\%$ 太阳常数变化的试验中,当云顶高度固定时

$$\frac{\mathrm{d}I}{\mathrm{d}T} = \begin{cases} 2.4+1.45n & \text{在赤道附近} \\ 1.7-0.81n & \text{在极地附近} \end{cases}$$

他把这种差别归因于温度直减率变化的差别。在赤道附近,湿对流调整支配着温度直减率的变化,温度直减率 $\gamma=\gamma_m$ 小,$\dfrac{\mathrm{d}I}{\mathrm{d}T}$ 大,气候敏感性 β 小;而在极地附近,辐射和平流过程的混合支配着温度直减率的变化,γ 大,$\dfrac{\mathrm{d}I}{\mathrm{d}T}$ 小,因而气候敏感性 β 大。因此,温度直减率反馈对 $\dfrac{\mathrm{d}I}{\mathrm{d}T}$ 有影响,因而对 β 有很大的影响。

7.3.2 影响 $\dfrac{\mathrm{d}\alpha}{\mathrm{d}T}$ 的因子

现在我们来讨论影响式(7.8)中的 $\dfrac{\mathrm{d}\alpha}{\mathrm{d}T}$,即反照率-温度反馈的因子,$\dfrac{\mathrm{d}\alpha}{\mathrm{d}T}$ 的大小显然决定于行星反照率的参数化方案 $\alpha(T)$。当地球冷却时,预计持久的冰雪盖的范围要增大,因而增大地球的反照率。为了模拟这种效应,Budyko 提出了一个简单的机制,即认为 $-10\ ^\circ\text{C}$ 的年平均等温线的向极地区为冰所覆盖,而向赤道区为无冰区,即 $-10\ ^\circ\text{C}$ 等温线代表北半球持久冰雪盖的边界线。他对冰盖区规定反照率为 0.62,而对无冰区规定反照率为 0.3,因此,当地面由冰盖变成无冰时,反照率改变了 0.3;冰线反照率这么大的变化,使得模式气候对太阳常数的变化十分敏感,以至于太阳常数只要稍为减小,就能产生全球完全被冰所覆盖(亦称白地球)的解。

然而,Lian 和 Cess[6] 指出,云和地面的反照率(α_c 和 α_s),依赖于太阳的高度角 θ_z,而行星反照率 α 又依赖于 α_c 和 α_s,通常有如下关系

$$\alpha = n\alpha_c + (1-n)\frac{\partial \alpha_s}{\partial T} \tag{7.15}$$

在云量不随温度而变(即 $\dfrac{\partial n}{\partial T}=0$)的假定下,有

$$\frac{\partial \alpha}{\partial T} = n\,\frac{\partial \alpha_c}{\partial T_0}\frac{\mathrm{d}T_0}{\mathrm{d}T} + (1-n)\frac{\partial \alpha_s}{\partial T} \tag{7.16}$$

而 α_c 可参数化成

$$\begin{cases} \alpha_c = 0.041+0.258\alpha_s-0.49\mu_z & \text{北半球} \\ \alpha_c = 0.691+0.219\alpha_s-0.619\mu_z & \text{南半球} \end{cases} \tag{7.17}$$

其中 $\mu_z=\cos\theta_z$,则对北半球有

$$\frac{\partial \alpha_c}{\partial T_0} = 0.26\,\frac{\partial \alpha_s}{\partial T_0}$$

代入式(7.16),得

$$\frac{\partial \alpha_c}{\partial T_0} = (1-0.74n)\frac{\partial \alpha_s}{\partial T_0} \tag{7.18}$$

另一方面,$\alpha_s=\alpha_s(T_0,\mu_z)$,则

$$\frac{\mathrm{d}\alpha_s}{\mathrm{d}T_0} = \frac{\partial \alpha_s}{\partial T_0} + \frac{\partial \alpha_s}{\partial \mu_z}\frac{\mathrm{d}\mu_z}{\mathrm{d}T_0} \tag{7.19}$$

将式(7.18)代入式(7.19),得

$$\frac{\partial \alpha}{\partial T_0} = (1 - 0.74n)\left(\frac{\mathrm{d}\alpha_s}{\mathrm{d}T_0} - \frac{\partial \alpha_s}{\partial \mu_z}\frac{\mathrm{d}\mu_z}{\mathrm{d}T_0}\right) \tag{7.20}$$

在高纬,由于太阳天顶角大,无冰时反照率高,在低纬,由于太阳天顶角小,则无冰时反照率小,结果当地面由无冰变到冰盖条件时,反照率的变化在低纬大,而在高纬小。这使得冰线反照率的变化减小到 0.15,这时 $\frac{S_0}{4}\frac{\mathrm{d}\alpha}{\mathrm{d}T_0}$ 只有 0.4 W/(m² · ℃)[7]。

Seller[8] 代替冰线,在现代气候条件下取反照率变化为

$$\begin{cases} \alpha = b + cT & T < 283.16 \text{ K} \\ \alpha = b - 2.55 & T \geqslant 283.16 \text{ K} \end{cases} \tag{7.21}$$

其中 $c = -0.09 \text{ K}^{-1}$,然后使 b 为纬度的函数。用式(7.21)与观测拟合。由于反照率依赖于太阳高度角,c 将是纬度的函数,由气候资料导出

$$\begin{cases} c = 0 & \text{在 } 40°N \text{ 以南} \\ c = -0.0145 \text{ K}^{-1} & \text{在 } 85°N \end{cases}$$

利用随纬度变化的 c 得到 $\frac{S_0}{4}\frac{\mathrm{d}\alpha}{\mathrm{d}T_0} = -0.3$ W/(m² · ℃),而当所有纬度的 c 都等于 -0.009 K^{-1} 时 $\frac{S_0}{4}\frac{\mathrm{d}\alpha}{\mathrm{d}T_0} = -1.0$ W/(m² · ℃)。因此,反照率依赖于纬度的关系使反照率对温度变化的敏感性将减小 2 倍多。

水汽会强烈影响吸收的太阳辐射,对固定的相对湿度,水汽的吸收随对流层温度的升高而增加。据估计,水汽吸收的变化对 $\frac{S_0}{4}\frac{\mathrm{d}\alpha}{\mathrm{d}T_0}$ 有 -0.2 W/(m² · ℃)的贡献。在被地球反射的太阳辐射中,云的反射占 70%~80%,因此,可以预料云量的反馈会强烈地影响吸收的太阳辐射对地面温度变化的敏感性,对全球条件

$$\frac{S_0}{4}\frac{\partial \alpha}{\partial n} = \frac{S_0}{4}(\alpha_s - \alpha_c) \tag{7.22}$$

其中,$\alpha_s = 0.18$ 是无云区的反照率,$\alpha_c = 0.43$ 是云盖区的反照率,$\frac{S_0}{4}\frac{\mathrm{d}\alpha}{\mathrm{d}T_0} = -85$ W/(m² · ℃),因此,$\frac{\mathrm{d}n}{\mathrm{d}T_0} = 0.01$℃就是以干扰至今考察的反馈。

显然,云量反馈会强烈影响反照率对地面温度变化的敏感性,正像它可以强烈影响射出的红外辐射通量一样。然而要指出的是,云量变化引起的吸收太阳辐射通量的变化多少被放射红外辐射通量的变化所抵消,亦即式(7.8)的分母

$$4\frac{\mathrm{d}I}{\mathrm{d}T_0} + S_0\frac{\mathrm{d}\alpha}{\mathrm{d}T_0} = 4\frac{\partial I}{\partial n}\frac{\mathrm{d}n}{\mathrm{d}T_0} + S_0\frac{\partial \alpha}{\partial n}\frac{\mathrm{d}n}{\mathrm{d}T_0}$$

中两项之和比单项都小,但是,关于这两项的大小,还有很大争议。

以上用最简单的全球能量平衡问题为例,说明了估算气候敏感性的方法和影响气候敏感性的因子。太阳常数变化对气候变化的影响问题是气候对外强迫变化敏感性研究的一个重要课题。Budyko[1] 和 Sellers[8] 分别用不同的能量平衡模式做了这方面的研究,其结论

是:如果太阳常数比现在的值减小 1%,则相应的下垫面温度将下降 1.5℃,如果太阳常数减小 2%,即可导致又一次冰期的到来。目前用大气环流模式做的敏感性试验的结果表明,太阳常数变化时,地面温度大约变化 1～2℃。不过由于模式没有很好地考虑海洋中的热贮存和输送,云量又是固定的,因此,对温度变化的估计可能偏高。此问题还有待进一步研究。

7.4　气候对 CO_2 和痕量气体的敏感性

7.4.1　CO_2 浓度加倍对气候的影响

目前气候敏感性研究的一个热门课题是 CO_2 倍增的气候效应(或温室效应对全球气候变暖的影响)。North 等[9]利用前面讨论的二维能量平衡模式研究了大气 CO_2 浓度加倍时地表温度瞬态响应的地理分布特征。

CO_2 增加最明显的效应是使射出的红外长波辐射减少,因此,模式中可以通过改变长波辐射项中的 A 或 B 来引入 CO_2 效应。为了求解方便,这里主要是改变 A,即 $A^* = A - A_f(t)$。模式对 A 改变的稳定响应是 $\Delta T = \Delta A / B$,也就是说,如果 A 改变 2.0 W/m^2,温度变化 1℃。设 $T(\boldsymbol{r}, t) = T_e q(\boldsymbol{r}) + T_f(\boldsymbol{r}, t)$,其中 T_{eq} 为平衡温度,R_f 是由 CO_2 的变化造成的温度变化,于是模式可以重新写为

$$C(\boldsymbol{r})\frac{\partial T_f(\boldsymbol{r}, t)}{\partial t} - \nabla[D(\boldsymbol{r})\nabla T_f(\boldsymbol{r}, t)] + B T_f(\boldsymbol{r}, t) = A_f(t) \tag{7.23}$$

为了与其他模式结果进行比较和便于求解,将 $A_f(t)$ 表示成为脉冲函数的形式(见图 7.1),$A_f(t)$ 由 0 突然增加到 4.18 W/m^2,相当于 CO_2 加倍所造成的长波辐射的减少,它可引起地面温度增加约 2℃。

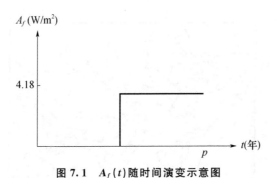

图 7.1　$A_f(t)$ 随时间演变示意图

类似于前面一节的求解方法,将 $A_f(t)$ 展开成傅里叶级数形式

$$A_f = \sum_{n=1}^{N} \frac{4.18i}{n\pi}(e^{in\pi} - e^{\frac{in\pi}{2}}) e^{\frac{2innt}{p}} \tag{7.24}$$

其中,p 为周期,由于模式是线性的,T_f 的响应具有相同的频率,即

$$T_f(\boldsymbol{r}, t) = \sum_{n=0}^{N} \sum_{l,m} T^n{}_{flm} Y^m{}_l(\boldsymbol{r}) e^{\frac{2innt}{p}} \tag{7.25}$$

设将式(7.24)代入式(7.23)即可求得 $T_f(\boldsymbol{r}, t)$。图 7.2～图 7.5 分别给出了 CO_2 加倍后的

第 3 个月、第 1 年、第 5 年和第 10 年的地表温度响应。比较这几张图,可以看出,在 CO_2 加倍的头几年,地表温度的响应是不均匀的,陆地上的响应约是海洋地区的 5 倍,但 10 年以后(图 7.5)全球的温度响应趋于均匀,海洋上的温度响应也已接近 2℃。虽然模式只包括了海洋的混合层,但上述结果表明即使考虑了深海的影响,一段时间以后扩散过程也将造成全球均匀的温度响应。

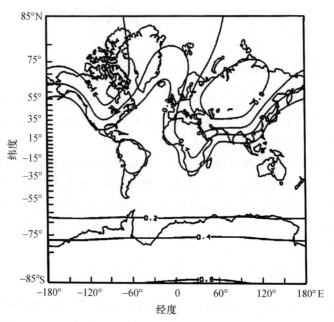

图 7.2　CO_2 加倍后第 3 个月全球地表温度的响应[9]

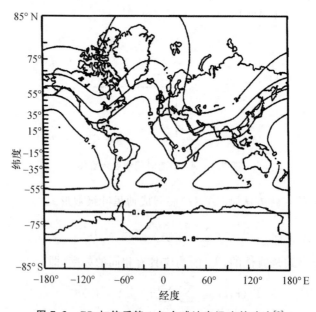

图 7.3　CO_2 加倍后第 1 年全球地表温度的响应[9]

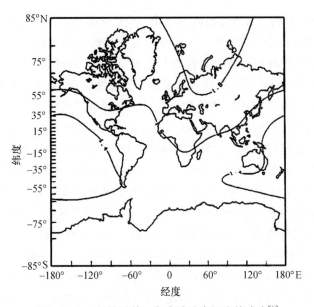

图 7.4　CO$_2$加倍后第 5 年全球地表温度的响应[9]

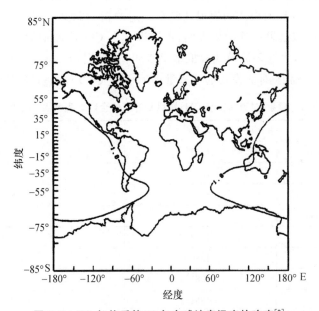

图 7.5　CO$_2$加倍后第 10 年全球地表温度的响应[9]

　　还有不少人也利用能量平衡模式进行了 CO$_2$加倍的敏感性试验,如 Ramanathan 等[10]。这类模式虽然简单粗糙,但有较大的灵活性,它允许某些气候参数有较大幅度的变化,从而能够对特定因子的变化对全球气候的影响进行详细的实验和分析[11]。

　　但由于模式过于简单,仅能给出很定性的结果。首先大气的运动所造成的辐射能量再分配必须破坏辐射平衡[12]。对流层温度的垂直变化并不是由局地辐射平衡决定的,而是在很大程度上取决于湿对流过程造成的垂直方向能量再分配。大气运动造成的水平方向能量输送、水汽输送以及云和降水的形成等都会在很大程度上制约大气成分的辐射效应。为了能比较准确地模拟大成分变化对全球气候平均状态的影响,需要使用三维大气环流模式。这种模式需要考虑大气状态参数在三维空间的分布和随时间的变化。模式还需要适当的边界条件,例如陆地表面状况的描述,海冰和海洋状态的描述等。因为海洋本身是运动和变化的流体,对于海冰和海洋状态的描述需要一个海洋环流模式。这就产生了大气-海洋耦合模式[12]。

人们用许多不同的 GCM 或气候模式做了这个敏感性试验,结果虽差别较大,但可以给出一个大致的范围。主要结论是:CO_2 浓度的倍增将使全球地面温度升高 $1.5\sim4.5$℃,使对流层温度升高,而平流层温度下降,赤道和极地的温差随 CO_2 的倍增而减小,冰雪线纬度随 CO_2 增加而向高纬移,热带地区降水增加,但分区降水则有增有减,海平面比现在上升 $20\sim140$ cm。

近代分子光谱学和辐射传输理论已经证明,大气中的许多微量气体和痕量气体,如 CO_2,H_2O,O_3,CH_4,CO,N_2O 以及 CFCs 等,在气候系统的辐射收支和能量平衡中起着决定作用,是现代气候形成的重要因素,这些成分浓度的变化当然会对气候系统造成明显影响[11]。近年来利用各种不同的大气环流模式进行了大量 CO_2 加倍的敏感性试验。尽管各个模式的模拟结果不尽相同,但所有模式都表明 CO_2 加倍时,气候有明显变化。这主要表现在低层大气与地球表面变暖,平流层变冷。然而在用大气环流模式进行敏感性试验时,模式需要积分很长时间使其达到平衡状态,其费用是相当可观的。因此,利用简单模式进行一些初步的试验很有好处。

另外,用辐射-对流模式进行了许多这方面的研究,这些结果虽有一定的不确定性,但是有启发性的,特别是对大气环流模式的模拟试验有一定的指导意义。表 7.1 综合了不同作者利用辐射-对流模式的模拟结果。其结果表明,由于大气中 CO_2 浓度增加一倍,全球年平均地表气温增加 $0.48\sim4.2$℃,大气环流模式模拟结果表明,气温增加 $1.3\sim3.9$℃,两种模式的结果大体上是一致的,而用辐射-对流模式的计算量远远小于大气环流模式的计算量。

表 7.1　辐射-对流模式(RCM)模拟 CO_2 加倍全球地表气温的变化[13]

研究者	年份	ΔT_s (K)
Manabe 和 Wetherald	1967	$1.33\sim2.92$
Manabe	1971	1.9
Augustsson 和 Ramanathan	1977	$1.98\sim3.2$
Rowntree 和 Walker	1978	$0.78\sim2.76$
Hunt 和 Wells	1979	$1.82\sim2.2$
Wang 和 Stone	1980	$2.00\sim1.20$
Charlock	1981	$1.58\sim2.25$
Hansen 等	1981	$1.22\sim3.5$
Hummel 和 Kuhn	1981a	$0.79\sim1.94$
Hummel 和 Kuhn	1981b	$0.8\sim1.2$
Hummel 和 Reck	1981	$1.71\sim2.05$
Hunt	1981	$0.69\sim1.82$
Wang 等	1981	$1.47\sim2.80$
Hummel	1982	$1.29\sim1.83$
Lindzen 等	1982	$1.46\sim1.93$
Lal 和 Ramanathan	1984	$1.8\sim2.4$
Somerville 和 Remer	1984	$0.48\sim1.74$

7.4.2　其他痕量气体引起的气候变化

辐射-对流模式不仅能够模拟大气二氧化碳增加引起的气候变化,也完全可以用来模拟甲烷、氯氟烃和一氧化二氮等化学稳定的痕量气体浓度变化引起的气候变化。这些微量成分的空间分布、光谱特性以及它们对气候影响的机理都与二氧化碳完全相同,考虑这类气体的气候效应只要在模式的计算方案中加进相应的量就行了。当然,不同气体的吸收带重叠效应可能给辐射计算带来一些麻烦。事实上,许多作者只是通过比较痕量气体与二氧化碳的光谱吸收强度来估计各种痕量气体的气候效应。这样处理对细致的光谱计算来说可能很粗,但对于气候效应的结果却并不带来明显的误差[11]。Ramanathan 等[14]用辐射-对流模式比较了二氧化碳等 19 种痕量气体浓度变化引起的全球地表平均温度的变化。图 7.6 给出了除二氧化碳之外的 18 种痕量气体,从 0 增至 1 ppbv①($10^{-3} \sim 1$ ppmv②)时引起的地表温度的增加。由于我们不能准确地判断图中所给的痕量气体浓度变化所需的时间,因而也就很难判断各种痕量气体的气候效应的相对重要性。

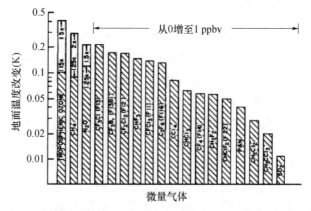

图 7.6　18 种痕量气体浓度从 0 增至 1 ppbv 引起全球地面温度的变化[14]

7.5　气候对气溶胶的敏感性试验

7.5.1　气溶胶对气候的影响

气溶胶是大气中的一种重要微量成分。它是许多大气化学过程的媒介或终极产物。气溶胶对辐射传输的影响是显而易见的,但气溶胶对气候系统的影响却是很复杂的[15]。气溶胶对全球尺度辐射收支的影响至今还没有可信的定量结果。这一方面因为气溶胶本身的空间分布和时间变率比长寿命微量气体复杂得多,另一方面因为它对辐射传输过程的影响也不像气体成分那样简单。气溶胶对辐射过程的直接影响是通过吸收和散射使到达地面的太阳辐射减少。气溶胶对辐射传输过程的影响不仅取决于气溶胶本身的物理化学特性(包括粒子的尺度、粒子形状、粒子浓度及其化学组成等),还取决于边界条件(如下垫面的光学特性和热力学特

---

①　1ppbv＝10^{-9}。

②　1 ppmv＝10^{-6}。

性)和气溶胶层所在的位置。气溶胶不仅影响红外辐射的传输,也影响太阳短波辐射。气溶胶浓度增加可能使地表和低层大气增温,也可使地表和低层大气降温,这要看气溶胶本身的光学特性、气溶胶增加量所在的位置以及下垫面的特征等因素[11]。

火山爆发喷射出大量火山灰和二氧化硫气体,遇到水汽后形成微小液滴,这种液滴在零度以下也不结冰。火山灰和小液滴随火山爆发产生的气流上升到平流层,并随平流层的气流输送到全球各地,在全球形成一层持续 4～5 年的平流层火山云,导致全球平均温度下降。近百年来全球气温出现的几次转折与强烈火山爆发有很好的对应关系。

Hansell 等[16]和 Vuputuri[17]利用辐射-对流模式分别研究了 Agung 和 El Chichcon 火山爆发对气候的影响,结果表明,火山爆发造成了对流层温度降低,平流层温度升高。Hansen 等的结果表明,Agung 火山喷发(1963 年 3 月)后,平流层温度增加了约 5℃,且维持了较长时间。对流层最强的降温出现在喷发后第 15 个月,为-0.4℃,且对流层温度的负距平维持约 3 年半之久。虽然上述结果有一定的不确定性,但火山活动对气候的影响是肯定的。

7.5.2 核战争可能引起的气候变化

用气候模式来研究全球核战争所引起的气候效应是一个有争议的问题。除了政治上的问题外,模拟本身还有很多不确定的因素。尽管如此,还是进行了不少这方面的研究,这些模拟结果表明在不同的假设条件下,核战争的气候效应可能是真实的[18]。

Turco 等[19]用辐射-对流模式研究了各种规模核战争引起的全球气候效应。他指出,核战争期间,由于城市和森林燃烧产生大量的烟尘注入大气,随核爆炸产生的上升气流输送到平流层,这些烟尘粒子吸收了入射的太阳辐射,使低层太阳光减少或衰减,地表吸收的太阳辐射减少,但是这些烟尘却能将红外长波辐射释放出去,这样,地球大气和海洋接收的太阳辐射减少,射向宇宙空间的长波辐射却增加,从而导致全球范围大幅度降温,气温降到和冬天一样,出现所谓"核冬天"的景观。烟尘在对流层寿命较短,在平流层则寿命较长,要产生"核冬天"效应,必须使爆炸燃烧产生的烟尘大量进入平流层,烟尘寿命长,才能在较长时间使广大地区温度下降到冰点以下。图 7.7 给出了不同规模的核战争爆发后北半球陆地表面的温度变化。3～4个星期后最严重的情况地面温度降到了-25℃。

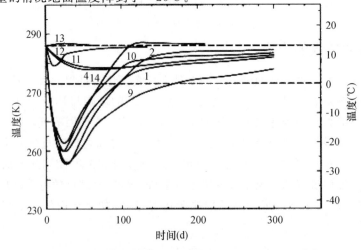

图 7.7 核战争爆发后北半球陆地表面的温度变化[19]

(图中的数字代表不同规模和类型的核战争,详见原文)

7.6　气候对轨道参数和太阳常数变化的敏感性

7.6.1　地球轨道参数变化的影响

近百万年来,气候变化具有明显的冰川期与间冰川期交替出现的特征,其周期长约 10 万年,现在普遍认为这种周期是地球轨道三参数,即岁差、黄赤交角及公转轨道离心率的周期性变化的结果。

岁差使地球公转轨道近日点的季节提前,每 21000 年循环一次,周期最短。目前地球公转近日点的季节在 1 月 3 日,一万年以后近日点的季节将在 7 月。目前南半球夏半年离太阳近,北半球夏半年离太阳远。夏半年收到的太阳辐射南半球比北半球多,一万年前和一万年后情况将相反。由于岁差,年中各月的日地距离每年都有微小的变化。

太阳系其他天体的引力使黄赤交角(即地球赤道平面与公转轨道平面的交角)从极小的 21.8° 到极大的 24° 之间周期变化,平均周期为 41000 年。上次极大值出现在公元前约 8000 年,约一万年后出现极小值。在黄赤交角较大时,地球高纬度冬夏两季接收日射的量比较大。黄赤交角小时,地球高纬度冬夏两季接收日射的量比较小。黄赤交角效应与岁差效应不同的是:它对南北半球的效果是相同的,黄赤交角效应与纬度有关。在地球赤道黄赤交角效应为零,在地球两极效应最大。例如在 45° 和 65° 纬度分别变化 1.2% 及 2.5%。

天体引力使地球公转轨道的离心率以 90000~100000 年为周期,在 0.00 到 0.07 之间变化。若岁差不变,即近日点总是出现在北半球冬季,轨道离心率大时,冬夏日地距离差别大,地球公转的角速度冬季比夏季大,结果是北半球冬季短而暖,夏季长而凉,冬夏温差小;南半球则夏季短而暖,冬季长而冷,冬夏温差大,公转轨道离心率小时,北半球冬夏温差大。

Milankovitch 对这种周期的研究作出过特殊的贡献,因此,一般将这种周期称作为米氏周期。米氏认为,夏季高纬度的辐射是极地冰盖进退的关键,夏季位于远日点的北半球得到的辐射较少,冰雪消融亦减少,冬季则该半球位于近日点,得到的辐射量虽较多,温度亦稍高,但仍远低于冰点,不会引起冰雪融化,相反,由于冬季温度升高了一些,使得冬季降雪量会增加。这两种作用(夏季远日点消融少,冬季近日点积累多)的综合结果,使得极地冰盖持续前进而形成冰川期。反之,则形成间冰期。

7.6.2　太阳常数变化的影响

自 1978 年就开始了对太阳辐照度(即"太阳常数")的连续卫星观测。这些测量表明,时间尺度从几天到十年的辐照度的变化是与太阳的外层,即光球,太阳黑子和亮区即光斑的活动相联系的。非常高频的变化以至于对气候的影响不显著。但由太阳黑子的 11 年周期产生的低频分量可能对气候有影响:已经发现,由光斑增加的辐照度大于由黑子冷却减少的辐照度。因此,高黑子数对应高的太阳输出。在 1980—1986 年期间,辐照度大约减少了 1 W/m²,相应在大气层顶的全球平均强迫变化,减少的辐射稍小于 0.2 W/m²,自此以后,太阳黑子周期辐照度开始增加。太阳辐照度 11 年的周期变化像火山爆发一样,只能调节温室气体的影响,温室气体若不加控制,它对气温的影响将是时间的单调升函数。

7.7 气候对内部因子变化的敏感性

关于气候对内部因子变化的敏感性研究也很多,由于许多内部过程都是次网格尺度过程,要以参数化的形式加入模式,因此,气候对内部因子变化的敏感性研究主要包括对参数化、反馈效应和输送过程的敏感性。气候模式中需要进行参数化的物理过程很多,主要有:

① 辐射过程:辐射传输,云,CO_2,O_3 和气溶胶的辐射效应等;

② 大气过程:边界层和湿对流,侧向和垂直次网格输送,中尺度对流,重力波垂直输送,地形效应等;

③ 海洋过程:海面反照率,上边界输送,表面混合层,重力内波和湍流,中尺度涡旋输送等;

④ 冰雪过程:海冰反照率,气-海-冰间水分交换,陆冰质量收支及动力学等;

⑤ 陆地过程:陆面反照率,上边界输送,陆面水分循环等。

由于气候过程的复杂性,所以能用简单的方程来做定性或定量讨论的毕竟很少,大量的气候敏感性研究要靠更完善的 GCM 型的气候模式来进行数值试验。

气候变化预估的信息来源主要有四个方面:全球气候模式(GCM)、GCM 模拟的降尺度、对控制区域响应的多种过程的物理认识,以及最近的历史气候变化。AR4 的未来气候(包括极端值)的区域信息在全球范围内主要通过 GCM 获取,现在许多地区的情况仍然如此。由于许多极端事件的空间尺度小于 GCM 输出量所代表的尺度,降尺度技术对于预估极端事件变化十分有意义。在 SREX 中"降尺度"被定义为"一种从大尺度模式或资料分析中推出局地至区域尺度(达 100 km)信息的方法",它包括两类:动力降尺度和经验/统计降尺度。动力降尺度方法利用区域气候模式(RCM)、可变分辨率或高分辨率 GCM 的输出,得到精细化信息;经验/统计降尺度方法则建立大尺度大气变量与局地气候变量的统计关系,得到精细化信息。

气候变化预估的不确定性来源于预估过程的每一步骤:温室气体和气溶胶前体排放的确定、辐射活动性气体的浓度、辐射强迫、气候响应。并且,对气候变化真实"信号"的估计也有不确定性,这一方面是因为模式表征气候系统过程有误差,另一方面是由于气候内部变率的影响。气候模式以科学原理为基础,是现有的研究气候和气候变化的最好工具。随着 GCM 的发展,其空间分辨率继续提高,物理方案更加复杂,对研究较小尺度特征会越来越有用,但是,许多与极端天气和气候事件相关的小尺度过程(如和云有关的过程),并不能得到真实或显示的模拟。RCM 的不确定性不仅仅来自为其提供边界条件的 GCM 模拟,还来自 RCM 本身的缺陷(主要是不能很好地表征一些重要的小尺度过程)。统计降尺度的不确定性不仅来源于 GCM 和 RCM,还来源于预报因子的定义和选择,而且依赖于统计关系的可靠性和适用性(以目前和过去气候为基础建立的统计关系可能不再适用于未来的极端事件)。

参考文献

[1] Budyko M I. The effect of solar radiation variations on the climate of the earth[J]. Tellus, 1969, 21: 611-619.

[2] Cess R D. Climate Change: An appraisal of atmospheric feedback mechanisms employing zonal climatology

[J]. J Atmos Sci_,1976,33:1833-1843.

[3] Coakley J A. Feedback in vertical-column energy balance models[J]. J Atmos Sci,1977,34:465-470.

[4] Cess R D and Ramanathan V. Averaging of infared cloud opacities for climate modeling[J]. J Atmos Sci, 1978,35: 919-922.

[5] Ramanathan V. Interactions between ice-albedo,lapse-rate and cloud-top feedbacks: An analysis of the nonlinear response of a GCM climate model[J]. J Atmos Sci,1977,34:1885-1897.

[6] Lian M P and Cess R D. Energy balance climate models: A reappraisal of ice-albedo feedback[J]. J Atmos Sci,1977,34:1058-1062.

[7] Coakley J A. A study of climate sensitivity using a simple energy balance climate model[J]. J Atmos Sci, 1979,36:260-269.

[8] Sllers W P. A global climate model based on the energy balance of the earth-atmosphere system[J]. J Appl Met,1969,8:392-400.

[9] North G R,Mengal J G and Short D A. On the transit response patterns of climate to time dependent concentrations of atmospheric CO_2 [M]. In climate Processes and Climate Sensitivity, Geophysical Monograph, 29, Maurice Ewing Volume 5, eds. Hansen J E and Takahashi T,Am Geophys Un,1984:164-170.

[10] Ramanathan V and Coakley J A. Climate modeling through rediative-convective models[J]. Rev Geophys Space phys,1978,16:465-489.

[11] 叶笃正,曾庆存,郭裕福. 当代气候研究[M]. 北京:气象出版社,1991:262-292.

[12] Ramanathan V. The role of ocean-atmosphere interact in the CO_2 climate problem[J]. J Atmos Sci,1981, 38:918-930.

[13] Schlesinger M E. Quantitative analysis of feedbacks in climate model simulati-ons of CO_2 induced warming[C]//Physically-Based Modelling and Simulation of Climate Change, Part 2, Edited by M E Schlesinger, NATO ASI *series*,1988:653-735.

[14] Ramanathan V,et al. Trace gas trends and their potential role in cIimate change[J]. J Geophys Res,1985, 90:5547-5566.

[15] Coakley J A Jr and Cess R D. The effect of atmospheric aerosols on climate change[J]. J Atoms Sci,1965, 42:1677-1692.

[16] Hansen J E,et al. Mount Agung provides a test of a global climatic perturbation[J]. Science,1978,199: 1965-1068.

[17] Vupputuri R K R and Blanchet J P. The possible dffects of El Chichon eruption on atmospheric thermal and chemical structure and surface climate[J]. Geofisica Intern-acional,1984,23:433-447.

[18] Wa Shington W M and Parkinson C L. 三维气候模拟引论[M]. 马淑芬等译. 北京:气象出版社,1990.

[19] Turco R P,Toon O B,Ackerman T P,et al. Nuclear winter:Global consequences of multiple nuclear explosions[J]. Science,1983,222(4630): 1283-1291.

第8章 气候系统的稳定性

第1章曾指出气候系统的一个基本物理性质是其反馈性,但在前面讨论的线性能量平衡模式中这一重要特性均未考虑。这一章我们将通过引入冰雪-反照率反馈建立的非线性能量平衡模式,讨论气候系统的稳定性和非线性模式在气候模拟中的应用。

8.1 零维系统的稳定性分析

8.1.1 非线性零维模式

我们知道冰雪-反照率反馈是一个正反馈过程,它总是使气候系统变得不稳定。由于全球平均的反照率取决于冰雪的覆盖量,因此它应是温度的函数。于是零维模式可重新写为[1,2]

$$C\frac{\mathrm{d}T}{\mathrm{d}t}=Q\alpha_p(T)-(A+BT) \tag{8.1}$$

其平衡方程为

$$A+BT^{\mathrm{eq}}=Q\alpha_p(T) \tag{8.2}$$

其中,$\alpha_p(T)=1-\alpha(T)$ 为复合反照率,T^{eq} 为平衡温度,其他变量的含义与第5章的定义相同。要求解式(8.1)和式(8.2),首先必须给出 $\alpha_p(T)$ 的合理定义。那么 $\alpha_p(T)$ 取什么样的形式合适呢?当气候很温暖时,全球的冰雪覆盖量少,α_p 比较大;而当气候很冷时,整个地球被冰雪覆盖,α_p 很小,因此 α_p 随温度的变化可以用双曲正切 $\mathrm{th}x$ 来近似,

$$\alpha_p(T)=\alpha_i+\frac{1}{2}(\alpha_f-\alpha_i)(1+\mathrm{th}xT) \tag{8.3}$$

当 T 很小时,$\mathrm{th}xT\to-1$,$\alpha_p=\alpha_i=0.3$,当 T 很大时,$\mathrm{th}xT\to+1$,$\alpha_p=\alpha_f=0.71$,其中 x 是一个控制参数,控制由冰封气候到无冰气候的快慢。图8.1是 $\alpha_p(T)$ 随温度变化的示意图。

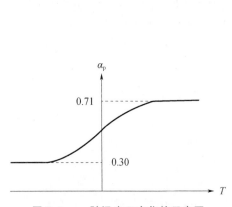

图8.1 α_p 随温度 T 变化的示意图

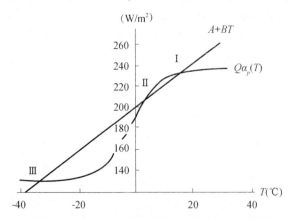

图8.2 方程(8.2)两边的等值线,交点为平衡态[2]

当 $\alpha_p(T)$ 取式(8.3)的形式时,式(8.2)是一个超越方程,无法求得解析解。一种简单的求解方法是将方程的左右两边绘在同一张图上(图 8.2),其交点就是达到平衡状态的解。另一种方法是将式(8.2)改写为

$$Q = \frac{(A + BT^{\text{eq}})}{\alpha_p(T^{\text{eq}})} \tag{8.4}$$

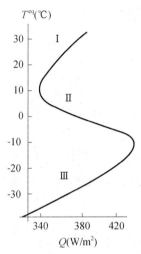

图 8.3　全球平衡温度随太阳常数 Q 的变化[2]

利用数值的方法寻求对给定的 Q, T^{eq} 的变化。图 8.3 给出了全球平衡温度 T^{eq} 随太阳常数 Q 的变化。我们把这种曲线称之为控制曲线。由图 8.3 可以看出,在太阳常数很小的变化范围内,存在性质截然不同的三个解:解 I 最接近当代气候,解 III 对应一个全球冰封气候,另外还有一个中间解 II。一个很自然的问题是这些解的稳定性如何?

8.1.2　线性稳定性分析

令 T^{eq} 为系统的平衡温度,假定系统有一个偏离平衡态的小扰动 $\delta T(t)$,扰动后 t 时刻的温度为 $T(t) = T^{\text{eq}} + \delta T(t)$,此时系统已不再平衡。方程(8.1)的线性小扰动方程可以写为

$$C \frac{\mathrm{d}}{\mathrm{d}t} \delta T(t) = [-B + Q\alpha_p'(T)] \delta T(t) \tag{8.5}$$

式(8.2)两边对 T^{eq} 求导有

$$B = Q \frac{\mathrm{d}\alpha_p}{\mathrm{d}T^{\text{eq}}} + \frac{\mathrm{d}Q}{\mathrm{d}T^{\text{eq}}} \alpha_p \tag{8.6}$$

从而有

$$\frac{\mathrm{d}\delta T}{\mathrm{d}t} = -\lambda \delta T \tag{8.7}$$

$$\delta T(t) = \delta T(0) \mathrm{e}^{-\lambda t} \tag{8.8}$$

这里

$$\lambda = \frac{\alpha_p(T^{\text{eq}})}{C} \frac{\mathrm{d}Q}{\mathrm{d}T^{\text{eq}}} \tag{8.9}$$

当 λ 为正时,解是稳定的,扰动将逐渐衰减,系统最终会趋向于平衡态。当 λ 为负时,解是

不稳定的,系统将远离平衡态。λ 的符号仅取决于图 8.3 中控制曲线的斜率 $\dfrac{\mathrm{d}Q}{\mathrm{d}T^{\mathrm{eq}}}$,我们可以立即从控制曲线斜率的符号判断哪个解是稳定的,哪个解是不稳定的。例如,在图 8.3 中,I、III 解是稳定的,II 解是不稳定的,这就是所谓斜率稳定性定理[3]。然而线性稳定性分析只适用于扰动 δT 很小的情况,当扰动较大则需要进行非线性有限振幅的稳定性分析。

8.1.3 非线性有限振幅的稳定性分析

有些情况下,可以构造一个势函数来进行有限振幅的稳定性分析[2],即找到一函数 $F(T)$ 使

$$\frac{\mathrm{d}T}{\mathrm{d}t} = -\frac{1}{C}\frac{\mathrm{d}F}{\mathrm{d}T} \tag{8.10}$$

对零维模式,

$$F(T) = AT + \frac{1}{2}BT^2 - Q\int_0^T \alpha_p(T')\mathrm{d}T' \tag{8.11}$$

势函数有一个很有用的性质,随着扰动后气候系统的张弛,势函数总是减少的。利用式(8.10)很容易证明这一点。

$$\frac{\mathrm{d}F}{\mathrm{d}T} = \frac{\mathrm{d}F}{\mathrm{d}T}\cdot\frac{\mathrm{d}T}{\mathrm{d}t} = -\frac{1}{C}\left(\frac{\mathrm{d}T}{\mathrm{d}t}\right)^2 \tag{8.12}$$

利用这个性质对有限振幅的扰动的稳定性,我们也能作出定性的分析。图 8.4 给出了零维模式的势函数。I、III 解正好都落在极小值区,它们是稳定的。II 解处在极大值区,是不稳定的。当扰动达到一定强度时,系统由一种平衡状态越过峰值进入到另一种平衡状态,即通常所说的突变。

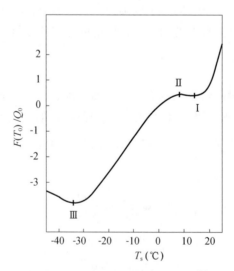

图 8.4 零维模式势函数的示意图[2]

Fraedrich[4,5] 提出了另一个零维模式。他将 $R^\uparrow$ 写成

$$R^\uparrow = \varepsilon_A\sigma T^4 \tag{8.13}$$

式中,ε_A 为有效辐射率,α_p 与 T 的关系取作线性,

$$\alpha_p = a - bT \tag{8.14}$$

Fraedrich 模式的结果与前面讨论的模式的结果类似,也存在三个平衡解,其中两个稳定的平衡解分别对应当代气候和全球冰封气候,另一个中间解是不稳定的。

8.2　非线性一维模式

类似于线性模式的处理,将非线性零维模式扩展到一维。我们将会发现,许多情况下一维模式也能求得解析解,这对于理解气候异常的形成机制有很大好处。

8.2.1　复合反照率

在一维模式中由于变量是随纬度变化的,零维模式中复合反照率的取法不再适合。卫星资料的分析表明冰面上的复合反照率很小($\alpha_p(T)=1-\alpha(T)$,即反照率很大),并且冰的边缘非常陡,冰盖常常是在几百千米内完全消失。因此,在不考虑季节变化的情况下,复合反照率可近似取为[1]

$$\alpha_p(x,x_s)=\begin{cases} \alpha_0+\alpha_2 P_2(x) & x<x_s \\ 0.75[\alpha_0+\alpha_2 P_2(x)] & x=x_s \\ 0.5[\alpha_0+\alpha_2 P_2(x)] & x>x_s \end{cases} \tag{8.15}$$

其中,$\alpha_0=0.69$,$\alpha_2=-0.12$,$P_2(x)=\dfrac{1}{2}(3x^2-1)$ 为

二项 Legendre 函数,x_s 为冰盖边缘纬度,一般定义在
温度为 $-10℃$ 的纬度[6]即

$$T(x_s)=T_s=-10℃ \tag{8.16}$$

图 8.5 为 $\alpha_p(x,x_s)$ 随纬度变化的示意图。由于
$\alpha_p(x,x_s)$ 不仅是 x 的函数,而且还与 $x_s[T(x)]$ 有关,
模式就不再是线性的了。

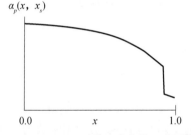

图 8.5　$\alpha_p(x,x_s)$ 随纬度变化的示意图[1]

8.2.2　极端输送的情况

类似第 4 章一维模式的讨论,下面我们分析非线性一维模式极端输送的情况。首先分析无水平输送的情形,在这种情况下能量平衡方程为

$$A+BT(x)=QS(x)\alpha_p(x,x_s) \tag{8.17}$$

式(9.17)两边的 x 都取为 x_s,即

$$A+BT(x_s)=QS(x_s)\alpha_p(x_s,x_s) \tag{8.18}$$

于是得到冰盖边缘纬度与太阳常数的关系为

$$Q(x_s)=\frac{A+BT(x_s)}{S(x_s)x_p(x_s,x_s)} \tag{8.18}$$

我们知道,目前北半球的冰盖边缘纬度约为 $x_s=0.95(72°N)$,但在图 8.6 中这个纬度对应的 Q 值约为 $700\ W/m^2$。也就是说,如果不考虑热量的水平输送,在目前的太阳常数下,地球上的很大一部分地区被冰雪所覆盖。正是由于热量的水平输送才迫使冰盖退回到

现在的纬度。

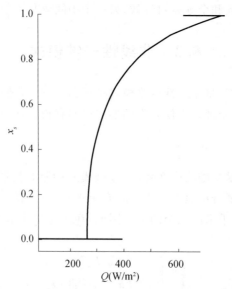

图 8.6　无热量输送时的冰界纬度与太阳常数的关系[1]

当热量的水平输送是无穷大时,整个行星的温度是处处相等的

$$T_0^\infty = [QH_0(x_s) - A]/B \tag{8.19}$$

其中

$$H_0(x_s) = \int_0^1 S(x)\alpha(x, x_s)\mathrm{d}x$$

当 $x_s = 1$ 和 $x_s = 0$ 时,$H_0(1)$ 和 $H_0(0)$ 分别为 0.75 和 0.38。图 8.7 表示水平输送为无穷大时全球平均温度随太阳常数的变化。由图可以看出温度变化是不连续的,在 Q 的一定范围内存在着多解,在温度低于临界温度 T_s 时,整个行星被冰雪所覆盖,随着太阳常数的增加,温度逐渐升高,但达到临界温度时温度突然升高,整个行星突然冰雪全部融化,成为无冰的行星,即所谓的突变。事实上这种情况与零维模式中取 $r \to \infty$(见式(8.3))是等价的。

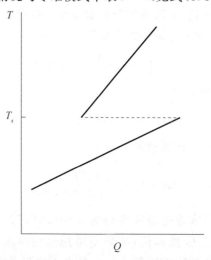

图 8.7　水平输送为无穷大时全球平均温度随太阳常数的变化[1]

8.2.3　常系数扩散模式的平衡解

从前面的讨论可以看出,一维模式中必须考虑热量的水平输送。与线性模式相同,将热量输送处理为简单的扩散过程。当扩散系数取为常数时平衡方程为

$$-\frac{\mathrm{d}}{\mathrm{d}x}(1-x^2)\frac{\mathrm{d}T(x)}{\mathrm{d}x}+A+BT(x)=QS(x)\alpha_p(x,x_s) \tag{8.20}$$

如果把地球看成南北对称,边界条件可取无净热量输入极地和跨越赤道,即

$$\sqrt{1-x^2}\frac{\mathrm{d}T}{\mathrm{d}x}=0,x=0,1 \tag{8.21}$$

虽然考虑了冰雪-反照率反馈,方程为非线性的,但仍可求得解析解,求解的技巧是把温度场分解为 Legendre 多项式

$$T(x)=\sum_n T_n P_n(x) \tag{8.22}$$

这种形式可以确保对级数任何阶数的截断都满足边界条件。将级数代入平衡方程(8.20),可得到级数形式的解为

$$T(x)=Q\sum_n H_n(x_s)P_n(x)/L_n-A/B \tag{8.23}$$

其中

$$L_n=n(n+1)D+B$$

$$H_n(x_s)=(2n+1)\int_0^1 S(x)\alpha(x,x_s)P_n(x)\mathrm{d}x$$

利用冰界条件式(8.16)可进一步得到 x_s 和 Q 的关系

$$Q(x_s)=\frac{A+BT_s}{\sum_n \dfrac{H_n x_s P_n(x_s)}{L_n}} \tag{8.24}$$

冰线纬度与太阳常数的关系如图 8.8 所示。可以看出,在太阳常数很小的变化范围内存在 5 个解,与图 8.6 相比,两者存在显著差异,关于这些解的稳定性我们将在下一节详细讨论。

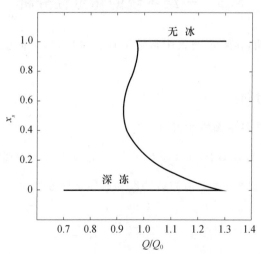

图 8.8　一维模式冰线纬度与太阳常数的关系[2]

8.2.4 变系数扩散模式的平衡解

下面进一步讨论扩散系数是纬度的函数的情况,平衡方程重新写为

$$-\frac{\mathrm{d}}{\mathrm{d}x}D(x)(1-x^2)\frac{\mathrm{d}T(x)}{\mathrm{d}x}+A+BT(x)=QS(x)\alpha_p(x,x_s) \tag{8.25}$$

冰界纬度和边界条件分别取为

$$T(x_s)=T_s=-10℃ \tag{8.26}$$

$$D(x)\sqrt{1-x^2}\frac{\mathrm{d}T}{\mathrm{d}x}=0,x=0,1 \tag{8.27}$$

如果 $D(x)$ 是连续的,并且极地不是它的奇点,则存在一个离散的特征函数族满足

$$\left[-\frac{\mathrm{d}}{\mathrm{d}x}D(x)(1-x^2)\frac{\mathrm{d}}{\mathrm{d}x}+B\right]f_n(x)=l_nf_n(x) \tag{8.28}$$

其中特征值 $L_n,n=0,1\cdots$ 为正实数,特征函数 $f_n(x)$ 是正交的并满足归一化条件

$$\int_0^1 f_m(x)f_n(x)\mathrm{d}x=\delta_{mn} \tag{8.29}$$

于是可将温度场展为 f_n 为基底的级数,

$$T(x)=\sum_{n=0}^{\infty}T_nf_n(x) \tag{8.30}$$

并设

$$h_n(x_s)=\int_0^1 S(x)\alpha_p(x,x_s)f_n(x)\mathrm{d}x$$

类似于前面的求解方法很容易求得

$$Q(x_s)=\frac{A+BT_s}{\sum_n\dfrac{h_n(x_s)P_n(x_s)}{l_n}} \tag{8.31}$$

8.3 一维系统的稳定性分析

图 8.8 很清楚地表明,在给定的太阳常数下存在着多解,下面就来分析这些分支解的稳定性。

8.3.1 线性稳定性分析

非定常非线性一维能量平衡模式可以写为

$$\frac{\partial}{\partial t}T(x,t)-\frac{\partial}{\partial x}D(x)(1-x^2)\frac{\partial}{\partial x}T(x,t)+A+BT(x,t)=QS(x)\alpha_p(x,x_s) \tag{8.32}$$

为了简单,在式(8.32)中已令 $C=1$,取冰线纬度和边界条件分别为

$$T(x_s)=T_s \tag{8.33}$$

$$D(x)\sqrt{1-x^2}\frac{\mathrm{d}T}{\mathrm{d}x}=0,x=0,1 \tag{8.34}$$

假定在非定常的情况下同样存在一个离散的特征函数族满足

$$\left[-\frac{\mathrm{d}}{\mathrm{d}x}D(x)(1-x^2)\frac{\mathrm{d}}{\mathrm{d}x}+B\right]f_n(x)=l_nf_n(x) \tag{8.35}$$

且有

$$h_n(x_s) = \int_0^1 S(x)\alpha_p(x,x_s)f_n(x)\mathrm{d}x \tag{8.36}$$

这里 l_n 是正实数，f_n 是正交的。设温度场的变化是在平衡温度上叠加一个小扰动，即

$$T(x,t) = T^{eq}(x) + \delta T(x,t) \tag{8.37}$$

相应的冰线纬度也是在平衡状态上叠加一个小扰动量，即

$$x_s(t) = x_0 + \delta x_s(t) \tag{8.38}$$

平衡态满足关系

$$l_n T^{eq} = Q h_n(x_0) \tag{8.39}$$

$$\sum_n T_n^{eq} f_n(x_s) = T_s \tag{8.40}$$

将式(8.37)和式(8.38)代入式(8.32)，并设扰动量为小量，则线性化的扰动方程写为

$$\frac{\mathrm{d}\delta T}{\mathrm{d}t} + l_n\delta T = Q h_n(x_0)\delta x_s \tag{8.41}$$

$$\delta x_s = -\left(\sum_k f_k\delta T_k\right)/\left(\sum_m f'_m T_m^{eq}\right) \tag{8.42}$$

为了求解方便，假定 $\alpha_p(x,x_s)$ 为一不连续阶梯函数，在 $x=x_s$ 处，$\Delta\alpha>0$，则有

$$h'_n(x_0) = \Delta\alpha S(x_0)f_n \tag{8.43}$$

下面求扰动方程的本征值问题。依正交模方法，可设扰动量的特解为

$$\delta T_n(t) = \delta T_n \mathrm{e}^{-\lambda t} \tag{8.44}$$

且有

$$\sum_m M_{nm}\delta T_m = \lambda\delta T_n \tag{8.45}$$

其中

$$M_{nm} = l_n\delta_{nm} + \gamma f_n f_m$$

$$\gamma = Q\Delta\alpha S(x_0)/\left(\sum_m T_m^{eq} f'_m\right)$$

系统的稳定性取决于本征值 λ 的符号。由于 M_{nm} 是实对称的，所有本征值都是有界实数。如果最小的本征值为负值，则系统是不稳定的，δT 随时间按指数增长。

为了确定本征值入的符号，将式(8.44)代入式(8.41)，即

$$(l_n - \lambda)\delta T_n = -\gamma f_n\sum_m f_m\delta T_m \tag{8.46}$$

这里略去了求和过程。等式两边同除以 $(l_n-\lambda)$，并乘以 f_n 再对 n 求和，得到离散本征值 λ 所满足的超越方程

$$1 = -\gamma\sum_n \frac{f_n^2}{(l_n-\lambda)} \tag{8.47}$$

再利用 γ 的定义，式(8.47)可重新写为

$$\sum_n\left(\frac{f_n^2}{(l_n-\lambda)} + \frac{T^{eq}f'_n}{Q\Delta\alpha S(x_0)}\right) = 0 \tag{8.48}$$

利用式(8.39)有

$$\sum_n\left(\frac{\Delta\alpha S(x_0)f_n^2}{l_n-\lambda} + \frac{h_n f'_n}{l_n}\right) = 0 \tag{8.50}$$

由于

$$\frac{\mathrm{d}T_s}{\mathrm{d}x_0} = \frac{\mathrm{d}}{\mathrm{d}x_0}\Big[Q\sum_n\frac{h_nf_n}{l_n}\Big] = 0 \tag{8.50}$$

式(8.50)右端可以化为

$$\sum_n\frac{h_nf_n'}{l_n} = -\frac{1}{Q}\frac{\mathrm{d}Q}{\mathrm{d}x_0}T_s - \sum_n\frac{h_n'f_n}{l_n} \tag{8.51}$$

最后将式(8.51)代入式(8.49)就得到了稳定度参数的恒等式

$$\frac{\mathrm{d}Q}{\mathrm{d}x_0} = \lambda\frac{Q}{T_s}\sum_n\frac{\Delta\alpha S(x_0)f_n^2}{l_n(l_n - \lambda)} \tag{8.52}$$

这里$\dfrac{\mathrm{d}Q}{\mathrm{d}x_0}$就是控制曲线的斜率,由方程(8.52)求得的一组根$\lambda_j,j=0,1,\cdots\cdots$就是稳定性问题的本征值。将方程(8.52)的两边都画在图 8.9 上,曲线的交点为本征值,正根表示稳定,负根为不稳定。如果斜率为负,则有一负根λ_0。如果控制曲线斜率为正,则根都为正。

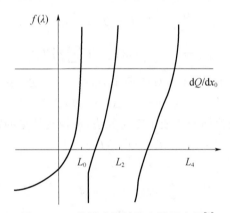

图 8.9 一维模式线性稳定性示意图[2]

8.3.2 有限振幅的稳定性分析

对于气候系统的线性不稳定,其振幅随时间按指数增长,这种增长是无限制的,显然与实际情况不符。所以,讨论气候系统的稳定性问题必须考虑非线性作用。事实上,线性理论也只在扰动发展的初期才能成立,一旦扰动发展到有限振幅时,非线性项就不能再忽略了。

类似于零维模式的处理,也可以得到一维模式的势函数[7]。不幸的是它是多维的。对于$T(x)$在x上的每个点,都存在一个势函数。如果把$T(x)$按级数展开,则对应于每个分量有一个势函数。因此我们所要构造的实际上是一个泛函而不是函数。

$$F[T] = \int_1^0\Big[\frac{1}{2}D(1-x^2)\Big(\frac{\mathrm{d}T}{\mathrm{d}x}\Big)^2 + R(T) - QS(x)C(x,T)\Big]\mathrm{d}x \tag{8.53}$$

其中

$$R(T) = \int_0^T(A + BT')\mathrm{d}T'$$

$$C(x,T) = \int_0^T\alpha_p(x,T')\mathrm{d}T'$$

这里将$\alpha_p(x,x_s)$取为x和T的函数,即

$$\alpha_p(x,T) = [\alpha_0 + \alpha_2P_2(x)][\theta(T - T_s) + 0.5\theta(T_s - T)] \tag{8.54}$$

θ 为单位阶梯函数,当 $z<0$ 时,$\theta=0$;$z>0$ 时,$\theta=1$。

如果取 $T=\sum\limits_{n}T_nf_n(x)$ 不难构造泛函 $F[T]$ 的谱形式。$F[T]$ 的谱形式可以是无穷个变量 $T_0,T_2,\cdots$ 的普遍函数。对所有的 n,$F(T_0,T_2,\cdots)$ 值都满足 $\dfrac{\partial F}{\partial T}=0$。利用泛函的定义不难得到

$$F(T_0,T_2,\cdots)=\sum_n\frac{1}{2}l_nT_n^2-M(T_0,T_2,\cdots) \tag{8.55}$$

其中

$$M(T_0,T_2,\cdots)=Q\int_0^1S(x)[\alpha_0+\alpha_2P_2(x)](T-T_s)[\theta(T-T_s)+0.5\theta(T_s-T)]\mathrm{d}x$$

利用 $\dfrac{\partial F}{\partial T}=0$ 的极值条件,上式可简化为

$$l_nT_n=Q\int_0^1S(x)f_n(x)[\alpha_0+\alpha_2P_2(x)][\theta(T-T_s)+0.5\theta(T_s-T)]\mathrm{d}x=h_n(x_s) \tag{8.56}$$

在某个稳定态 $(T_0^{(0)},T_2^{(0)})$ 的极值的领域内将 $T(x)$ 写为 $T(x)=T^{(0)}(x)+\varphi(x)$,并将 $\varphi(x)$ 也展为谱形式 $\varphi_1,\varphi_2,\cdots$ 同时将泛函 $F[T]$ 在极值附近展开,

$$F(T_0,T_2,\cdots)=F_0+\sum_n\left(\frac{\partial F}{\partial T_n}\right)_0\varphi_n+\frac{1}{2}\sum_{n,m}\left(\frac{\partial^2F}{\partial T_n\partial T_m}\right)_0\varphi_n\varphi_m+\cdots \tag{8.57}$$

下标 0 表示在极值上的取值。由于 $\left(\dfrac{\partial F}{\partial T}\right)_0=0$,$\varphi_n$ 的线性项为零,F 由 φ_n 的二次项确定。定义矩阵元素

$$N_{nm}=\left(\frac{\partial^2F}{\partial T_n\partial T_m}\right)_0 \tag{8.58}$$

上式是 $F(T_0,T_2,\cdots)$ 二次几何面的结构常数。如果 N_{nm} 的特征值为正,曲面是上凹的,如果有一个或多个特征值为负,则曲面在局部有一个鞍点。这些特征值也就是以前讨论过的稳定性特征值。

注意,如果温度场是时间的函数,类似于零维模式的处理,我们有

$$\frac{\mathrm{d}T_n}{\mathrm{d}t}=-\left(\frac{\partial F}{\partial T_n}\right) \tag{8.59}$$

即时间导数由多维空间的梯度决定。对一个偏离平衡态的无穷小的扰动,令

$$T_n(t)=T_n^{\mathrm{eq}}+\varphi_n\mathrm{e}^{-\lambda t} \tag{8.60}$$

并在 $\varphi_n=0$ 附近展开,有

$$-\lambda\varphi_n=-\sum_m\left(\frac{\partial^2F}{\partial T_n\partial T_m}\right)_0\varphi_m \tag{8.61}$$

即

$$-\lambda\varphi_n=-\sum_mN_{nm}\varphi_m \tag{8.62}$$

式(8.62)证明了 $F(T_0,T_2,\cdots)$ 的局部几何结构常数就是相应平衡态的稳定性特征值。

当点 $(T_0,T_2,\cdots)$ 满足非定常能量平衡方程时,$F(T_0,T_2,\cdots)$ 随时间的变化可以写为

$$\frac{\mathrm{d}F}{\mathrm{d}t}=\sum_n\frac{\partial F}{\partial T_n}\left(\frac{\mathrm{d}T}{\mathrm{d}T_n}\right) \tag{8.63}$$

$$\frac{dF}{dt} = -\sum_n \left(\frac{dT}{dT_n}\right)^2 \tag{8.64}$$

式(8.64)相当于把式(8.12)推广到了多维。与零维模式的情况类似,一定振幅的扰动将沿着 F 减少的相轨线运动直到到达另一个极值区。很显然,极大值和鞍点是不稳定的。对于给定的太阳常数,扰动最后要趋向于稳定解——平衡态,并依赖于初始条件。图 8.10 给出了 T_0, T_2 的相轨线。对任选的初值 T_0, T_2,对应于不同的相轨线,每条相轨线最终都趋向图中的一个适当的点(即所谓的吸引子)。最右的吸引子是无冰气候的解,中间的为现代气候的解,左边的则是冰封气候的解。

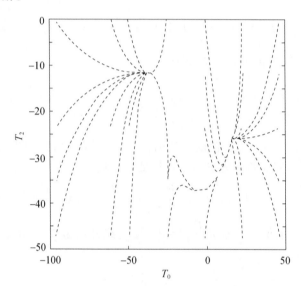

图 8.10 前两个温度模态 T_0, T_2 的相轨线[2]

8.4 小冰盖不稳定

所有的扩散能量平衡模式若在冰盖边缘有不连续的反照率,都会有不稳定的小冰盖。把图 8.8 尖点 $x_s = 1$ 附近放大制成图 8.11。可以看出,任何小于从极地到 70°N($x_s \geqslant 0.95$)的冰盖都是不稳定的。这种现象在一些更复杂的模式中也会发生。后面我们会谈到小冰盖不稳定可能具有古气候学的意义。但在 EBM 的早期研究中都不考虑小冰盖不稳定,而是把它看成是简单气候模式参数化的产物。一些研究也表明,如果冰缘的反照率充分平滑,小冰盖不稳定现象就会消失。但对实际地球来说,冰缘线是很不规则的,反照率不可能充分平滑。小冰盖不稳定确实是存在的。

那么为什么会出现小冰盖不稳定呢? Lindzen 和 Farral[8] 曾指出,简单的一维能量平衡模式有一个不变的特征长度 $l \sim \sqrt{D/B}$,其大小相当于地球大圆上的 20 个纬度。这说明在模式中小于 20° 的扰动是不稳定的。North[9] 对特征长度的物理意义作了进一步解释。由于模式的特征时间为 $t \sim C/B$,这是系统从一个小扰动衰减到平衡状态所需的时间。而特征长度可以按下面的方法确定,即地球上某一点的异常热源通过随机行走而产生横向扩散的距离与特征时间的平方根成正比,$l \sim \sqrt{Dt/C}$,将 $t \sim C/B$ 代入即可得到 $l \sim \sqrt{D/B}$。很明显,很远的变化($\gg$

1)对局地状态不会有太大的影响。

　　现在就很容易理解,为什么在图 8.11 中尖点附近有两个稳定解。假定对一个无冰气候解($x_s=1$ 的线性问题),若极地温度稍高于临界温度为-9℃,并假定在没有扰动时解维持定常。现在如果在极地引入一块小冰盖,加上它以后将会在一定范围内冷却周围的环境,很可能使温度低于临界值-10℃,而产生一个真正的冰盖。这个冰盖一直要扩展到 70°N 以南的平衡状态为止。

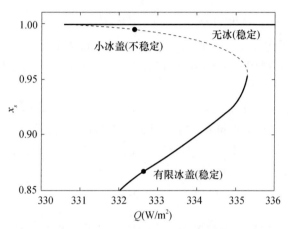

图 8.11　小冰盖不稳定示意图[2]

　　然而上述理论有一定的局限性。实际地球上小冰盖不稳定是可以存在的,但不会是以极地为中心的一个简单的圆圈,冰盖边缘在各个经度上是极不规则的,并且存在着季节性伸缩。下面利用一个非定常非线性季变模式进一步讨论这个问题。

8.5　气候突变

　　为了考虑太阳辐射季节变化的影响,将式(8.32)重新写为[10]

$$C(x)\frac{\partial}{\partial t}T(x,t)-\frac{\partial}{\partial x}D(x)(1-x^2)\frac{\partial}{\partial x}T(x,t)+A+BT(x,t)=QS(x,t)\alpha_p(x,T) \quad (8.65)$$

　　与式(8.32)不同的是这里不仅考虑了太阳辐射随纬度的分布,而且还考虑了它的季节变化。复合反照率取为

$$\alpha_p(x,T)=[\alpha_0+\alpha_2 P_2(x)]\Phi(T,x) \quad (8.66)$$

其中

$$\Phi(T,x)=\begin{cases}1.0 & T\geqslant 0℃ \\ 0.5 & T<0℃\end{cases}$$

$P_2(x)=\dfrac{1}{2}(3x^2-1)$ 为二阶 Legendre 多项式。

　　所给的热容量是纬度的函数,它可以展开为

$$C(x)=\sum_{l=0}^{L_c}C_l P_l(x) \quad (8.67)$$

L_c 为截断的阶数。与线性模式的处理相同,将 $S(x,T)$ 展为

$$S(x,t) = \sum_{l=0}^{L} \sum_{n=0}^{N} S_{ln} P_l(x) e^{2\pi nit} \tag{8.68}$$

l,n 分别为空间和时间截断的阶数。同样可 $T(x,t)$ 展为

$$T(x,t) = \sum_{l=0}^{L} \sum_{n=0}^{N} T_{ln} P_l(x) e^{2\pi nit} \tag{8.69}$$

利用同样的方法将 $\alpha_p(x,t)$ 展为

$$\alpha_p(x,t) = \sum_{l=0}^{L} \sum_{n=0}^{N} \alpha_{ln} P_l(x) e^{2\pi nit} \tag{8.70}$$

系数 α 是由未知函数 $T(x,t)$ 所决定的。从而使得方程为非线性的。将式(8.67)～(8.70)代入式(8.65),并利用 Legendre 函数的正交性,经过一系列推导可以得到$(L+1) \times (N+1)$个方程组,即

$$F_{ln}(T_{l'n'},\alpha_{l'n'},Q) = 0, l=0,1,2,\cdots,L, n=0,1,2,\cdots,N \tag{8.71}$$

Lin[10]等采用了 Newton-Raphson 方法求解方程组,迭代公式为

$$[T_{ln}]_{j+1} = [T_{ln}]_j - [G_{ln}(T_{l'n'},\alpha_{l'n'},Q)^{-1} F_{ln}(T_{l'n'},\alpha_{l'n'},Q)] \tag{8.72}$$

其中

$$G_{ln} = \frac{dF_{ln}}{dT}$$

这种迭代方法收敛很快,一般只要迭代三次就可以了。虽然这种方法比差分法快得多,但只能用于重复周期变化的稳定态的研究,对于外参数如太阳常数的改变所引起系统的变化则无法研究。为了解决这一问题,Lin[10]等提出了一种迭代算法,假定

$$T_{ln} = \overline{T}_{ln} + T'_{ln}(t) \tag{8.73}$$

$$Q = \overline{Q} + Q' \tag{8.74}$$

其中,$\overline{T}_{ln}$,$\overline{Q}$ 分别为温度和太阳常数的平均值。将公式(8.67)～(8.74)代入式 (8.65)可以得到扰动方程

$$\frac{\partial}{\partial t} T'_{ln}(t) = \sum_{l'n'} \mathbf{FF}(t)_{l'n'} T(t)_{l'n'}(t) \tag{8.75}$$

$\mathbf{FF}(t)_{l'n'}$ 是一时间周期矩阵,可以用式(8.71)求得。令 $\mathbf{FF}(t)_{ln}$ 在 $-\infty < t < \infty$ 上连续且有最小周期 τ,则式(8.75)是 T'_{ln} 的一个线性系统。方程的解反映了基本态的稳定性质。根据微分方程的稳定性理论,存在如下形式的解

$$\varphi(t) = U(t) e^{Ht} \tag{8.76}$$

其中,$U(t)$为一周期为 τ 的矩阵函数,H 是常数矩阵。于是就可以求出线性扰动系统式(8.75)的特征值。这些特征值就是非线性系统的不稳定模态的增长率。我们最感兴趣的是当太阳常数增加时,特征值的实部由负变正的情况。这样可以很精确地确定系统的分叉点。

图 8.12 给出了两个很接近的太阳常数下雪线季节循环的示意图,图中的 Q_0 是目前太阳常数的观测值。当 Q/Q_0 由 1.0797 变到 1.0798 时,夏季极区的温度由 0℃ 突变到 18℃,显然 $Q/Q_0 = 1.0798$ 是一分叉点。图 8.13 是夏至后一个月极区温度和太阳常数的相图。图 8.13 很清楚地反映了极区温度是如何随 Q/Q_0 的变化而改变的。当 Q/Q_0 由 1.0797 增加到 1.0798 时,温度由 A' 变到 B,如果 Q/Q_0 继续增加,则温度由 B 突变到 B',如果 Q/Q_0 继续增加,温度将沿 B' 右边的曲线增加。如果 Q/Q_0 减少,温度将沿 $B'C'$ 变化,C' 于 $Q/Q_0 = 1.07973$ 处,如果

Q/Q_0 再减小,温度将由 C' 点突变到 C。

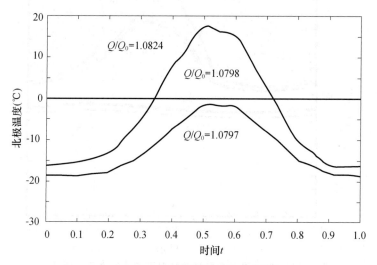

图 8.12　雪线季节循环的示意图[10]

（横坐标为时间,单位为年,$t=0$ 代表冬至）

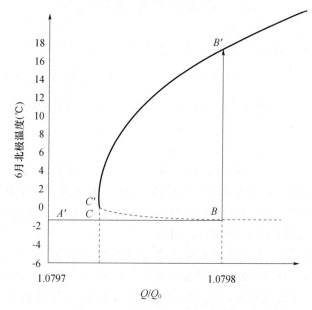

图 8.13　夏至后一个月极区温度和太阳常数的相图[10]

图 8.14 给出了更为有趣的现象。图中的阴影区($50°—70°$N)为一陆地带。在这种情况下有两个分叉点。当 $Q/Q_0<0.9255$ 时,全年陆地都被冰雪所覆盖。当 Q/Q_0 由 0.9255 变到 0.9256 时,陆地上的冰盖变为不稳定,夏季冰雪消失。当 Q/Q_0 增加到 0.9316 时,夏季极区的海冰也消失了。两次突变太阳常数值的变化均在 0.0001 之内（$<1\%$）。

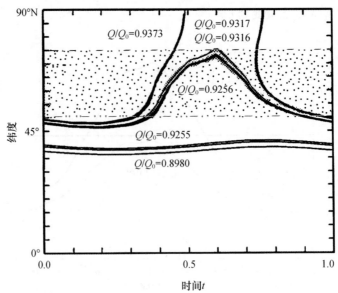

图 8.14 50°—70°N 为陆地的情况下雪线的季节循环[10]

（横坐标为时间,单位为年,$t=0.0$ 代表冬至）

8.6 非线性二维季变模式

类似于线性模式的处理,将非线性一维季变模式推广到二维,能量平衡方程为[11]

$$C(\boldsymbol{r})\frac{\partial(\boldsymbol{r},t)}{\partial t}+A+BT-\nabla\cdot[D(x)\nabla T]=QS(x,t)\alpha(\boldsymbol{r},t) \tag{8.77}$$

唯一与二维线性模式不同的是 α_p 不仅是 $\boldsymbol{r}$ 的函数,还是 t 的函数。在模式中 $\alpha_p(\boldsymbol{r},t)$ 取为

$$\alpha_p(\boldsymbol{r},t)=\begin{cases}\alpha_0+\alpha_2 P_2(x) & T(\boldsymbol{r},t)>T_s\\ \alpha_I & T(\boldsymbol{r},t)\leqslant T_s\end{cases} \tag{8.78}$$

其中,$\alpha_0=0.7$,$\alpha_2=-0.09$,T_s 为临界温度,如果 T 大于临界温度 T_s,α_p 取为随纬度变化的形式,如果小于 T_s 则取为雪或冰的反照率的平均值,因此 T_s 是模式的一个重要参数。

由于海水的冰点比淡水低,我们可以取海水的冰点是-2℃,另外,雪和海冰得以维持的日平均温度应该比它的临界温度低 2℃左右,因此取 $T_{s雪}=-2$℃,$T_{s冰}=-4$℃。North 等[11]曾在 $0\sim-5$℃ 的地区对这两个临界值作了检验,发现这两个等温线与实际的雪线和冰线拟合得较好。在模式计算中,一旦一个地区的温度超过 $T_{s雪}$ 值,就立即将这一地区的复合反照率取为无雪的值,反之亦然。模式在空间上还是采用球谐函数展开,与线性模式完全相同,在时间上采用前面讨论的迭代方法。

图 8.15a 和 8.15b 分别给出了非线性和线性模式温度场年波振幅的模拟结果。非线性模式的模拟结果要比线性模式略好一些。这主要是因为在非线性模式中雪线的位置是随着太阳辐射的季节变化而变的,冬季的温度变低了。非线性模式模拟出的年平均全球平均温度为15.3℃,这个值和实际的 14.7℃ 已经相当接近。

图 8.16a,b 和图 8.17a,b 是非线性模式模拟的南北半球冬夏雪线与实际观测资料的比较。图中的粗实线是观测值,外围虚线是-21℃线(雪线),内圈虚线是-4℃线(冰线)。

由图 8.16a 和图 8.17a 可以看出,冬季南北半球的模拟还是比较好的。但是北半球挪威海地区比实际的值要偏南得多,这主要是因为模式中并没有考虑挪威海湾流的作用。

夏季北半球的模拟与实际值相差较大(见图 8.16b)。这可能是由于夏季太阳辐射的作用使极区的温度达到或超过冰雪的临界温度,而模式中对这些地区立即作无冰或无雪地区处理,从而使得模拟的雪线与实际有较大的差异。另外,由于南极海冰下面海洋热量的垂直输送使南极海冰夏季消融的面积较大[11,12],但模式中没有包含这个物理机制,因此,南半球夏季模拟的也比实际的多,许多 GCM 南极夏季的模拟也不是很好。

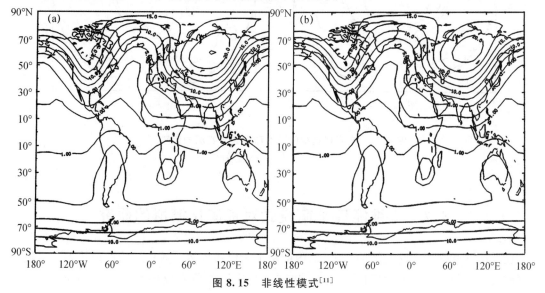

图 8.15　非线性模式[11]

(a)模拟的和线性模式;(b)模拟的温度场年波的振幅

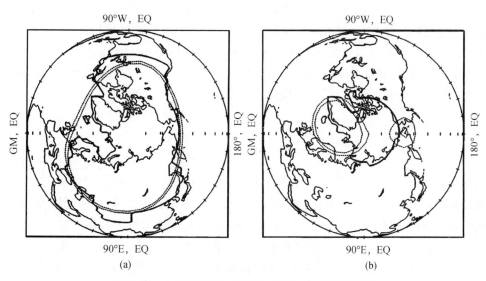

图 8.16　北半球模拟的冰线和雪线与实况的比较[11]

(a)为冬季即 1 月;(b)为夏季即 7 月

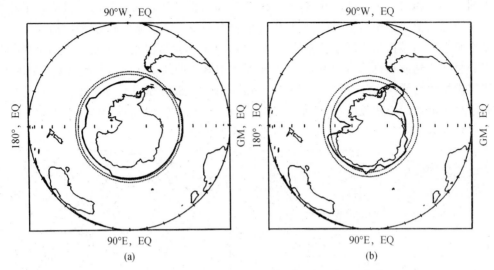

图 8.17　南半球模拟的冰线和雪线与实况的比较[11]

(a)为冬季即 7 月;(b)为夏季即 1 月

8.7　二维能量平衡模式对荒漠化模拟的研究

在全球气候模式广泛发展的今天,二维能量平衡模式依然以其良好的模拟效果,在很多研究领域被广泛使用。下面我们以 Li 等[13]和巢纪平等[14]的研究成果为例,对二维能量平衡模式在荒漠化问题模拟方面的研究进行简要说明。

由地表反照率分布可知,虽然在不同地区反照率的分布差异较大,但是一般而言,北半球从极地开始,反照率先减小后增大而后又减小,分别对应着极冰、高纬度植被、中纬度荒漠及低纬度植被。这一点在亚洲和北美洲大陆西侧体现得最为明显。南半球陆面地面较小,整个南极大陆为冰雪所覆盖,往北依次是海洋(反照率可取为 0.07)、较小的荒漠分布及热带植被。根据观测的反照率分布,将二维模型所用到的地表反照率分布给定为

$$\Gamma(x,x_s)=\begin{cases} \alpha_1(x) & 1>x>x_s \\ \alpha_2(x) & x_s>x>x_d \\ \alpha_3(x) & x_d>x>x_v \\ \alpha_4(x) & x_v>x>0 \end{cases} \tag{8.79}$$

即根据陆表覆盖将反照率分为 4 段,α_i,$i=1,2,3,4$ 分别表示极冰、高纬度植被、中纬度荒漠及低纬度植被的反照率,而 x_s、x_d、x_v 分别表示极冰、荒漠和植被分界纬度的正弦值。若令 $\alpha_1=0.75$,$\alpha_2=\alpha_4=0.1$,$\alpha_3=0.25$,并假定在当前气候状态下,$x_s\approx0.95$,$x_d\approx0.766$,$x_v\approx0.5$,可算得地表平均的反照率在 0.15 左右,与实际较为接近。冰界纬度所在温度取为 $T_s=-10℃$,根据与观测温度比较,给定 $T_d=5℃$,$T_v=19℃$ 分别作为高纬度植被与中纬度荒模及中纬度荒漠和低纬度植被的分界温度。用荒漠带的地表反照率 α_3 表征荒漠化的演化和发展(图 8.18)。随着荒漠带地表反照率 α_3 的增大,x_s(图 8.18a 实线)和 x_d(图 8.18a 虚线)均会向北退却,而 x_v(图 8.18a 点划线)则呈现出先向北退却,而后又向南推进的情形,不过变化幅度并不大。交

界纬度的分布会影响到极冰、植被及荒漠的相对大小,从而改变地球的行星反照率(图 8.18b)。行星反照率 Γ_p 随荒漠带地表反照率 α_3 的增大先减小后增大。在 α_3 较小时,其反照率增大引起的行星反照率增大要小于由于冰界位置北移造成的行星反照率减小。因此,此时行星反照率会呈现逐步减小的趋势,当 α_3 增大到 0.26 左右时,此时行星反照率达到了极小值;当 α_3 继续增大时,极冰反照率的作用对行星反照率的贡献已经相对较小,此时荒漠反照率的增大及其面积增大会导致行星反照率从极小值开始增大。行星反照率的变化最终又会影响到温度的变化(图 8.18c),全球积分的地表温度表现出先增大后减小的趋势。

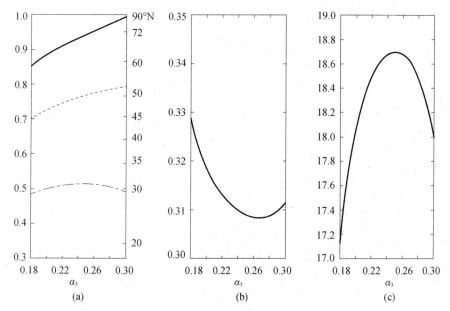

图 8.18　(a) x_i (实线)、x_d (虚线)、x_v (点划线) 随 α_3 的变化(纵坐标为纬度及纬度的正弦值);
(b)全球积分的行星反照率随 α_3 的变化;(c)全球积分平均的地表温度随 α_3 的变化[13]

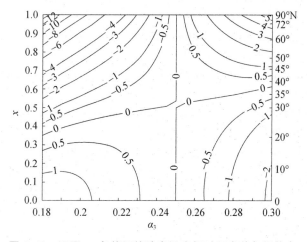

图 8.19　不同 α_3 条件下的地表温度相对于当前气候状态
($\alpha_3 = 0.25$)的偏差[13](纵坐标为纬度和纬度的正弦值)

图 8.19 给出了不同 α_3 时地表温度相对于当前气候状态（$\alpha_3=0.25$）的偏差。可见在 α_3 较小时，由于极冰范围较大，负的温度距平可达中低纬度，只有热带地区存在一定的升温。随着 α_3 的增大，冰界范围迅速减小，高纬度温度由负距平转为正距平，而低纬度地区则相反，为正的温度距平。高纬度的温度距平要大于中低纬度，这表明极冰-反照率反馈机制对温度的调节作用在高纬度更为明显。

x_d 会随着 α_3 的增大一直向北退却，这表明荒漠化的演变有利于荒漠带向北发展侵入高纬度植被带，但同时 x_s 的位置也会北移，这表明冰界会退缩而高纬度植被则会向北推进，由此可知，荒漠化主要会使高纬度植被带整体向北推移，但是对于中纬度而言，植被带和荒漠带的北移会恶化当地的生存环境，危害当地人的生产生活。对于中低纬度而言 x_v 向北移动表示低纬度植被会向北迁移，这对改善当地的环境是有利的；当荒漠化发展加剧时，低纬度植被带会向南迁移，这又不利于改善当地环境。不过相比 x_d，x_v 的变化范围并不大，其大约在 30°N 附近几个纬度内变化。将 x_d，x_v 分别看作是荒漠带的北边界和南边界，荒漠会随着其反照率的增大而向北、向南扩张，恶化荒漠和植被交界带的生态环境，而当地的生态环境本来就是较为脆弱的，如此将更有利于荒漠化的发展。由于下垫面物理和生态状态的分布影响了反照率的分布。因此，反照率地理位置变化影响气候的敏感性研究是值得加强的，因为这将告诉人们，有序人类活动（如灌溉、造林等）能在多大程度上改变区域性气候，使其向有利于人类社会生产、生存环境的方向可持续性发展。

参考文献

[1] North G R. Phenomen Logical Models of Climate[M]. Texas A&M University, 1991.

[2] North G R. Multiple solution in energy balance climate models[J]. Palaeogeogr, Palaeoclimatol, Palaeoecal,1990,82:225-235.

[3] Cahalan R F and North G R. A stability theorem for energy-balance climate models[J]. J Atmos Sci,1979,6:1205-1216.

[4] Fraedrich K. Structural and stochastic analysis of a zerodimensional climate system[J]. Quart J R Met Soc,1978,104:461-474.

[5] Fraedrich K. Catastrophes and resilience of zero-dimensional climate system with ice-albedo and greenhouse feedback[J]. Quart J R Met Soc,1979,105:147-167.

[6] Budyko M I. The effect of solar radiation variations on the climate of the earth[J], Tellus, 1969, 21: 611-619.

[7] North G R, Howard L, Pollard D and Wielicki B. Variational formulation of Budyko-Sellers climate models[J]. J A S,1979,36:355-259.

[8] Lindzen R S and Farrell B. Some realistic modifications of simple climate models[J]. J A S,1977,43:1487-1501.

[9] North G R. The small ice cap instability in diffusive climate models[J]. J A S,1984,41:3390-3395.

[10] Lin R Q and North G R. A study of abrupt climate change in a simple climate model[J]. Clim Dyn,1990,4:253-262.

[11] Hyde W T,Kim K Y,Crowley T J and North G R. On the relation between polar continentality and climate:Studies with, nolinear seasonal energy balance model[J]. J G R,1990,95:No. Dll-18653-18668.

[12] North G R and Crowley T J. Application of a seasonal climate model to cenozoic glaciation[J]. J Geol Soc

(London),1985,142:475-482.

[13] Li Yaokun, Chao Jiping. Two dimensional energy balance model and its application to some climatic issues [J]. Acta Meteorologica Sinica，2014,72(5):880-891.

[14] 巢纪平,李耀锟.热力学和动力学耦合的二维能量平衡模式中荒漠化气候的演变[J]. 中国科学:地球科学,2010,40(8):1060-1067.

第9章 气候系统的内部振荡

正如第2章所描述的,气候系统是一个巨大复杂的开放系统,在这个系统中存在着各种不同时空尺度的内部振荡,例如小到几秒到几分钟的大气湍流振荡,6～7天的大气长波振荡,30～60天振荡,大气涛动,准两年振荡等,下面重点介绍影响气候系统的年际和年代际变率的振荡。

9.1 30～60天低频振荡

大气中的季节内振荡(Intraseasonal Oscillation,ISO),也称大气中的30～60天振荡。由于它直接同长期天气变化和短期气候异常有着密切关系,又同 El Niño 的发生有一定的关系,近年来受到气象学家的重视,大气低频(主要是30～60天振荡)动力学被视为气候动力学的重要部分[1]。

大气中的季节内振荡最先是在热带发现的。根据1957—1967年在坎顿岛(美)的10年观测资料,Madden 和 Julian[2]通过谱分析首先发现太平洋地区热带大气在风场和气压场的变化中存在40～60天的周期性振荡现象。其后,他们又证明这种周期性振荡在全球热带大气中普遍存在。因此,人们把热带大气季节内振荡称为 Madden 和 Julian 波(振荡),或者 MJO。

大气季节内振荡已被证明是地球大气运动的普遍特征,在全球大气中都存在,但就其振荡动能而论,以热带地区和高纬度地区的大气季节内振荡更显得重要。在热带地区,大气季节内振荡的活动也并非到处一样,有其明显的地域特征。李崇银[1]等利用 ECMWF 的资料(1980—1988年)计算了全球热带地区30～60天大气振荡的动能,其经度分布表明,除了南亚及赤道西太平洋地区之外,赤道东太平洋地区也有很大的30～60天振荡动能,尤其是在对流层上部。图9.1给出了1981年1月以及1983年1月和7月平均的500 hPa 高度上热带大气30～60天振荡的动能分布。可以看出在热带大气中30～60天振荡的动能主要有以下四个大值区:赤道东太平洋地区(160°—100°W)动能最大,其次是南亚热带地区(50°—110°E)和赤道西太平洋地区(140°—160°E),在赤道东大西洋地区(20°W附近)也有较强动能值。后面我们将通过理论分析指出,积云对流的反馈(CISK)是激发产生热带大气30～60天振荡的重要机制。大家知道,南亚季风区和热带西太平洋地区经常有较强的大范围积云对流的活动,这可能是这两个地区有较强的30～60天振荡的原因。对于热带东太平洋地区有较强的30～60天大气振荡,除了西太平洋地区的30～60天振荡沿赤道东传的影响外,还可能同赤道东太平洋地区常出现较强的海面温度的变化有关。因为 SST 异常作为一种外强迫,容易在大气中激发出低频响应。另外,热带东太平洋地区的较强30～60天大气振荡在对流层上层表现得尤为突出,太平洋上空洋中槽的活动在一定程度上反映了北半球中高纬度环流演变的影响,对热带东太平洋30～60天大气振荡也可能有重要作用。

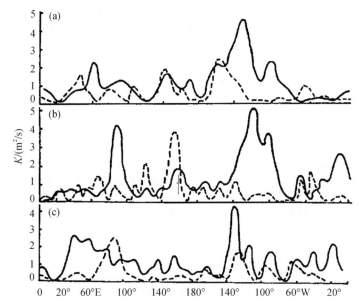

图 9.1　1981 年 1 月(a)以及 1983 年 1 月(b)和 7 月(c)

平均的 500 hPa 高度上热带大气 30～60 天振荡的扰动动能的经度分布[1]

(实线和虚线分别表示在赤道和 15°N 的情况)

　　资料分析表明,热带大气季节内振荡主要表现为向东传播,但也有向西传播的情况,特别是在赤道以外的热带大气中,30～60 天振荡的西移是非常明显的。另外,热带大气同中高纬度大气的 30～60 天振荡一起构成了全球低频波列,这表明热带大气 30～60 天振荡具有能量频散性。那么是什么机制激发了 30～60 天振荡呢？下面就对这种机制展开讨论。

　　根据热带大气 30～60 天振荡具有行星尺度特征,而热带大气的行星尺度运动有准地转的性质[3],可以把水平运动方程和连续方程简单地写成

$$\frac{\partial u}{\partial t}-fv+\frac{\partial \varphi}{\partial x}=0 \tag{9.1}$$

$$fu+\frac{\partial \varphi}{\partial y}=0 \tag{9.2}$$

$$\frac{\partial u}{\partial x}+\frac{\partial v}{\partial y}+\frac{\partial \omega}{\partial z}=0 \tag{9.3}$$

考虑到积云对流反馈(CISK 机制)对热带大气 30～60 天振荡的作用,热力学方程写成

$$\frac{\partial}{\partial t}\frac{\partial \varphi}{\partial z}+N^2\omega=N^2\eta(z)\omega_B \tag{9.4}$$

由方程(9.1)～(9.4)经过一些不难的演算,可求得谐波扰动的频率 σ_r 和增长率 σ_i 分别为

$$\sigma_r=-\frac{\beta a_1 a_2 k}{a_2^2+4a_1^2 m^2/f_0^2} \tag{9.5}$$

$$\sigma_i=-\frac{2\beta a_1 m}{f_0 a_2}\sigma_r \tag{9.6}$$

其中

$$a_1=N^2\ (\Delta z)^2(1-b\eta_2)$$

$$a_2 = 2f_0 + N^2 (\Delta z)^2 m^2 (1 - b\eta_2)$$

这里 Δz 是两层模式的垂直分层厚度，$\Delta z = 7$ km；m 和 k 分别是经向和纬向波数。

扰动的相速度和群速度可由式（9.5）求得，它们分别为

$$C_x = \frac{\sigma_r}{k} = -\frac{\beta a_1 a_2}{a_2^2 + 4a_1^2 m^2 / f_0^2} \tag{9.7}$$

$$C_y = \frac{\sigma_r}{m} = -\frac{\beta a_1 a_2 k}{a_2^2 m + 4a_1^2 m^3 / f_0^2} \tag{9.8}$$

$$C_{gx} = \frac{\partial \sigma_r}{\partial m} = -\frac{2km f_0^2 \beta^2 a_1 [a_2^2 f_0^2 + (2\beta a_1 m)^2 - 2a_2(a_2 f_0^2 + 2a_1 \beta^2)]}{\beta [a_2^2 f_0^2 + (2\beta m a_1)^2]^2} \tag{9.9}$$

显然，这里得到了一种既有 β 效应又有 CISK 机制的热带大气波动，为便于讨论，将其称为 CISK-Rossby 波。下面分析这种 CISK-Rossby 波的基本性质。

首先，由式（9.5）和式（9.6）可得到

$$\sigma_i = \frac{2km\beta^2 a_1^2}{f_0(a_2^2 + 4a_1^2 m^2 / f_0^2)} \tag{9.10}$$

可见扰动的稳定性将取决于扰动的水平结构。有关热带大气 $30\sim60$ 天振荡的资料分析表明，其扰动在水平面上的结构主要表现为导式波特征，即常有 $km > 0$。因此，这种 CISK-Rossby 波经常会处于不稳定状态。

其次，由式（9.7）可以看到，CISK-Rossby 波同经典的西移的热带大气 Rossby 波不同，当对流凝结加热较弱时（$1 - b\eta_2 > 0$），它仍向西移动（$C_x < 0$），但当对流凝结加热较强时（$1 - b\eta_2 < 0$），CISK-Rossby 波可以向东传播（$C_x > 0$）。

第三，CISK 波在 y 方向有明显的频散性，而在 x 方向无频散性。这与实际分析的在热带地区低频波列几乎与赤道呈垂直，其能量主要在经向上频散的结果非常一致。

依据热带大气参数，可以求出热带大气中 CISK-Rossby 波纬向移动速度的性质。图 9.2 给出的是不同对流加热强度（η_2）情况下波动的纬向移速与扰动经向尺度的关系。可以清楚地看到，在没有对流凝结加热或者其强度较弱时，无论在哪个纬度，扰动都是西移的，同经典的热带 Rossby 波相似。但是，当对流凝结加热比较强时，经向尺度范围很大的扰动可以向东传播；适中强度的对流凝结加热（例如 $\eta_2 = 1.5\sim2.0$），对应经向尺度范围相当广阔的 CISK-Rossby 波都可以向东传播。图 9.3 是 CISK-Rossby 波纬向移速随加热强度和纬度的变化情况。可见，在热带大气中对流凝结加热的可能强度范围（$\eta_2 = 1.5\sim4.5$）内，CISK-Rossby 波既可以东传又可以西移；而且在相当大的参数范围内，可以得到其东移速度为 10 m/s 左右，接近实际大气中热带 $30\sim60$ 天振荡的东移速度。

上面的讨论表明，在积云对流加热的反馈作用下，热带大气中可以产生一种 CISK-Rossby 波，这种波既可以西移也可以向东传播，并且在相当大的参数范围内，其东移速度接近热带大气 $30\sim60$ 天振荡东移的平均速度；同时，CISK-Rossby 波是一种频散波，其能量频散规律与热带大气低频波列反映的特征相当一致；另外，这种 CISK-Rossby 波又常处于稳定发展状态。因此，可以认为，CISK-Rossby 波是热带大气中 $30\sim60$ 天振荡的重要激发和驱动机制。

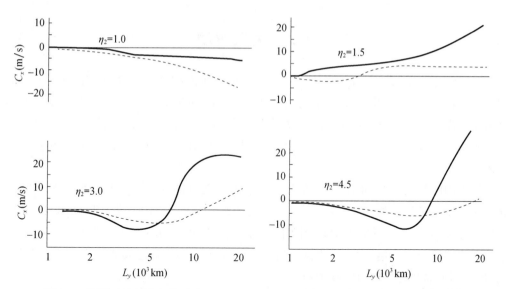

图 9.2　不同对流凝结加热强度下,CISK-Rossby 波纬向移速与其经向尺度的关系[4]

（虚线和实线分别为 10°N 和 20°N 的情况）

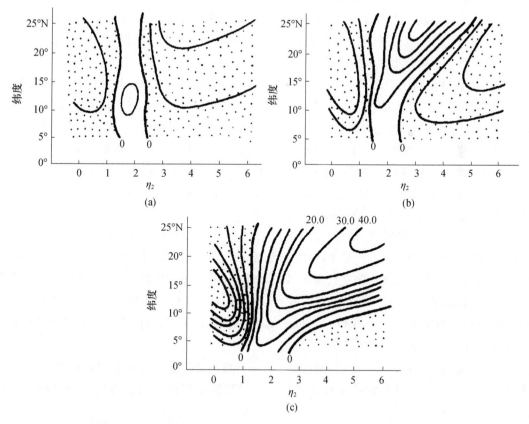

图 9.3　CISK-Rossby 波的东西向移速(m/s)随加热强度和纬度的变化[4]

（a)经向尺度为 4000 km;(b)经向尺度为 8000 km;(c)经向尺度为 20000 km

（图中除已标出的数值外,其余等值线间隔为 4 m/s,阴影区表示负的 C_x(西移)）

9.2　大气涛动

大气涛动是气候系统内部振荡的一部分,是大气环流在海平面气压(SLP)图上的表现。20世纪30年代沃克(Walker)总结了前人的研究,提出"世界天气"(World Weather)的概念,给出北大西洋涛动(NAO),北太平洋涛动(NPO)及南方涛动(SO)的定义。每个涛动均由两个大气活动中心,即一个高压与一个低压组成。两个大气活动中心的气压此起彼伏,呈跷跷板式变化[5]。

大气涛动的研究在20世纪后期及21世纪初有了蓬勃的发展[6]。先是把涛动变化与区域气候变化联系。最著名的是Bjerknes[7]把SO与El Niño联系起来,成为近40年大气科学与海洋科学交叉的结合点ENSO。另一个例子就是大气遥相关(PNA)[8]。然后,把大气涛动研究推向对流层乃至平流层,并且提出南极涛动(AAO)[9]。四大涛动覆盖了全球大部分海洋面积,但是对邻近陆地的气候有重要的影响。

大气涛动研究的一个新的发展就是用各种代用资料重建过去几百年到千年的大气涛动序列。这方面的研究有以下几个重要意义:(1)由于大气涛动是控制一个地区,例如北大西洋气候的主要环流机制,因此,大气涛动的变化,反映了一个地区的气候变化的宏观特征;(2)由于大气涛动是造成气候异常的直接原因,如NAO强时北欧气候暖湿,因此,研究大气涛动变化有助于认识局地或区域气候变化;(3)研究千年大气涛动变化有助于认识自然气候变率的形成机制与原因[5]。下面列出四大涛动的研究。

SO　是最早受到注意的,Bjerknes[7]把SO与El Niño联系起来。ENSO的名称也在20世纪80年代逐渐被广泛采用[10,11]。目前公认用两次标准化Tahiti(塔希提)减Darwin(达尔文)气压差作为SOI[12],并已经根据观测记录把SOI序列向前延伸到19世纪60年代[13]。

NAO　现在多用葡萄牙的Lisbon(里斯本)与冰岛Stykkisholmur(斯蒂基绍尔末)的气压差表征NAO,并用代替站把NAO序列向前延伸到1821年。NAO的一个延伸是根据20°N以北的北半球SLP EOF提出的北半球环状模(Northern Annular Mode,NAM)的概念[14,15]。有时也称为北极涛动(Arctic Oscillation,AO)[16,17]。

NPO　现在一般用阿拉斯加湾阿留申低压(30°—65°N,160°E—140°W)的SLP作为NPO指数NPI[18]。NPO在20世纪后期有两个发展,即太平洋北美型(Pacific-North American Pattern,PNA)与太平洋年代振荡(Pacific Decadal Oscillation,PDO)。PNA指由北大西洋南部经阿留申群岛到北美西北部沿大圆传播的遥相关型[8]。PDO也可以用20°N以北北太平洋SST的EOF1,来定义[19,20]。PDO也可以扩展到整个太平洋,称为年代际太平洋涛动(Inter-decadal Pacific Oscillation,IPO)[21,22]。

AAO　南极涛动(Antarctic Oscillation,AAO)最早是由龚道溢和王绍武提出的[9],一般指45°S及65°S之间SLP的跷跷板式变化。由于其模态对南极的对称性也称为南半球环状模[14,23]。

MDO　协同振荡,有时也称调制振荡,是一两组不同频率或不同振幅的波动通过频率式振荡调制产生的一种新的波动。大气涛动的协同振荡是造成气候系统年代际振荡的主要原因,我们将在第11章中详细讨论。

9.2.1　北大西洋涛动(NAO)

北大西洋涛动主要反映冰岛低压与亚速尔高压气压变化此起彼伏的现象。当低压中心强时,高压中心也强,这种情况称为强涛动。当低压中心弱时,高压中心也弱,称为弱涛动。涛动强时低压中心与高压中心之间气压梯度大,这相当于西风强,而涛动弱时气压梯度小,西风弱。涛动强时强劲的暖湿气流从大西洋吹向欧洲,西欧及北欧气温高,降水量大。但这时由于冰岛低压强,在低压西北部有强的冷空气侵入北美洲的东北部,所以那里气温低,降水量少。同时,由于亚速尔高压强,因此,在高压西南部的暖湿气流来到北美东部,在那里造成暖湿气候。但在亚速尔高压东部多冷空气进入南欧及地中海,所以气候干冷。涛动弱时气候情况相反。

这样沃克认为,他找到了控制大范围气候的环流因子。确实三大涛动对地球上广大地区的气候有巨大影响。这种观点使人们脱离开只看局地气候的狭窄观点,也提出了大气环流变化的基本空间特征,有重要的意义。但是,沃克对涛动的定义则过分复杂。他并没有局限于只用两个活动中心的气压,同时还加上了一些站的气温。在定义其他涛动时,还应用了降水量及河水径流量。也许当时由于资料不足或者是要寻找一个控制大范围气候变化的机制(或因子),所以才用统计的方法选择定义涛动的因子。由于当时还没有逐步回归技术。因此,沃克是靠偏相关来选择这些因子的[5]。

在 20 世纪 20—30 年代沃克定义了北大西洋涛动之后,涛动的研究受到了冷落。这可能有两个方面的原因:一方面从科学上讲,天气学理论尚未建立,因此,很难对涛动的动力学意义有进一步的了解;另一方面,可能是社会原因,20 世纪 40 年代的世界大战及战后的恢复阶段影响了气候研究。但是从 20 世纪 60 年代开始大气涛动的研究有了明显的进步。(1)用统计分析方法(EOF)证明涛动确实是月平均海平面气压变化的最主要空间特征。通常北半球月平均海平面气压图的 EOF1 即与 NAO 类似。(2)用 500 hPa 月平均图证明在大西洋上,对流层中层高度场的 EOF 与海平面气压图的 EOF 相似。不过与冰岛低压联系的负高度变化扩展到整个北极。所以,近来有人提出北极涛动。很可能就是 NAO 在对流层中层的反映。(3)用大气模式,不加海洋强迫,也可以模拟出 NAO,并且也能产生一定的年际振荡,这说明 NAO 是大气本身固有的特征,是海陆分布影响下形成的大气环流基本状态。

观测资料及代用资料分析表明,NAO 有 24 年、8 年及 2.1 年周期,以及 70 年周期。特别最后一种周期,很可能与气候变暖有密切关系。因为,大家知道北半球在 20 世纪 20—40 年代气温偏高。但 20 世纪 60—70 年代气温下降。20 世纪 80 年代之后气温又猛升。而 NAO 指数变化的规律大体与北半球气温一致。计算表明 NAO 可以解释 34% 的气温变化方差。当然,这并不能说明是 NAO 变化引起了变暖,或反之变暖造成了 NAO 变化。但是,说明 NAO 变化可能是气候变暖的一种机制。

NAO 的形成机制可能是海气相互作用的结果。但是究竟海洋与大气又是如何相互作用的,这取决于大气与海洋的性质。一般认为大气的记忆力不超过 1 个月,而海洋的持续性在半年以上,个别地区个别时期海温异常能持续 1~2 年。大气的变化以天气尺度为主,所以经常称为快变。海洋变化则称为慢变。劳伦兹(Lorenz)首先提出大气的快变可能影响海洋的慢变,这就是劳伦兹机制。后来海塞尔曼[24]提出,海洋的慢变可以受大气的快变影响,但是,这个慢变又反过来影响大气的快变,形成正反馈,使过程加强。这就是海塞尔曼机制。目前,大多数人都同意 NAO 的十几年振荡,就是海塞尔曼机制在起作用[5]。

9.2.2 北太平洋涛动与南方涛动(NPO 与 SO)

北太平洋涛动(NPO)是沃克定义的另一个大气涛动。其主要特征是北太平洋北部阿留申群岛附近的低压中心(称为阿留申低压)与北太平洋南部夏威夷附近的高压中心(称为夏威夷高压)之间的翘翘板式的气压变化。与北大西洋上类似,低压中心气压与高压中心气压变化相反。这样就形成了强涛动与弱涛动两种基本状态。罗斯贝(Rossby)在 20 世纪 30 年代提出了大气长波理论,把对流层中层行星波的波长与西风强度联系起来。所以,确认西风强度是大气环流的基本特征。由于海洋上,大气环流为准正压特点,即高层的环流与低层环流地理分布基本一致。所以,强涛动与弱涛动,即对应对流层中层的高指数(强西风)与低指数(弱西风)。

与 NAO 类似,沃克对 NPO 的定义也是比较复杂的,一方面包括夏威夷气压,及加拿大西部的气压,但也包括加拿大西部的气温。涛动强时,加拿大中、西部气温偏高。这也类似于 NAO 强时,北欧气温的升高。但这时阿留申地区气温下降。沃克曾指出,NPO 的变化与 NAO 有所不同。NAO 强时冰岛低压深,亚速尔高压强,且两者位置均向北移。但 NPO 强时,阿留申低压偏东,夏威夷高压偏西。不过后来,人们发现与 NPO 相联系的两个气压变化相反的地区,气压变化的强度不像 NAO 那样对称,而是集中在北太平洋北部阿留申地区。所以有人提出一个北太平洋指数 NPI 来代替 NPO,NPI 即 30°—65°N,160°E—140°W 海平面气压的加权平均值。NPI 表现出很明显的年代变化。1978—1987 年为明显的低值,虽然有很强的 2~3 年振荡。但 1977 年之前大约有 30 年左右(直到 1946 年),高压占很大优势,而且 2~3 年振荡大为减弱。

华莱士等于 1981 年提出太平洋北美遥相关型。这是根据月平均 500 hPa 高度场,得到的一种波列特征。包括北太平洋副热带地区为高中心,阿留申地区为低中心,北美洲西北部为高中心,美国东南部为低中心。这样高—低—高—低,形成一个波列。由于这符合波沿大圆传播的理论,而且发现与 ENSO 有密切关系,同时对北美气候有显著的影响。所以 PNA 的研究几乎代替了 NPO 或 NPI。

ENSO 即厄尔尼诺与南方涛动的联合名词。在下一节中将有详细介绍,这里只是指出南方涛动(SO)是沃克定义的三大涛动之一,是近 30 年来大气科学研究的一个热点。而且 PNA 与厄尔尼诺有很强的正相关。由于厄尔尼诺均发生于 SO 的负位相时,或厄尔尼诺发生时 PNA 为正位相,即高—低—高—低。而 SO 为正时,PNA 为负位相,即低—高—低—高。不过,人们也发现有时不是厄尔尼诺年,PNA 也很强,模拟研究证明,不用海温强迫,只用大气环流模式,也能模拟出 PNA 型。这说明 PNA 是大气环流固有的特征。当然这不排除,热带 SST 的强迫(如发生厄尔尼诺时),会使 PNA 加强。不过无论 NPO,NPI,还是 PNA 或 SO 均有年代际变化。1976—1977 年的突变,20 世纪 20—40 年代 ENSO 减弱都是很明显的。有关 PNA 形成的动力学机制和对增温减缓的影响我们将在第 11 章讨论。

9.2.3 南极涛动

沃克在 20 世纪 20—30 年代提出了世界三大涛动。其原意是要找到控制大范围气候变化的因素。由于每个涛动均与其邻近相当大范围的气候有密切关系。因此,其目的应该说已经达到。但是,如果仔细分析一下这三个涛动的范围,就可以看出,全球还有许多空白地区。例如南半球 40°S 以南与 SO 关系就很小了。另外,北半球亚洲大陆也是一个空白区。

其实沃克早就指出："正如北半球北大西洋亚速尔与冰岛气压有相反的变化趋势一样,横贯智利和阿根廷的高压带地区的气压,和威德尔海和别林斯高晋海一带气压变化也是相反的。"当时也有人根据少数测站的气压观测,推测南半球中高纬地区可能存在新的涛动,但是由于南半球缺少系统性的海平面气压资料,这个问题一直没有得到进一步的研究。以后基德孙和罗杰斯先后利用 10 年以上的南半球月平均海平面气压及 500 hPa 高度图作了 EOF 分析,指出 50°—60°S 为节点,70°S 与 40°—45°S 之间气压变化相反。

龚道溢和王绍武[25]利用 1974 年 1 月到 1996 年 12 月的完整再分析资料,对南半球海平面气压场作了 EOF 分析。其 EOF1 反映了 40°—50°S 及南极大陆气压变化相反,节点在 55°S(图 9.4)。而且正区呈带状环绕南极,只在东南太平洋即南美洲西海岸之外有小的缺口。负区则呈圆形覆盖了南极大陆,包括了 60°S 以南的全部地区。这个 EOF 特征在全年均很稳定,3 月最低也能说明总方差的 28.7％,12 月最高达到 67.6％,全年平均为 43.1％。所以用 40°S 平均海平面气压,减去 65°S 气压作为指数,称为南极涛动指数(AO)。为了消除半年周期的影响,对两个纬圈气压先各自求距平,然后全年统一标准化。这样得到的序列有 4 个月,2.7 个月及 3.3 年周期。再分析序列较短,无法看出更长时期的变化。但是,王绍武等整理的 1873 年以来海平面气压图表明,AO 可能有年代或年代际变化[5]。

AO 的控制范围在 40°S 以南,而 SO 的影响范围在 20°N—40°S 之间。所以,这是两个不同的涛动系统。其同期相关系数只有 0.05,可见彼此基本是独立的。因此,可以认为,AO 是第四个涛动系统,AO 与南半球的气温、降水有密切关系,而且其影响不只限于南半球高纬。涛动强时,南半球的三个大陆,南非、南美及澳大利亚气温高,而南极洲及其邻近地区气温低。AO 对降水的影响是,当 AO 强时环南极低压带降水增加,但南极大陆降水减少。同时,在副热带高压地区,因副热带高压增强,降水也减少。

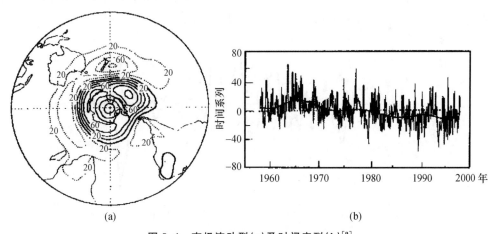

（a）　　　　　　　　　　　　　（b）

图 9.4　南极涛动型(a)及时间序列(b)[9]

9.3　El Niño 与南方涛动

厄尔尼诺现象(西班牙语:El Niño),又称厄尔尼诺海流或圣婴现象,是秘鲁、厄瓜多尔一带的渔民用以称呼一种异常气候现象的名词,主要指太平洋东部和中部的热带海洋的海水温度异常地持续变暖,使整个世界气候模式发生变化,造成一些地区干旱而另一些地区又降雨量过多。后来的观测发现,El Niño 事件出现时不仅在秘鲁沿海海域,甚至在整个赤道东太平洋地区的 SST 都会出现持续异常升高。因此,目前一般都用(0°—10°S,180—90°W)区域的平均海面温度来代表赤道东太平洋的 SST。当赤道东太平洋 SST 持续出现较大的正距平时,即称为发生了 El Niño 事件;当赤道东太平洋 SST 持续出现较强的负距平时,则称发生了反 El Niño 事件,也就是 La Niña 事件。

南方涛动是由 Walker 和 Bliss[26] 命名的,是热带环流年际变化最突出、最重要的一个现象,主要指发生在东太平洋与热带印度洋地区之间的反相气压振动。在 20 世纪 20 年代这种现象就已经被观测到。"南方"是相对于北半球的变化而言,"涛动"即为振荡,因为这种反相气压振动现象大约 3～7 年会重复发生。为了描述南方涛动,一般都用南方涛动指数(SOI),它实际上是东太平洋与印度洋地面气压的差值。目前最常用的南方涛动指数是塔希提(148°05′W,17°53′S)[法]和达尔文(130°59′E,12°20′S)[澳]之间的标准海平面气压差。SOI 为负数表示东太平洋气压低于印度洋气压,SOI 为正数表示东太平洋气压高于印度洋气压;而负 SOI 往往同赤道东太平洋 SST 的持续正异常相联系。

厄尔尼诺(El Niño)和南方涛动(Southern Oscillation)合称为 ENSO。因为许多研究都表明,赤道东太平洋海面温度异常事件(El Niño)同南方涛动(SO)之间有非常好的相关关系。当赤道东太平洋 SST 出现正(负)距平时,南方涛动指数往往是负(正)值,两者间的负相关系数在 -0.57～-0.75 之间,达到 99.9% 的置信度。图 9.5 给出了南方涛动指数 SOI 与赤道东太平洋 SST 异常的时间演变曲线,两者反相关关系表现得十分清楚。下面我们将会看到,El Niño 是指赤道东太平洋地区 SST 的持续异常增暖,可认为是一种海洋异常现象;而南方涛动是指印度洋地区和南太平洋地区气压的反向变化现象,是大尺度大气环流的异常。El Niño 和南方涛动之间的紧密关系,是大尺度海气相互作用(特别是热带大尺度海气相互作用)的突出反映。因此,ENSO 也就成为大尺度海气相互作用的结果。

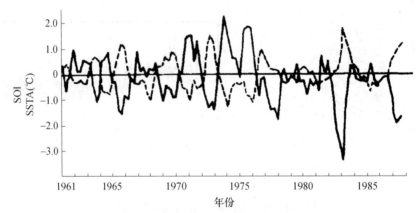

图 9.5　南方涛动指数(实线)和赤道东太平洋(0—10°S,180°—90°W)
海面温度异常(虚线)的时间演变[1]

为了揭露 ENSO 循环,各种海气耦合模式相继诞生,并取得了很好的结果。这些研究都是通过海洋不稳定过程激发的海洋 Kelvin 波和 Rossby 波的活动及相互影响,最终都得到了能够与观测相比较的 ENSO 循环[1]。下面就以 Anderson 和 McCreary[27] 的模式为例进行简单的分析和讨论。

在赤道 β 平面近似下,海洋运动的控制方程可写成

$$\frac{\partial}{\partial t}(hu_0)+\frac{\partial}{\partial x}(hu_0u_0)+\frac{\partial}{\partial y}(hu_0v_0)-\beta yhv_0=-\frac{\partial P}{\partial x}+\tau_x+v_0\ \nabla^2(hu_0) \tag{9.11}$$

$$\frac{\partial}{\partial t}(hv_0)+\frac{\partial}{\partial x}(hu_0v_0)+\frac{\partial}{\partial y}(hv_0v_0)-\beta yhu_0=-\frac{\partial P}{\partial x}+\tau_y+v_0\ \nabla^2(hv_0) \tag{9.12}$$

$$\frac{\partial}{\partial t}(hT)+\frac{\partial}{\partial x}(hu_0T)+\frac{\partial}{\partial y}(hv_0T)=\frac{Q_s}{\rho_0c_p}-WT \tag{9.13}$$

$$\frac{\partial P}{\partial t}+\frac{\partial}{\partial x}(u_0P)+\frac{\partial}{\partial y}(v_0P)+P\left(\frac{\partial u_0}{\partial x}+\frac{\partial v_0}{\partial y}\right)=\rho_0ag\delta-W\frac{\partial P}{\partial h} \tag{9.14}$$

其中,$P=\frac{1}{2}\rho_0agh_2T$,$\rho_0$ 是海水密度,a 是海水热膨胀系数,h 是海洋混合层厚度,u_0 和 v_0 分别是海流的纬向和经向分量,T 是海洋混合层温度,v_0 是海洋水平涡旋性系数,c_p 是海水比定压热容,(τ_x,τ_y) 是海表风应力,β 是 Coriolis 力随纬度的变化。参数 a,β 一般取值分别为 $a=0.0003℃^{-1}$,$\beta=2.28\times10^{-11}\mathrm{m}^{-1}\cdot\mathrm{s}^{-1}$。

在方程(9.11)和方程(9.12)中,风应力项可表示成

$$(\tau_x,\tau_y)=\rho_aC_D(u_a,v_a) \tag{9.15}$$

其中,ρ_a 是空气密度;u_a 和 v_a 是风速分量;C_D 是拖曳系数,一般取值为 0.008 m/s。在方程(9.13)和方程(9.14)中,W 表示深层海水的上涌速度,因此,WT 和 $W\dfrac{\partial P}{\partial h}$ 分别是热量和位能的消耗项。Q_s 是进入海洋混合层的热通量,可表示为

$$Q_s=-\rho_0c_p\gamma_0(T-T^*) \tag{9.16}$$

这里 γ_0 是海水热消散系数;T^* 是大于 T 的临界温度,可视为纬度的函数,并可取成

$$T^*=4+\frac{1}{2}(11.33-4)\left(1+\cos2\pi\ \frac{y}{y_b}\right) \tag{9.17}$$

其中,$y_b=9000$ km。将 δ 表示成 δ_0/h,那么,参数 W,δ_0 和 γ_0 一般可分别取值为 $4\times10^{-7}\mathrm{m/s}$,$4\times10^{-2}\mathrm{m}^3\cdot℃/\mathrm{s}$ 及 $3\times10^{-6}\mathrm{m/s}$。

为便于计算,式(9.13)和式(9.14)还可以简化为

$$\frac{\partial h}{\partial t}+\frac{\partial}{\partial x}(hu_0)+\frac{\partial}{\partial y}(hv_0)=\frac{2\delta}{hT}-W+\gamma_0\ \frac{T-T^*}{T} \tag{9.18}$$

$$\frac{\partial T}{\partial t}+u_0\ \frac{\partial T}{\partial x}+v_0\ \frac{\partial T}{\partial y}=\frac{2}{h}\left[-\gamma_0(T-T^*)-\frac{\delta}{h}\right]+K_h\nabla^2T \tag{9.19}$$

其中,$K_h=v_0$,由于海温 T 变化比较慢,上述简化还是可以接受的。

对于模式大气,其控制方程可写成

$$-\beta yv_a=-\frac{\partial\varphi}{\partial x}-\varepsilon u_a \tag{9.20}$$

$$\beta yu_a=-\frac{\partial\varphi}{\partial y}-\varepsilon v_a \tag{9.21}$$

$$\frac{\partial u_a}{\partial x}+\frac{\partial v_a}{\partial y}=\frac{Q}{C^2}-\varepsilon\frac{\varphi}{C^2} \tag{9.22}$$

这里 Q 是凝结潜热释放产生的强迫；C 是 Kelvin 波的移速；φ 是重力位势；u_a 和 v_a 是大气中的风速分量；ε 是 Newton 冷却系数。参数 C 和 ε 一般分别取值 60 m/s 和 $3\times10^{-5}\,\mathrm{s}^{-1}$。凝结潜热的释放假定同海温有关，即可表示成

$$Q=Q_0\,\frac{T-T_c}{T(0)-T_c}H(T-T_c) \tag{9.23}$$

其中，Q_0 是振幅因子，T_c 是一个临界值温度，$\bar{T}(0)$ 是赤道地区的 $\bar{T}$ 值，而

$$\bar{T}=\gamma_0 T^*/(\gamma_0+W)$$

对应式(9.11)、式(9.12)和式(9.18)～(9.22)进行数值积分，便可得到海温 T，混合层厚度 h 和风应力等的时间演变特征。一些数值积分结果表明，各种物理量和准周期变化(循环)表现得很清楚。而且振荡模的平均周期约 3.5 年；不稳定扰动在西部海洋发展并向东传播，最后在东部边界消失。这些都同实际观测到的 ENSO 循环有一定的类似。

关于 ENSO 循环，从平衡态的角度可分别将 El Niño 和 La Niña 视为两种平衡态，在一定条件下，这两种平衡态的转换就构成了 ENSO 循环。基于已有的研究，考虑到太平洋海况特征和海气相互作用及其不稳定性，我们可以用一个概念模型(图 9.6)来说明 ENSO 循环的动力学机制[1]。赤道西太平洋地区的 SST 一般都比较高，若因某些原因一旦那里信风出现异常(减弱)，便可以激发产生出异常的暖性 Kelvin 波，并向东传播；由于海气耦合相互作用，这种异常的暖性 Kelvin 波在东传的过程中可得到较强发展，最终导致 El Niño 事件。在上述暖性 Kelvin 波东传的同时，海气耦合相互作用还将激发产生一种向西传播的冷性 Rossby 波，它一方面可使西太平洋的 SST 降低，同时它在西岸反射而成为冷性 Kelvin 波。若这时信风出现异常(增强)，冷性 Kelvin 波将在西太平洋持续产生和东传，并通过海气耦合不稳定而增幅，最后导致 La Niña 的发生。在冷性 Kelvin 波的东传过程中，海气耦合相互作用又可激发产生暖性 Rossby 波，它同暖性 Kelvin 波在赤道东太平洋海岸反射后的暖性 Rossby 波一起传到赤道西太平洋，一方面使赤道西太平洋 SST 增加，另一方面它在西岸反射成暖性 Kelvin 波，这又为下一次循环准备了条件。

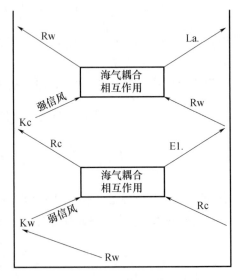

这里有两点需要强调，其一是 ENSO 循环的关键海域应是赤道中西太平洋而不是赤道东太平洋，尽管 SST 的异常信号以赤道东太平洋最强；其二是信风异常，特别是赤道中西太平洋地区的信风异常在 ENSO 循环中有着重要的作用[1]。

最后还要指出，ENSO 循环的动力学机制还是一个仍在继续研究的问题，人们还没有对它了解得很清楚。上面的讨论只是近些年研究中较为合理的一些结果，因此有关 ENSO 的预报问题也尚处于研究试验阶段。

图 9.6　ENSO 循环机理概念图

(El. ——El Niño；La. ——La Niña；
Rw——暖性 Rossby 波；Rc——冷性 Rossby 波；
Kw——暖性 Kelvin 波；Kc——冷性 Kelvin 波)[1]

9.4　准两年振荡(QBO)

准两年周期振荡(Quasi-Biennial Oscillation,QBO)也许是大气中时间尺度以年计的准周期变化的最为显著的例子,它是指以赤道为对称,经向半宽度为 12° 的平均纬向西风和东风交替出现的现象。这种振荡在 22～35 km 的高度之间近于常数,但在 22 km 至对流层顶之间迅速减弱。如图 9.7 的时间-高度剖面图所示,某一东风或西风区首先出现在高层然后以每个月 1～2 km 的速率向下传播。

按照 Holton 和 Lindzen[28] 的理论,赤道附近的准两年周期振荡是一种内部产生的振动,起源于波动和平均气流的交互作用,它涉及观测到的向东传播的开尔文波和向西传播的罗斯贝重力波。这两种类型的波都是在对流层中强迫生成的(可能是由于大尺度的热带对流性扰动的强迫作用)并垂直向上传播到平流层。因此,通过波的垂直传播,赤道平流层和冬季热带外地区的平流层在动力学上都与对流层联系起来了。这些波动提供了平流层与对流层之间主要的动力学联系。

QBO 理论的概念模型是由 Lindzen 和 Holton 于 1968 年最早提出来的,那时关于波动作用的断言还没有得到观测支持,他们提出的概念模型是根据重力波动量输送和临界层吸收理论,并推测在热带大气中存在必需的波动通量,从而发现适当的东西风位相交替的机制。更晚些时候人们发现了赤道 Kelvin 波和 Rossby 重力波的观测证据,也得到了波动通量的证据。据此他们修正了自己的理论,提出 QBO 是由辐射阻尼的 Kelvin 波和 Rossby 重力波两种波动驱动的,而不是由临界层吸收的广谱重力波驱动的。

根据以往的工作,Holton 和 Lindzen[28] 考虑由三个因素形成纬向平均风的东风与西风准两年周期性出现,这三个因素是:由于 Kelvin 波和混合型 Rossby 重力波向上传播的动量通量辐合;由于在赤道平流层上部(约 40 km 处)存在着强的纬向平均气流的东风与西风的半年振动;涡动扩散作用。

由观测知道,准两年振动的振幅对于赤道呈近于高斯(Gauss)分布,因此,可以定义个沿经向积分的纬向平均风振动,令

$$[\bar{u}] = \int_{-\infty}^{+\infty} \bar{u} \mathrm{d}y$$

按照上面考虑的三个因子,可假设赤道附近地区纬向平均风 $[\bar{u}]$ 受下式制约

$$\frac{\partial [\bar{u}]}{\partial t} = -\frac{1}{\rho_0} \frac{\partial M}{\partial z} + K \frac{\partial^2 [\bar{u}]}{\partial z^2} + G \tag{9.24}$$

其中,M 是广义的经过求和的动量通量,$K = 8 \times 10^3 \mathrm{cm}^2/\mathrm{s}$ 是涡动扩散系数,G 表示半年振动的强迫作用。Holton 和 Lindzen[28] 取 M 为如下形式

$$M = \sum_{i=0}^{1} A_i \exp\left[-2 \int_{z_g}^{z} \lambda_i(z) \mathrm{d}z \right] \tag{9.25}$$

式中,$\sum$ 的下标 i,每取 $i=0$ 表示对于 Kelvin 波,取 $i=1$ 表示对于混合型 Rossby 重力波。A_i 表示在 z_g 高度对于第 i 波的广义动量通量,λ_i 表示由于辐射冷却产生的阻尼因子,假定辐射冷却为牛顿形式的,即辐射冷却与物体本身温度成线性比例,取 λ_i 为

$$\left.\begin{array}{l}\lambda_0=\dfrac{1}{2}Nka\hat{\omega}_r^{-2}\\[2mm]\lambda_1=\dfrac{1}{2}N\beta a\hat{\omega}_r^{-3}\left[1+k\hat{\omega}_r/\beta\right]\end{array}\right\}\qquad(9.26)$$

其中，N 是 Brunt-väisälä 频率，即 $N^2\equiv R(aT_0/dz+\chi T_0/H)/H$（$R$ 为干空气气体常数，T_0 为基本状态的温度，χ 为 R 与定压比热之比，H 为尺度均质大气高度）；k 是沿纬圈的波数；如果在线性分析(不是数值积分)中设扰动的因变量都正比于 $\rho^{1/2}\exp[i(kx-\omega t)]$，那么，$\omega_i\equiv\omega-k\bar{u}$，它也称为 Doppler 位移频率；$\beta\equiv2\Omega/a$。

在数值计算中，被 Kelvin 波与混合型 Rossby 重力波波动通量穿越过的下边界取在 $z_g=$ 17 km 处。对于 Kelvin 波的参数，取相速 $c=30$ m/s，$k=(2\pi/4\times10^4\,\mathrm{km})$，$A_0=(4\times10^{-3}$ $\mathrm{m^2/s^2})\times\rho_0(z_g)$，对于混合型 Rossby 重力波，取 $c=-30$ m/s，$k=2\pi/(10^4\,\mathrm{km})$，$A_1=-A_0$。取牛顿式冷却系数为

$$\left.\begin{array}{l}a(z)=\left[\dfrac{1}{12}+\left(\dfrac{2}{12}\right)\dfrac{(z-z_g)}{13\text{ km}}\right]\mathrm{d}^{-1},\text{ 对于 }z_g\leqslant z\leqslant30\text{ km}\\[3mm]a=1/7\text{ d}^{-1},\text{ 对于 }z_g>30\text{ km}\end{array}\right\}$$

观测到的半年振荡见图 9.7，它是约为半年周期的纬向平均风，由东风与西风交替出现于 28～64 km 高度内，此处以强迫作用项出现于式(9.24)内，即 G 项，取 G 为

$$\left.\begin{array}{l}G=0,\text{ 于 }z\leqslant28\text{ km}\\[2mm]G=\omega_{sa}u_{sa},\text{ 于 }z>28\text{ km}\end{array}\right\}$$

其中

$$\left.\begin{array}{l}\omega_{sa}=(2\pi/180\text{ d})\cong4\times10^{-7}\text{ s}^{-1}\\[2mm]u_{sa}=\left[2(z-28\text{ km})\sin(\omega_{sa}t)\right]\text{ m/s}\end{array}\right\}$$

由此表明，这个模式虽然并不解释半年振荡，但已模拟半年振荡与准两年振荡之间的相互作用。纬向平均风的边界条件取：在 $z=z_g$ 处 $\bar{u}=0$；在 $z=35$ km 处 $\bar{u}=u_{sa}$。

方程(9.24)进行数值积分时，用松野[29]的向后差分格式，Δz 取 250 m，Δt 取 24 小时，计算结果见图 9.7。

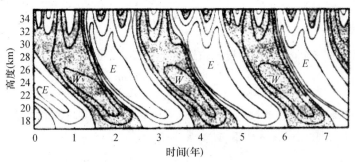

图 9.7　纬向风准两年振荡的数值模拟[30]

模拟出的振荡有向下传播的相速约为每个月 1 km，这样可引起大约为 26.5 个月的周期，这与观测到的振荡的平均周期很接近。模拟出的振荡与实际观测到的准两年振荡，两者主要差别仅为：模拟出的东风切变区比西风切变区强，而实际观测到的是相反，即东风切变区比西

风切变区弱。将图 9.7 与图 9.8 作比较,可以看出,模拟出的准两年振荡与实测的状貌相当接近。因此,可以认为,准两年振荡主要是由于垂直方向传播的赤道地区 Kelvin 波和混合型 Rossby 重力波,由于牛顿式冷却的阻尼使波动振幅随高度衰减,并由此把波动的动量传输给纬向平均气流,导致纬向平均气流呈现准两年振荡。

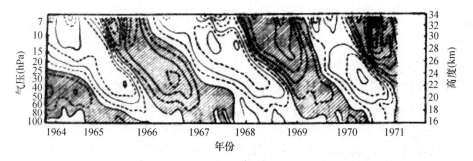

图 9.8　在 9°N 附近,纬向平均风的时间-高度剖面图[30]

(其中已减去 15 年(1956—1970 年)的各月平均值以消除年的和半年的振荡,
实等值线每条以 10m/s 为间隔画一条,有斜线区为西风,无斜线区为东风)

9.5　海冰气耦合振荡

气候系统中存在着各种正,负反馈机制,它们对气候系统的影响并不是线性的。Saltzman[31]认为气候变化可看成为带有非线性反馈的确定性系统的演变结果。对于这种系统常见的外力有两种,一是有物理意义的确定性外力,如地球轨道参数变化、地轴移动、太阳活动、二氧化碳增加等因素对气候系统的影响,以及偶发性的外力如火山爆发、大气环流的突变等;另一为不确定性的外力,它来自系统内部快变量的随机性的影响,其时间变化尺度往往要比气候系统小若干量级。当然,气候系统的变化还受初状态的影响。上述各因素影响的综合可用不同的非线性微分方程组来描述其动力过程,由此提出关于海冰边缘纬度(η)和海温(θ)的反馈模式。

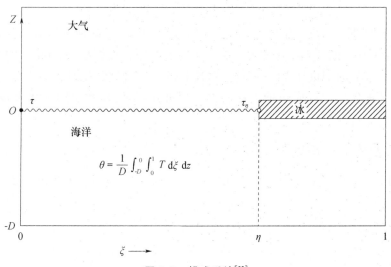

图 9.9　模式系统[32]

模式假设一个全海洋的地球。从 Saltzman 对南半球资料分析可知,对南半球的情况可以大致采用这种假设。图 9.9 为模式系统的情况,其中,$\xi=\sin\varphi,\varphi$ 是纬度,η 是冰界上的 ξ 值,D 是海洋平均深度,整个海洋的平均温度定义为

$$\theta = \frac{1}{D}\int_{-D}^{0}\int_{0}^{1}T\mathrm{d}\xi\mathrm{d}z$$

T 为任一点海温。进一步假定:(1)海面具有部分绝热作用,仅允许很弱的热通量通过海洋-海冰交界面;(2)从海底向上的垂直通量可以忽略。也就是说 θ 几乎完全由大气-海洋界面上的净热通量所控制。这里引入若干反馈机制,其中正反馈有"冰-反照率"反馈,"CO_2-温室效应"反馈。它们是使系统趋于不稳定的因素。负反馈有"冰界-辐射"反馈,表示冰界向赤道方向发展后接受的太阳辐射增多,使冰界后退;"冰-绝热"反馈表示冰界移动后,海洋上感热、潜热减小,海温升高,导致冰界后退。这两个负反馈的作用是系统内部产生自由衰减振荡。

根据海冰连续方程和表面热量平衡方程,推得 θ 和 η 的两个预报方程

$$\frac{\mathrm{d}\theta}{\mathrm{d}t}=\frac{1}{C_wP_wD}\left\{\int_0^{\eta}\left[H_s^{(1)\downarrow}+H_s^{(2)\downarrow}+H_s^{(3)\downarrow}+H_s^{(4)\downarrow}\right]\mathrm{d}\xi-\int_{\eta}^{1}H_s^{(3i)\uparrow}\,\mathrm{d}\xi-\frac{L_f\delta}{2}M(\eta)\right\} \tag{9.27}$$

$$\frac{\mathrm{d}\eta}{\mathrm{d}t}=\frac{\delta}{2P_iI}M(\eta) \tag{9.28}$$

这里

$$M(\eta)=\frac{1}{L_f}\left[H_s^{(1)\downarrow}+H_s^{(2)\downarrow}+H_s^{(3)\downarrow}+H_s^{(4)\downarrow}+H_s^{(5)\downarrow}\right]\xi=\eta$$

表示冰界上的融解率;$H_s^{(1)\downarrow}$,$H_s^{(2)\downarrow}$,$H_s^{(3)\downarrow}$,$H_s^{(3i)\uparrow}$,$H_s^{(4)\downarrow}$,$H_s^{(5)\downarrow}$ 是海洋表面的垂直热通量,分别由太阳辐射、长波辐射、感热向大气和海冰的传导和对流、潜热以及海面下热量传导和对流所引起;L_f 是凝结潜热;C_w,P_w 分别是海水的比热和密度;P_i,I 是海冰的密度和厚度;δ 是海冰活动带的南北宽度。

经过一系列复杂的推导,最后得到一个非线性耦合随机微分方程组

$$\frac{\mathrm{d}\eta'}{\mathrm{d}t}=\varphi_1\theta'-\varphi_2\eta'+f \tag{9.29}$$

$$\frac{\mathrm{d}\theta'}{\mathrm{d}t}=-\psi_1\eta'+\psi_2\theta'+\psi_3\eta'^2\theta'+g \tag{9.30}$$

式中,"$'$"号表示距平,φ_i 与 ψ_i 为大于 0 的反馈系数,其中含 ψ_1 的项表示海冰的融化机制,含 ψ_1 和 φ_2 的项表示阻尼机制,含 ψ_2 的项表示 CO_2 对温度的正反馈机制,含 ψ_3 的项表示一种非线性恢复机制。f,g 为随机外力,它们反映海冰和海温在气候变化过程中包含的高频变化的非周期分量,这种分量可看成一种内部变化的随机性,是气候系统的变化表现出很复杂的形式。

9.5.1 确定系统的周期振荡

首先我们暂不考虑反馈系统中随机因素的影响,即 $f=g=0$,将方程组重新写为

$$\frac{\mathrm{d}\eta'}{\mathrm{d}t}=\varphi_1\theta'-\varphi_2\eta' \tag{9.31}$$

$$\frac{\mathrm{d}\theta'}{\mathrm{d}t}=-\psi_1\eta'+\psi_2\theta'+\psi_3\eta'^2\theta' \tag{9.32}$$

由式(9.31)和式(9.32)两式消去 θ',可得二阶 Lienard 型方程

$$\frac{\mathrm{d}^2\eta'}{\mathrm{d}t^2}+(\psi_1\varphi_1+\psi_2\varphi_2)\eta'-[(\psi_2-\varphi_2)\psi_3\eta'^2]\frac{\mathrm{d}\eta'}{\mathrm{d}t}+(\psi_3\varphi_2)\eta'^3=0 \tag{9.33}$$

当 $\varphi_2=0$ 时方程退化为 Vander pol 方程,用数值计算方法,取时间步长为 1 年,可得上述方程的解,其中参数的取值为

$$\varphi_1=4\times10^{-12}(\mathrm{K}\cdot\mathrm{s})^{-1}$$
$$\varphi_2=5\times10^{-11}\mathrm{s}^{-1}$$
$$\psi_1=4\times10^{-9}\mathrm{K/s}$$
$$\psi_2=2\times10^{-10}\mathrm{s}^{-1}$$
$$\psi_3=5\times10^{-7}\mathrm{s}^{-1}$$

图 9.10 给出了解的基本特征。其中图 9.11a 表示 η'(实线)和 θ'(虚线)随时间的演变,可以看出 θ' 的变化幅度约为 2 K,η' 约为 0.05 K(约为 6°纬度);图 9.10b 和 c 分别为 θ' 和 η' 的方差谱,通过对方差谱的分析,系统有一个 1260 年的周期,图 9.11d 是 $\theta'-\eta'$ 相平面上的轨迹线,可以看出一个稳定的极限环。图 9.10e 为残差密度。

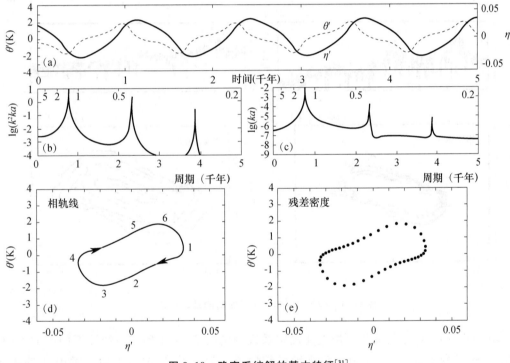

图 9.10 确定系统解的基本特征[31]

9.5.2 反馈系统对随机扰动的响应

下面我们在确定系统中加入一个白噪声过程,即

$$\frac{\mathrm{d}\eta'}{\mathrm{d}t}=\varphi_1\theta'-\varphi_2\eta'+f \tag{9.34}$$

$$\frac{\mathrm{d}\theta'}{\mathrm{d}t}=-\psi_1\eta'+\psi_2\theta'+\psi_3\eta'^2\theta'+g \tag{9.35}$$

其中,f,g 为随机强迫项。另外,假定系数(φ_j,ψ_j)也存在一个随机变化,并将这些随机变量分解为两部分,即

$$(\varphi_j,\psi_j;f,g)=(\widetilde{\varphi}_j,\widetilde{\psi}_j;\widetilde{f},\widetilde{g})+(\varphi_j^*,\psi_j^*;f^*,g^*)$$

其中,"～"和"＊"分别表示确定和随机分量。将方程(9.34)和方程(9.35)写为差分形式

$$\eta_{n+1}'=\bar{\eta}_{n+1}'+\frac{1}{2}(\theta_n'+\theta_{n+1}'^{(f)})\varepsilon_{\varphi_1}^{1/2}\delta w-\frac{1}{2}(\eta_n'+\eta_{n+1}'^{(f)})\varepsilon_{\varphi_2}^{1/2}\delta w+\varepsilon_f^{1/2}\delta w \tag{9.36}$$

$$\theta_{n+1}'=\bar{\theta}_{n+1}'+\frac{1}{2}(\eta_n'+\eta_{n+2}'^{(f)})\varepsilon_{\psi_1}^{1/2}\delta w+\frac{1}{2}(\theta_n'+\theta_{n+1}'^{(f)})\varepsilon_{\psi_2}^{1/2}\delta w+$$

$$\frac{1}{2}(\eta_n'^2\theta_n'+\eta_{n+1}'^{(f)2}\theta_{n+1}'^{(f)})\varepsilon_{\psi_3}^{1/2}\delta w+\varepsilon_g^{1/2}\delta w \tag{9.37}$$

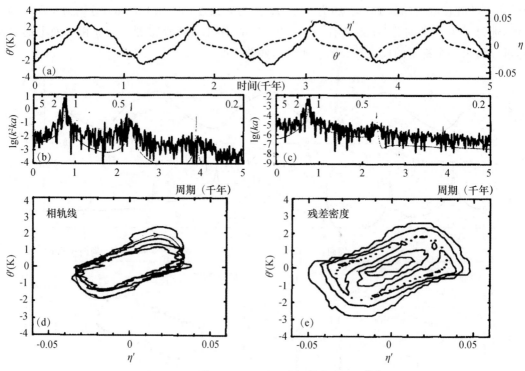

图 9.11　$\varepsilon_f^{1/2}=0.0005$ 时系统解的基本特征[31]

其中,n 为积分步数,是第 n 步时用上述确定系统确定的值,是用确定系统计算的向前差的近似值,为随机变量的振幅,为白噪声维纳函数增量。为了讨论方便,下面只考虑 f 的影响,即设

$$(\varphi_j,\psi_j;f,g)=(\widetilde{\varphi}_j,\widetilde{\psi}_j;0,0)+(0,0;f^*,0)$$

假定$|F|$为 f 的标准差,则有

$$\varepsilon_f^{1/2}=|F|\Delta t$$

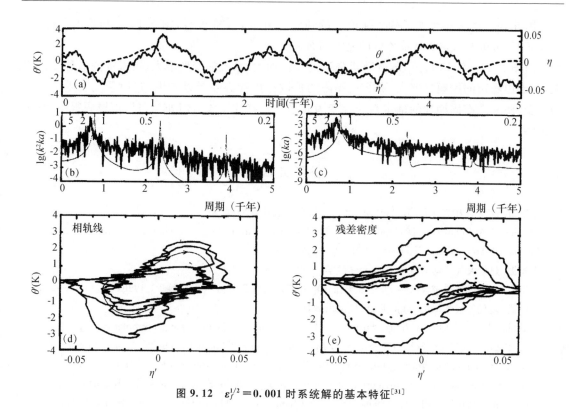

图 9.12　$\varepsilon_f^{1/2} = 0.001$ 时系统解的基本特征[31]

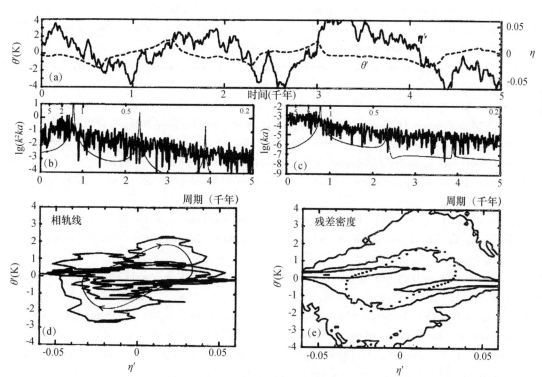

图 9.13　$\varepsilon_f^{1/2} = 0.002$ 时系统解的基本特征[31]

因此，$\varepsilon_f^{1/2}$ 的大小反映了随机强迫 f 的强弱。图 9.11，图 9.12，图 9.13 分别给出了取 $\varepsilon_f^{1/2}$ ＝0.0005，0.001，0.002 时系统解的基本特征。

由图 9.11～9.13 可见，随着随机强迫的振幅加大，系统的变形增大，极限环的漂移变形增大，如果白噪声的振幅足够大，那么白噪声的扩散作用就必须予以考虑，它使系统发生了显著的改变，使一个准周期性的确定系统改变为几乎非转移性系统。但如果白噪声振幅很小，则可以忽略。

参考文献

[1] 李崇银.气候动力学引论:第二版[M].北京:气象出版社,2000.

[2] Madden R A,Julian P R. Detection of a 40-50 day oscillation in the zonal wind in the tropical Pacific[J]. Journal of Atmospheric Sciences, 1971, 28(5):702-708.

[3] 李崇银.热带大气运动的特征[J].大气科学,1985,9(4):38-48.

[4] 李崇银.赤道以外热带大气中 30～50 天振荡的一个动力学研究[J].大气科学,1990,14(1):83-92.

[5] 王绍武.现代气候学概论[M].北京:气象出版社,2005.

[6] Trenberth K E. Observations: Surface and Atmospheric Climate Change. Supplementary Materials, 2007. Pages 235-336 in Solomon S, Qin D, Manning M, et al. Climate Change 2007: The Physical Science Basis. Contribution of Working Group I to the Fourth Assessment Report of the Intergovernmental Panel on Climate Change[M]// Contribution of Working Group I to the Fourth Assesment Report of the Intergovernmental Panel on Climate Change, Climate Change 2007: The Physical Science Basis,2013:159-254.

[7] Bjerknes J. Atmosphere teleconnection from the equatorial Pacific[J]. Mon Wea Rev, 1969, 97.

[8] Wallace J M, Gutzler D S. Teleconnections in the geopotential height field during the Northern Hemisphere winter[J]. Monthly Weather Review, 1981, 109(4):784-812.

[9] Gong D, Wang S. Definition of Antarctic Oscillation index[J]. Geophysical Research Letters, 1999, 26(4):459-462.

[10] Ropelewski C F, Halpert M S. North American Precipitation and Temperature Patterns Associated with the El Niño/Southern Oscillation (ENSO)[J]. Monthly Weather Review, 1986, 114(12):2176-2190.

[11] Ropelewski C F, Halpert M S. Global and Regional Scale Precipitation Patterns Associated with the El Niño/Southern Oscillation[J]. Monthly Weather Review, 1987, 115(8):985-996.

[12] Troup A J. The Southern Oscillation Index[J]. Quarterly Journal of the Royal Meteorological Society, 1965, 91(390):490-506.

[13] Können G P, Jones P D, Kaltofen M H, et al. Pre-1866 Extensions of the Southern Oscillation Index Using Early Indonesian and Tahitian Meteorological Readings [J]. Journal of Climate, 1998, 11(9):2325-2339.

[14] Thompson D W J, Wallace J M. Annular modes in the extratropical circulation. Part I: Month-to-month variability[J]. Journal of Climate, 2000, 13(5):1018-1036.

[15] Thompson L G, Yao T, Mosleythompson E, et al. A high-resolution millennial record of the south asian monsoon from himalayan ice cores[J]. Science, 2000, 289(5486):1916-1920.

[16] Thompson D W J, Wallace J M. The Arctic oscillation signature in the wintertime geopotential height and temperature fields[J]. Geophysical Research Letters, 1998, 25(9):1297-1300.

[17] Deser C. On the teleconnectivity of the "Arctic Oscillation"[J]. Geophysical Research Letters, 2000, 27(6):779-782.

［18］Trenberth K E，Hurrell J W. Decadal atmosphere-ocean variations in the Pacific［J］. Climate Dynamics，1994，9(6)：303-319.

［19］Mantua N J，Hare S R. The Pacific Decadal Oscillation［J］. Journal of Oceanography，2002，58(1)：35-44.

［20］Deser C，Phillips A S，Hurrell J W. Pacific Interdecadal Climate Variability：Linkages between the Tropics and the North Pacific during Boreal Winter since 1900［J］. Journal of Climate，2004，17(16)：3109-3124.

［21］Power S，Casey T，Folland C，et al. Inter-decadal modulation of the impact of ENSO on Australia［J］. Climate Dynamics，1999，15(5)：319-324.

［22］Folland C K，Renwick J A，Salinger M J，et al. Relative influences of the Interdecadal Pacific Oscillation and ENSO on the South Pacific Convergence Zone［J］. Geophysical Research Letters，2002，29(13)：211-214.

［23］Marshall G J. Trends in the southern annular mode from observations and reanalyses［J］. Journal of Climate，2003，16(16)：4134-4143.

［24］Hasselmann K. Stochastic climate model. Part I：Theory［J］. Tellus，1976，28：473-485.

［25］龚道溢，王绍武. 南极涛动［J］. 科学通报，1997，(3)：296-301.

［26］Walker G T，Bliss E W. Quarterly Journal of the Royal Meteorological Society［J］. World Weather V，1932，4：53-84.

［27］Anderson D L T，McCreary J P. Slowly，propagating disturbances in a coupled ocean-atmosphere model［J］. J Atmos Sci，1985，42(6)：615-629.

［28］Holton J R，Lindzen R S. An updated theory of the quasi-biennial cycle of the tropical stratosphere［J］. J Atmos Sci，1972，29(6)：1076-1079.

［29］Matsuno T. Quasi-geostrophic motions in the equatorial area［J］. J Meteor Soc Japan，1966，44(1)：25-42.

［30］伍荣生. 动力气象学［M］. 上海：上海科学技术出版社，1983.

［31］Saltzman B，Sutera A，Evenson A. Structural stochastic stability of a simple auto-oscillatory climatic feedback system［J］. Journal of the Atmospheric Sciences，1981，38(3)：494-503.

［32］黄建平. 理论气候模式［M］. 北京：气象出版社，1992.

第 10 章 气候系统的强迫振荡

自然界中存在三种基本的气候强迫。(1)地壳变迁。地球内部的热量引发的构造过程通过改变地形来影响地球表面。这些过程是板块构造理论的一部分,这是地质科学的理论。这一过程包括大陆的缓慢移动,山脉的抬升,以及海沟的扩展和收缩。这些过程在数百万年内非常缓慢地进行着。(2)轨道变化。地球轨道变化是由于地球绕太阳运行的轨道发生变化造成的。这些变化在季节和纬度上(从温暖的低纬度热带地区到寒冷的高纬度极地)改变了地球接收到的太阳辐射能量的大小(太阳光和其他能量)。(3)太阳强度的变化。太阳强度的变化也会影响到达地球的太阳辐射。在地球存在的 45.5 亿年中,太阳辐射的强度在慢慢地增加。第四个能够影响气候的因素是人类活动,但这不是严格意义上的自然气候系统的一部分,所以被称为人为强迫。这种强迫是农业、工业和其他人类活动的非预期副产品,它主要通过增加二氧化碳和其他温室气体、硫酸盐颗粒和烟尘等物质在大气中的浓度来影响气候的。本章主要讨论前三种强迫造成的强迫振荡,人为强迫的影响将在下一章进行讨论。

10.1 强迫振荡的物理机制

组成气候系统的各个部分差异很大,这些组成气候系统的每一部分都以特征响应时间来响应驱动气候变化的因素,这是衡量对强加的变化做出充分反应所花费时间的一个指标。图 10.1 给出了一个最简单的例子[1],它由本生灯和它上方的一瓶水组成。本生灯代表外部气候强迫(如太阳辐射),水温是气候响应(如地球表面的平均温度)。当燃烧器点燃时,它开始加热水。烧瓶中的水逐渐向恒温升温,经过长时间间隔后,它最终达到并保持平衡值。升温速度(如图 10.1 所示,在本生灯下方显示)起初很快,但随着时间的推移逐渐减慢。当水温与最终的平衡状态相差较大时,它的升温速度会很快,在接近平衡状态时,升温速度会变慢,这是合理的。水向平衡温度升温的速度是其响应时间,我们定义为水温达到平衡值一半所需的时间。

气候系统的每个部分都有自己特有的响应时间(表 10.1),从几小时到几千年不等。大气的响应时间非常快,几个小时(每天的加热和冷却循环)就会发生显著变化。地表反应速度较慢,但在几小时到几天到几周的时间范围内,它仍然表现出较大的加热和冷却变化率。在夏季某一天的下午,沙滩就会变得太热而无法行走,但在冬季沙滩上层的土壤被冻结则需要更长时间。液态水的响应时间比空气和土地慢,因为它可以容纳更多的热量。浅水湖泊或风力搅动的上层 100 m 海洋的温度响应以数周至数月为单位。对于与大气相互作用非常少的更深层海洋来说,响应时间的范围可以从数十年到数百年或更长。尽管在极地海洋上几米厚的海冰在几个月至几年内就能快速增长并达到峰值,但较厚的高山冰川在数十年至数个世纪的时间内才会达到峰值。大量(几千米厚)的冰盖,如现在覆盖南极大陆的冰盖,在气候系统中的响应时间最慢。响应时间的概念也适用于植被,即气候系统的有机部分。突如其来的霜冻可以在一夜之间杀死树叶和草,对树木的木质组织造成严重的影响,反应时间以小时为单位进行测量。

另一方面,季节性的春季植物发芽生长到秋季植物的脱落衰败需要数周或数月才能完成。占据新露出地面的开拓植物(例如冰川融化留下的裸露地面)甚至可能需要数十年至数百年甚至更长时间才能全面发展至整片陆地,因为种子的传播、植物的发芽和生长最后成为树木的速度极其缓慢。

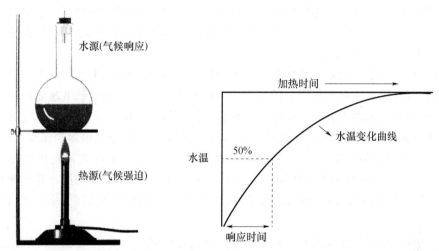

图 10.1   本生灯对水的加热反应,响应时间是烧瓶中的水达到平衡温度一半所需的时间[2]

表 10.1   各种气候系统组成部分的响应时间[1]

组成部分	响应时间(范围)	示例
	快速响应	
大气	几小时到几周	气温昼夜变化 急剧升温的热浪
地表	几小时到几个月	太阳引起的地面温度的变化 冬季冰雪的融化冻结
海表	几天到几个月	海表面几英里(mile,1 mile＝1609.344 m)温度的变化夏季炎热的海滩气温
植被	几小时到几十年/百年	树叶被突然的霜冻杀死 树木缓慢的成熟
海冰	几周到几年	冬季海冰达到最大范围 冰岛附近海冰的历史变迁
	慢速响应	
高山冰川	10 年到 100 年	20 世纪广泛的冰川衰退
深海	100 年到 1500 年	世界深海的更迭时间
冰盖	100 年到 10000 年	冰盖边缘的扩展/消退 整个冰盖的发展/衰减

气候强迫和气候响应的时间尺度的不同最终造成气候变化的结果也是不同的,下面以几种不同的气候强迫和气候响应的时间尺度进行讨论。

(1)与气候系统的响应相比,气候强迫的速度非常缓慢。这种情况相当于在图 10.1 中缓慢地增加本生燃烧器的火焰,水温的变化完全可以跟上热量增加的步伐。如果气候强迫的变化非常缓慢,那么被动变化的响应与强迫没有明显滞后(图10.2a)。这种假设是气候变化的典型情况。例如,大陆可以通过板块构造过程缓慢地向高纬度或低纬度以平均每百万年1纬度的速率进行。随着陆地向更低纬度地区(即入射太阳辐射较强的地区)或向更高纬度地区转移,大陆上的温度对这些太阳能的缓慢变化做出反应,并且每年的响应时间微乎其微。由于空气对陆地的响应时间很短(几个小时到几周,见表10.1),大陆上的平均气温很容易跟上数百万年平均太阳辐射的缓慢变化。

(2)另一种情况是气候系统的响应时间可能比气候强迫变化的时间尺度要慢(图10.2b)。在这种情况下,气候系统对气候强迫的反应很少或根本没有。这相当于迅速地开启和关闭本生灯,以致烧杯中的水温没有时间反应。这种极端情况的一个例子就是日全食,它在一小时内切断了地球与其唯一外部加热源的联系。在这段短暂的时间内,空气温度会略微降低,但日食结束后会再次升高。另一个例子是火山爆发,例如1991年夏季菲律宾群岛皮纳图博山的爆发。这次火山爆发产生的细火山灰颗粒在几个月内阻挡了部分太阳辐射,并导致地球平均温度下降0.5℃,但冷却效果在几年内消失了,因为火山颗粒停留在大气层上层几年后就消失了(见表10.1)。

(3)第三种情况是气候响应和气候强迫的时间尺度相似。这种情况是非常有趣的,使气候系统产生了更加动态的反应,是气候响应和气候强迫时间尺度关系的大部分情况。考虑对本生灯和烧杯进行如下实验:本生灯突然打开,加热片刻,关闭,离开片刻,再次打开,再次加热,再次离开,如此往复循环(图10.2c)。这些变化导致水温不断地上升,冷却,再次上升。这使得水温对本生灯的变化可以实时地做出响应,水温因此保持在一个相对平衡的温度上。图10.2c和图10.2d所示的两种情况表明,火焰开启和关闭的频率对水温的大小有直接影响。试验设置除本生灯开启和关闭的频率不同外,其他条件一律相同。如果火焰的开启和关闭的频率比水的响应时间快得多,则水温达到平衡温度所需的时间较短,响应时间的尺度较小(图10.2d)。但是,如果火焰持续打开或关闭较长的时间间隔,水的温度有可能达到接近完全平衡状态的较大值(图10.2c)。

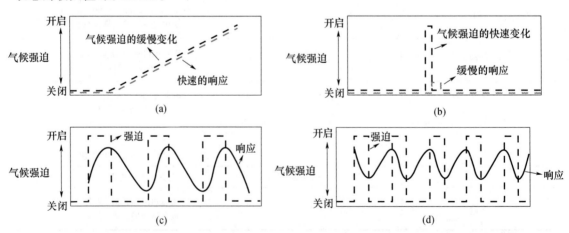

图 10.2　强迫与反应的比率,气候响应取决于气候强迫相对于气候系统响应时间的相对变化率

(a)快速响应时间使气候系统能够全面跟踪缓慢的气候强迫;(b)缓慢的响应时间使得气候在强迫发生快速
变化时变化很小;(c),(d)大致相同的强迫和响应时间尺度可以使气候系统对强迫做出不同程度的响应[1]

在现实世界中,气候强迫很少以上述间断的开启—关闭—开启的方式进行。相反,变化通常发生在平稳、连续的循环中。如果我们再次使用本生灯的概念,这种情况类似于始终保持本生灯的火焰(气候强迫),但是缓慢并周期性地改变其强度(图 10.3)。这种情况的结果是水温的变化滞后于施加热量的变化。日常和季节变化中存在着这种强迫和反应的常见例子。对于北半球,太阳的高度在夏季是最高的,在 6 月 21 日的夏至时太阳辐射最强烈,但在 7 月份气温才会达到最高值,8 月下旬海面温度才会达到最大值。同样,冬季最冷的时期在 1 月至 2 月,但太阳辐射最弱的日期在 12 月 21 日,这与夏季出现高温的滞后类似。气温的日变化同样存在着滞后,一般来讲,一天中太阳辐射最强的时间在正午 12 时左右,但一天中气温的最高值出现在下午,它们之间存在几小时的滞后。

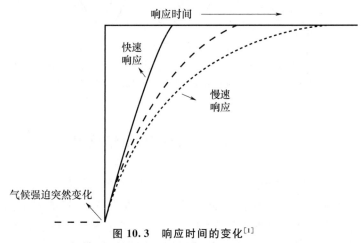

图 10.3　响应时间的变化[1]

气候强迫的突然变化将导致气候响应在气候系统的不同组成
部分中存在缓慢和快速的反应,这取决于它们固有的响应时间

上述例子用单一曲线概括了气候系统的响应,但这并不代表它只有这种单一的响应。表 10.1 表明气候系统存在许多组成部分,每一部分的响应时间是不同的,每个部分都以自己的节奏响应气候强迫。要了解这些差异对气候造成的影响的一种方法是想象从外部突然对气候系统施加一些变化(例如,太阳辐射的突然增强),气候系统中能够快速响应的部分会快速升温,而响应迟缓的部分会缓慢升温。我们可以将这种不同反应时间的想法应用于导致气候变化的因素在平稳周期内变化的情况(图 10.4)。气候系统的每一部分都会以自己的速度作出反应,并再次产生几种不同的反应模式。在如图 10.4 所示的例子中,气候系统的一些快速响应部分对气候强迫作出了如此迅速的反应,以至于他们可以跟踪气候。相比之下,气候系统中其他响应较慢的部分远远落后于气候强迫。这些不同的响应率可能会导致气候系统中复杂的交互作用。假设图中显示初始气候强迫的曲线表示太阳热量达到特定区域数千年间隔的变化,还假设快速响应曲线代表中低纬度地区陆地的快速升温,而慢响应曲线代表冰盖的滞后变化。在这个序列中,即使太阳升温开始增加,冰盖南部的地块开始变暖,但响应迟缓的冰盖还没有开始缩减。考虑到这种情况,你认为冰盖的南部的气温会如何反应?气温会随着太阳辐射的增强和陆地的加热而变暖吗?如果是这样,它的响应将紧跟图 10.4 中的初始强迫曲线。或者气温仍然会受到北部冰盖的影响,在冰盖开始缩减之前不会开始上升?在这种情况下,冰盖在某种意义上将通过发挥自身对当地气候的影响作为气候系统中的半独立参与者。尽管冰

最初是由太阳缓慢变化驱动的缓慢的气候响应,但是它对气候的影响独立于太阳的直接影响。这两种对气温变化的猜测听起来似乎都是合理的,并且这两种变化是同时存在的。在冰盖南部的气温将受太阳和附近冰层的影响。这些地区的气温响应的实际时间将落在中间的某个地方,比冰盖的响应快,比太阳辐射引起的强迫慢。正如这个例子所表明的那样,地球的气候系统是非常动态的,有许多相互影响。

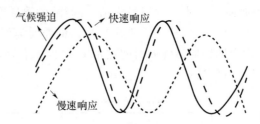

图 10.4　响应周期的变化[1]

如果气候强迫发生在周期中,它将在气候系统中产生不同的循环响应,
快速响应可以跟踪强迫周期,而慢速响应则滞后于强迫周期

10.2　气候的日变化和年变化

气候的日、年变化是气候系统中最稳定和最强的强迫振荡现象[3]。它是太阳辐射的周期性变化的结果。下垫面的不同反照率,不同含热特性和湿度特性,影响着不同尺度的环流,在地球自转和各种地形作用之下显现出复杂的气候日、年变化现象。在这方面 GCM 模式已有成功的模拟结果,读者可参阅有关文献。下面我们只用零维能量平衡方程来解释海陆之间气温的日、年较差和位相的显著不同。不考虑热量的水平和垂直输送,且假定长波逸出辐射、感热交换或蒸发都是与温度呈线性关系,太阳辐射呈周期变化,由热量平衡方程可得:

$$C_s \frac{\partial T'_s}{\partial t} = -BT' + S_m \cos\omega t \tag{10.1}$$

式中,T'_s 是地面温度的偏差值,C_s 是下垫面的比热;S_m 是地气系统接受太阳辐射的振幅,ω 为振幅频率(日变化:$\omega = \frac{2\pi}{86400} \approx 7.3 \times 10^{-5} \, \text{s}^{-1}$;年变化:$\omega \approx 2 \times 10^{-7} \, \text{s}^{-1}$)。$B = B_R + \tilde{H} + \tilde{E}$,其中:$B_R = \frac{\partial R \uparrow}{\partial T_s}$,$\tilde{H} = c_p \rho_0 C_D |V_0|$,$C_D$ 为阻曳系数,$|V_0|$ 是地面风速,$\tilde{E} = \frac{\partial L_a}{\partial T_s}$,$L$ 是蒸发潜热常数,E 为蒸发率。

解方程(10.1)可得:

$$T'_s(t) = \frac{S_m}{B^2 + (\omega C)^2} (B\cos\omega t + \omega C \sin\omega t) \tag{10.2}$$

这表明地面温度亦随太阳辐射周期振动,其振幅为:

$$T'_{s\,m} = \frac{S_m}{[B^2 + (\omega C)^2]^{1/2}} \tag{10.3}$$

与太阳辐射之间的位相差为:

$$\Delta\varphi = \tan^{-1}\left(\frac{\omega C}{B}\right) \tag{10.4}$$

如果假定地气系统的热量变化是先由地表吸(放)热,再分别向上、向下传导,则可算得热惯性:

$$C = c_p \bar{\rho}_a \sqrt{\frac{2K_a}{\omega}} + C_s \rho_s \sqrt{\frac{2K_s}{\omega}} \equiv \frac{\lambda}{\sqrt{\pi\omega}} \tag{10.5}$$

$$\lambda = \sqrt{2\pi}(C_P \bar{\rho}_a \sqrt{K_a} + C_s \rho_s \sqrt{K_s})$$

从方程(10.3)~(10.5)可得到:

(1)当 ω 一定时,因 $C_海 \gg C_陆$,故海洋上温度振幅比陆地上温度振幅要小得多,位相落后的也更多。其主要原因不是因海水比热大,而是海水的热传导率(K_s)比陆地要大三个量级!

(2)当下垫面相同时,B、C 相同,则日变化(w 大)的位相落后比年变化要多,当 S_m 亦相同时,年振幅要大于日振幅。

(3)若不考虑地面蒸发和湍流交换(B 变小),则温度振幅增大,位相落后更多。

下面我们来具体估算沙漠和海洋两种下垫面的温度日变化和年变化的振幅和位相差。取 $c_p = 1\ \text{W}/(\text{g}\cdot\text{K})$,$\bar{\rho}_a = 0.65\times10^{-3}\ \text{g}/\text{cm}^3$,$K_a = 5\times10^4\ \text{cm}^2/\text{s}$,$C_{sd} = 1$,$\rho_{sd} = 2$,$K_{sd} = 2\times10^{-3}$,$C_{sw} = 4.2$,$\rho_{sw} = 1$(下标"d"代表沙漠,"w"代表海水),则 $\lambda_d = \sqrt{2\pi}(c_p \bar{\rho}_a \sqrt{K_a} + C_{sd}\rho_{sd}\sqrt{K_{sd}}) \approx 5.8\times10^3\ \text{W}\cdot\text{s}^{\frac{1}{2}}/(\text{m}^2\cdot\text{K})$,$\lambda_w = 1.5\times10^5\ \text{W}\cdot\text{s}^{\frac{1}{2}}(\text{m}^2\cdot\text{K})$(注意:$\lambda_w/\lambda_d = 26$);再取 $S_m = 400\ \text{W}/\text{m}^2$,对中纬沙漠 $S_{m年}\approx200\ \text{W}/\text{m}^2$,对低纬海洋 $S_{m年}\approx100\ \text{W}/\text{m}^2$[4];$\tilde{E}$ 难于确定,暂取 $\tilde{E} = \tilde{H}\approx12\ \text{W}/(\text{m}^2\cdot\text{K})$。对沙漠,命 $\tilde{E} = 0$,在海洋,设 $\tilde{H} = 0$。这样,由方程(10.9)、方程(10.11)可求得 T'_{sm} 和 $\Delta\varphi$ 之值列于表 10.2。可见计算结果基本能反映观测事实的基本特征。

表 10.2　沙漠和海洋的温度日、年变化的较差和位相差的计算结果[3]

		较差(℃)	位相差
日变化	沙漠	26	4 小时
	海洋	1	5.9 小时
年变化	沙漠	28	6 天
	海洋	5	2.5 月

10.3　太阳活动和轨道变化引起的强迫

10.3.1　太阳活动强迫

太阳活动是太阳上各种物理活动的总称。目前观测到的各种太阳活动都是仅仅限于最外层的太阳大气区,太阳内部的活动及内外层的关系都还有待更深入的研究[4]。太阳活动主要包括以下方式。

太阳黑子:即太阳光球上的暗黑斑点,是一种涡旋,这是至今观测最多及记载最为久远的一种太阳活动。当光球表面为 6050 K 时,黑子中部的本影部分大约为 4240 K,四周半影部分为 6050 K。由于温度相对比周围的光球低,所以看起来是太阳表面的一个黑点。最小的黑子直径仅有 1000 km,大的可达 20 万 km 以上。黑子的寿命与其大小有关,小的黑子几小时就会消失,大的可以存在几天到几十天。黑子是成群出现的,一个黑子群少则几个到十几个黑子,多的达几十甚至上百个黑子。但每个黑子群中总有两个是主要的,阳面西部(从地球上正视的右侧)的黑子称为前导黑子,东部的称为后随黑子,一般前导黑子稍大。

光斑与谱斑:光斑是出现在日面边缘的大块明亮组织,比光球温度高 100~300 K。光斑平均长 5 万 km,宽 5000~10000 km,它的变化与太阳黑子有密切关系,但平均寿命比黑子长 3 倍。观测表明太阳黑子多时光斑也多,光斑增加造成的太阳辐射增加,可以抵销掉黑子增加造成的辐射减少。因此,太阳活动强时,太阳辐射也增加。谱斑是用单色光观测到的色球上大块增亮的区域。光斑向上延伸到色球就是谱斑,谱斑向下发展就是光斑。谱斑也同黑子有密切关系。

耀斑:也称色球爆发。这是出现在色球—日冕过渡区中的一种不稳定过程,表现为阳面上突然出现的迅速发展的亮斑。可以在短时间内释放出大量的能量、粒子和电磁辐射。耀斑的寿命不长,一般在几分钟到几十分钟之间,面积越大寿命越长。耀斑是太阳活动中最激烈的现象。耀斑也同黑子有密切关系。在太阳活动的 11 年高峰,耀斑活动也比较频繁,数目增多。

日珥:出现在太阳边缘,因为与太阳光球相比,日珥的总光度很小,所以由肉眼观测的机会不多,只有在日全食时才能见到。一般每次日珥喷发过程约持续几十分钟。

射电辐射:太阳的辐射包括米波、厘米波及毫米波段。米波主要来自日冕内层,厘米波产生于色球的低层,毫米波产生于光球。太阳的爆发射电多发生在太阳活动激烈的时候,这时的太阳射电强度可猛增几百万倍。

从能量学角度来说,太阳辐射是地球气候系统的唯一能源。因为,人类活动如燃烧煤、石油、天然气等所产生的热能与此相比,几乎是微不足道的。来到地球大气上界的太阳辐射强度 1372 W/m²,称为辐照度。来到大气上界的太阳辐照度是否常定不变这是一个老问题,也是一个有过激烈争议的问题。早在公元 1837 年布依列特(Pouillet)就提出来"太阳常数"的概念。他认为到达大气上界的太阳辐射是常定不变的。为什么说到达大气上界,是因为大气对太阳辐射有削弱。而这个削弱依赖于大气的厚度及大气浑浊度。早晨及傍晚太阳高度较低,由于阳光是斜着穿过大气,因此太阳辐射在到达地面之前受到的削弱就较大。当大气中水汽及云较多,或者因受到污染大气中悬浮颗粒物增多均会大大减少达到地面的太阳辐射。所以,讨论太阳辐射的强度,一般以达到大气上界为标准。但太阳常数并不是一成不变的,根据 1978 年到 1981 年 971 天的观测,太阳常数有 0.2%~0.5% 的变化,这第一次证实太阳辐照度是变化的,太阳常数不是一个真正的常数。

太阳活动有十分明显的 11 年左右周期性变化[4],很容易想到,地球的气候如果受太阳活动调制的话,地球气候要素的变化也应该有 11 年周期。早在 17 世纪中叶就有人提出地球的温度随着黑子的增加而下降,以后著名气候学家柯本在 20 世纪初也指出全球年平均温度在黑子峰年比谷年低。但是,后来许多的研究结果都表明,除了雷暴与 11 年周期有比较稳定的关系外,大多数的气候要素都很少发现有稳定的 11 年周期。经常是偶尔有一段时间关系较好,而另一段时间则关系又受到破坏。非洲维多利亚湖水位与太阳黑子的联系就是一个典型的例子,1899—1924 年间水位与黑子的正相关系数达到 0.84,一直被当作太阳与地球气候关系的典范。但 1925—1936 年期间主要由于水位振动周期缩短一倍,相关系数变为 −0.42。因此,又被人用来作为否认太阳活动可能影响地球气候的证据。

是否太阳活动 11 年周期对地球气候没有影响呢？回答却可能是否定的。这主要有两个方面的证据，即气候的 5～6 年周期与 22～23 年周期。前者即所谓的"双振动"，后者即"海尔周期"。许多作者证明气候有 5～6 年周期，而且每个 11 年周期中包括两个 5～6 年周期。

大量研究发现气候要素普遍存在 22～23 年左右的周期，这种周期的长度是 11 年周期的两倍。最早是在研究太阳活动 11 年周期的影响时，发现 11 年周期中由 m 年到 M 年或由 M 年到 m 年的气候要素变化，并不是一个常数，而是随周期变化。后来人们发现这就是 22～23 年周期的影响[5]，威利特（Willet）指出太阳活动的单周，即第 9、11、13、15 及 17 周由 m 年到 M 年北大西洋西风减弱。但在太阳活动的双周，第 10、12、14 及 16 周，由 m 年到 M 年北大西洋西风增强。因此，形成西风强度的 22～23 年周期。海尔（Hale）早就指出太阳黑子 11 年周期 M 年的黑子数值交替上升的现象。此外，王绍武的研究还发现中国地区的夏季降水也有 22～23 年周期，并且中国的旱涝与北美大平原的旱涝变化相反。主高年（即主高周的 M 年）中国涝、美国旱。次高年（次高周的 M 年）中国旱、美国涝[5]。类似的研究还有不少。这表明 22～23 年周期是地球气候振动的一个比较主要的周期。不过，可惜目前还无法证实太阳辐射在两个 11 年周期之间如何变化。因为，到现在只有一个 11 年周期的可靠的太阳常数观测。另外，也有的作者指出由于从一个 11 年周期到下一个 11 年周期，太阳黑子的磁场反转。因此，对再下一个周期，就可以再反转回来。所以，也有人把 22～23 年周期称为太阳黑子的磁周期即"海尔周期"。但是现在还不清楚黑子磁场的变化对太阳辐射有什么影响[5]。

太阳活动的 80～90 年周期称为世纪周期或格莱斯堡周期（Gleissberg），18 世纪末、19 世纪中和 20 世纪中 11 年周期的峰值均较强，而在 19 世纪初和 20 世纪初则 11 年周期的峰值均较弱，这都体现了世纪周期变化的特点。在 20 世纪 30 年代，就发现西欧的气候变量也有世纪周期，如德国柏林 1768 年以来的温度就有 89 年左右的周期。20 世纪 50 年代后，很多研究发现全球许多气候要素都存在世纪周期，如首尔 5—6 月雨量，中欧降水，大西洋沿岸的海平面高度，白令海的冰量等的长期变化都与太阳活动的世纪周期有很好的关系，格陵兰冰芯的氧同位素含量的功率谱分析也清楚显示出 79 年周期。Lockwood 等[6]也发现太阳日冕磁场的长期变化与近百年来全球温度的变化有很好的一致性。一些研究发现太阳活动的世纪周期对我国大范围的降水也有一定影响。根据 500 年旱涝等级资料，当太阳活动世纪周期的高峰之后，我国自北向南会进入多雨期。长江流域的梅雨开始日期、梅雨期的长度、汉口站的年最高水位、黄河陕县年最大流量以及西太平洋台风数的距平累积曲线均与太阳黑子的距平累积曲线有很好的对应关系，说明当太阳活动世纪周期增强时，长江流域梅雨开始日期推迟，梅雨期缩短，长江最高水位上升，黄河流量增大，西太平洋台风数目减少[5]。

10.3.2 轨道变化强迫

地球绕太阳旋转的各种轨道参数绘于图 10.5。图中 a 是轨道长半轴，b 是短半轴，偏心率 $e = \dfrac{\sqrt{a^2 - b^2}}{a}$。太阳与地球轨道上春分点的连线和太阳与地球近日点的连线之间的夹角 $\tilde{\omega}$ 是随着时间而变的，此种现象称岁差。SQ 是地球轨道平面的法线，SN 是地球自转轴线平行的直线。SQ 和 SN 之间的夹角称之为黄赤交角（E）。500 万年来 e 的变化范围是 0.0005～

0.0607(现时值为 0.0167);E 的变化范围是 22°02′～24°30′(现时值为 23°27′);$\tilde{\omega}$ 变化于 0°～360°之间,(现时值为 281.75°,$e\sin\tilde{\omega}$＝0.01635)。Williams[9,10]认为,在几十亿年的地球史中,E 的变化范围也是 0°～360°。此三参数并非严格地按一个固定周期而变化,Berger[7]计算了近 500 万年来这三个参数的主要周期列于表 10.3。

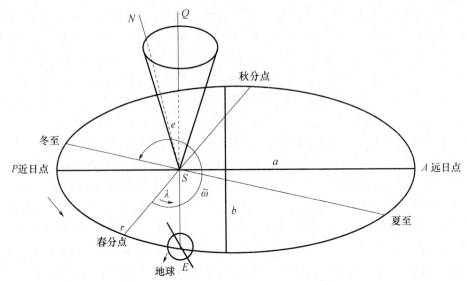

图 10.5　地球轨道 E,绕太阳的方向可表为 $P-r-E-A$;P 为近日点;A 为远日点;
轨道偏心率为 $(a^2-b^2)^{1/2}/a$;r 为春分点;SQ 垂直于黄道面;
E 是黄赤交角;$\tilde{\omega}$ 为春分点相对于近日点的黄经[3]

表 10.3　地球运动长期变化的三个重要参数的主要理论周期和幅度[3]

偏心率(e)		地轴倾角(E)		岁差(P)	
周期(万年)	幅度	周期(万年)	幅度	周期(万年)	幅度
41.29	0.011029	4.10	−2462.2	2.37	0.018608
9.49	−0.008733	3.97	−857.3	2.24	0.016275
12.33	−0.007493	5.36	−629.3	1.90	−0.013007
9.96	0.006723	4.05	−414.3	1.92	0.009888

可见 e 的主要周期有两个:41.3 万年和 10 万年左右,E 的主要周期是 4.1 万年,$\tilde{\omega}$ 的主要周期亦有两个:2.4 万年和 1.9 万年。Held[8]给出了一张过去 10 万年和未来 5 万年的 E、e 和 $e\sin\tilde{\omega}$ 的时间变化曲线(见图 10.6),其变化趋势可见一斑。

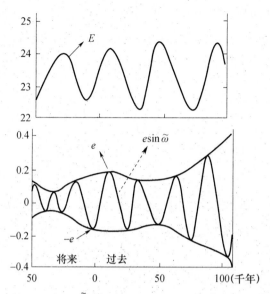

图 10.6　E、e 及 $e\sin\tilde{\omega}$ 随时间的演化，由 Berg 的结果计算而得[3]

参数的改变必然引起太阳辐射量的变化。如 E 的改变虽然不会改变全球的太阳辐射总量，但会引起随纬度分布的变化。E 的增大将使辐射量的南北向梯度减小，但年变化将增大，使极区夏季辐射量增多，冬季仍为零。为了定量地说明它，将计算各纬度带的太阳辐射量的公式写为

$$Q=Q_0\tilde{S}(E,x,t)\tag{10.6}$$

Q_0 是地球轨道为圆（半径 $=a$）时，整个半球所得到的辐射量，$\tilde{S}$ 是分配函数，即

$$\frac{1}{2}\int_{-1}^{1}\tilde{S}(E,x,t)\mathrm{d}x=1\tag{10.7}$$

$x=\sin\theta$。由 $\Delta\tilde{S}=\Delta E\dfrac{\partial\tilde{S}(E,x,t)}{\partial E}\Big|_{E=23.5°}$，$\Delta E=2°$ 时，$\Delta\tilde{S}$ 随纬度的分布绘于图 10.7。可见，在夏季的极区附近，太阳辐射量可增加 14%。

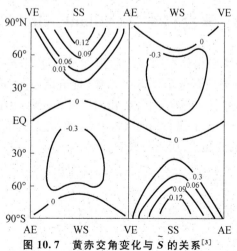

图 10.7　黄赤交角变化与 $\tilde{S}$ 的关系[3]

图中，**SS** 为春分，**AE** 为夏至，**WS** 为秋分，**VE** 为冬至

当考虑到偏心率的作用后,式(10.6)应改写为:

$$Q = Q_0 S(e, \tilde{\omega}, E, x, t) = Q_0 \tilde{S}(E, x, t) a^2 / \rho^2(t) \tag{10.8}$$

式中,$\rho = a(1-e^2)/\{1+ecos[\tilde{\omega}+\lambda(t)]\}$ 为日地间实际距离。

由式(10.8)可得

$$S = \tilde{S} \frac{[1+ecos(\tilde{\omega}+x)]^2}{(1-e^2)^2} \tag{10.9}$$

因为 $e \ll 1$,故式(10.9)可以简化为

$$S = \tilde{S}[1+2ecos(\tilde{\omega}+\lambda)] \tag{10.10}$$

若只讨论夏至日($\lambda = \pi/2$),则 $S = S \sim (1+2esin\tilde{\omega})$。于是,当夏至与近日点重合时($\tilde{\omega} = \pi/2$),$S/\tilde{S} = 1-2e$,这样,在一个岁差周期之内,夏至的太阳辐射变化百分率可达 $4e$(设 $e=0.05$,则 $S/\tilde{S} \approx 20\%$)。

对于一年的平均来说,由式(10.9)可知

$$\oint Sdt / \oint \tilde{S}dt \approx (1-e^2)^{-\frac{1}{2}} = 1+0.5e^2 \tag{10.11}$$

可见,e 对年总辐射的影响仅是 $0.1\% \sim 0.2\%$(取 $e=0.05$)。很多气候模式对这一微小的辐射改变量都是忽略不计的。于是可以说,纯粹由于 e 对年平均辐射量的改变不足以引起 10 万年尺度的气候变化,必须有别的因素配合。

关于 e、E 和 $\tilde{\omega}$ 和三者综合对辐射量的影响,已有不少讨论。可综述如下。

(1)纯粹由于 e 的影响使得年辐射总量的改变率是 $(1-e^2)^{\frac{1}{2}}$ 改变量仅为千分之一。

(2)E 控制着辐射量的南北向梯度。当其变化于 $22° \sim 24.5°$ 范围内时,可使极地的夏季辐射量改变 15% 左右。

(3)$esin\tilde{\omega}$ 调节着辐射量的季节变化。偏心率和岁差的综合效应可使高纬度夏季的太阳辐射量改变 $10\% \sim 20\%$。

(4)e,E 和 $\tilde{\omega}$ 三者的综合效果,可使夏季高纬地区的太阳辐射量改变率达 30% 之多。

10.4　米兰柯维奇(Milankovitch)周期

至少在近百万年来,气候变化具有明显的冰川期与间冰期交替出现的特征,其周期长约 10 万年,现在普遍认为此种周期是地球轨道三参数(黄道偏心率、黄赤交角和岁差)的周期性变化的结果。米兰柯维奇对此种周期的研究作出过特殊的贡献,因此,一般将此种周期称作米氏周期。Milankovitch 综合考虑了偏心率(e)、岁差($\tilde{\omega}$)和黄赤交角(E)三者的共同作用,计算了各纬度带的太阳辐射量的变化[3],所用公式为:

$$Q = \frac{S_0}{\pi\rho^2}(b_0 + \frac{\pi}{2}sin\theta sinesin\lambda) - b_1cos2\lambda + b_2cos4\lambda - b_3cos6\lambda + \cdots \tag{10.12}$$

式中,Q 为任意时间的辐射量,S_0 为太阳常数,$\rho = \dfrac{b^2}{a(1+ecos\omega)}$,是日地之间的实际距离,$a$,$b$

分别为黄道的长轴和短轴,$e = \dfrac{\sqrt{a^2-b^2}}{a}$,$\omega = \tilde{\omega}+\lambda$,$\tilde{\omega}$ 为近日点与春分点之间的夹角,λ 是太阳

黄经(春分点与地球位置间的夹角),θ 为地理纬度,$b_0,\cdots,b_3$ 都是只与纬度有关的常数。米氏认为,夏季高纬纬度的辐射是极地冰盖进退的关键。夏季位于远日点的半球得到的短波辐射较少,冰雪消融亦减少。冬季则该半球位于近日点,得到的辐射量虽较多,温度亦稍高,但仍远低于冰点,不会引起冰雪融化。相反,由于冬季温度升高了一些,使得冬季降雪量会增加。这两种作用(夏季远日点消融少,冬季近日点积累多)的综合结果,使得极地冰盖持续前进而形成冰川期。反之,则形成间冰期。

米兰柯维奇的这一理论当时曾被广泛接受。自 20 世纪 50 年代后期,由于放射性碳(C^{14})断代法的应用,使年代学发生了很大的变革。加上一些其他的方法,使"气候记录"的精度大为提高。利用这些新的分析方法所得到的分析结果引起了对米氏理论的正确性的争论。直到 20 世纪 70 年代,从深海取得的沉积资料,对米氏理论是一个强有力的支持。

两个 Imbrie[11] 设计了一个经验模式,企图从实测的全球冰量变化的资料中,找到米氏周期中最主要的周期成分。他们假定近 50 万年来全球冰体积的变化完全是由于三个轨道参数的变化引起的。任一时刻与轨道参数相平衡的冰体积(I_{0q})可写成:

$$I_{eq}=I_0-\gamma\frac{(E-E_0)}{\sigma(E)}-\beta\frac{e}{\sigma(e)}\cos(\tilde{\omega}-\omega_0) \tag{10.13}$$

式中,I_0 是当 e(偏心率)为零且 E(黄赤交角)$=E_0$ 时全球冰的体积,γ,β 是待定常数,ω_0 是冰体积达极小时近日点的黄径,$\sigma(E)$ 和 $\sigma(e)$ 分别是最近 50 万年来黄赤交角和偏心率的标准差。

实际的冰体积(I)的变化可写成:

$$\frac{\partial I}{\partial t}=(I_{eq}-I)/\tau \tag{10.14}$$

式中,$\tau=\begin{cases}\tau_c, & I<I_{eq}\\\tau_\omega, & I>I_{eq}\end{cases}$。

利用 50 万年来的资料,可以推算出式(10.13)、式(10.14)中各系数:$\tau_c=42000$ 年,$\tau_\omega=10600$ 年,$\gamma>0$,$\beta/\gamma=2$,$\omega_0=125°$。这表明,冰的积累与消融过程是非对称的,积累过程要长得多。E 大时,冰体积要小($\gamma>0$);冰体积的最小期出现在地球近日点位于夏至($\omega_0=90°$)和秋分($\omega_0=180°$)之间($\varphi=125°$);黄赤交角和岁差对冰体积的贡献是同量级的($\beta=2\gamma$)。

现在对米氏理论仍存在某种怀疑。主要基于如下事实:(1)由轨道偏心率引起的 10 万和 41.3 万年两个周期所对应的太阳辐射量的改变很弱,但是在实际气候表现上它很强,比与黄赤交角和岁差所相应的周期要强得多;(2)偏心率的改变仅能引起太阳辐射有 0.2% 的变化,用能量平衡模式模拟的结果说明它不足以引起冰期-间冰期的变化。当考虑了黄赤交角和岁差的影响后,也只能引起冰界扩展 1°~2° 纬距。即使考虑了冰川的消融和冰期气候的纬向不对称性,使得模式的敏感性提高,也不过使得冰界移动 4°~5° 纬距。这些问题尚在争议之中。当然,也有人根本不从地球轨道参数变化来解释 $10^4\sim10^6$ 年的气候变化,而从太阳本身的辐射强度变化、火山爆发、CO_2 变化等来解释之。但总起来说,仍无一个能为较多人所接受的说法。

10.5　银河年与大冰期

第四个强加于气候系统的周期性外力是太阳系统银河系中心(银心)旋转所致。太阳绕银心一周的时间称为一个银河年。它是根据太阳到银心的平均距离($\overline{R}_a$)和太阳的平均速度($\overline{V}_a$)的观测数据计算而得的。因为观测有一定误差,计算得到的银河年 $P_0 = 2\pi\overline{R}_a/\overline{V}_a = 3.03^{+0.65}_{-0.51}$亿年。太阳绕银心的轨道也是一个椭圆,因此,在一个银河年中太阳处于近银心点和远银心点各一次。Steiner 等[12]计算了九个银河年的长度和太阳位于近银心点和远银心点的时间(见表 10.4)。可见,最近三次大冰期的出现时间与近银心点的时间基本相合,平均只差0.13亿年。于是,可以认为亿年尺度的大冰期与银河年关系密切。

表 10.4　银河年与大冰期对应关系[3]

银河年顺序号	近银心点(P)或远银心点(A)时间(亿年)		大冰期		P 或 A 与冰期时间差(亿年)
			地质时代	时间(亿年)	
P_r	P	-0.08	新生代晚期	$0 \sim 0.04$	0.09
	A				
P_r-1	P	2.8	石炭二叠纪	$2.35 \sim 3.40$	0.08
	A	4.37	奥陶志留纪	$4.10 \sim 4.70$	0.03
P_r-2	P	5.95	前寒武纪晚期	6.10 ± 0.30	0.21
	A	7.66		7.77 ± 0.40	0.11
P_r-3	P	9.37		9.50 ± 0.50	0.13
	A	11.19			
P_r-4	P	13.00			
	A	14.89			
P_r-5	P	16.78			
	A	18.73			
P_r-6	P	20.67			
	A	22.65		22.88 ± 0.87	0.23
P_r-7	P	24.62			
	A	26.60			
P_r-8	P	28.60			
	A	30.60			

　　关于大冰期的成因乃众说纷纭,莫衷一是。李四光[13]曾将许多地质学家的看法归纳为六点:(1)由于太阳辐射减少,使气候变冷;(2)地球轨道要素变化,使日照量减少;(3)由于太阳系在银河系内的旋转运动使太阳系位于银河系中不同的地点;(4)大陆上升使气温下降,积雪扩大;(5)大陆漂移运动,使各块大陆在不同地质时期所处的与赤道和两极的相对位置的变化;(6)大气层组成变化,如 CO_2、尘埃含量等。20 世纪 50 年代以来的文章多把亿年尺度大冰期的成因归于银河系,现将有关作者的假说列于表 10.5。从中可以归纳出三种论点,现分别介绍如下。

表 10.5　大冰期形成与银河系关系的主要假说[3]

作者	假说主要内容	估计冰期重复出现的时间
Forbes, 1931	太阳在银河系中运动导致冰河期	2.3 亿年

续表

作者	假说主要内容	估计冰期重复出现的时间
Лунгерграуэен,1957	太阳处于银河系中物质密度比较稀薄地区导致冰期	1.9 亿～2 亿年
Тамраэян,1959	太阳穿过银道面处物质密地区导致冰期	2 亿年
Steiner,1967	太阳系在银河系不同地区,万有引力系数值不同,处于近银心点附近导致冰期	2.8 亿年
Williams,1975	麦哲伦星云对银河系物质分布有潮汐引力,太阳系经过银道面较为平坦地区时导致冰期	2.5 亿年
McCrea,1975	太阳系通过银河系悬臂边缘尘埃相对密集地区,导致太阳辐射量变化,在地球上导致冰期	2.5 亿年
Clark,1977	太阳系经过银河系旋臂中超新星集中地区导致冰期	2.5 亿年
Williams,1981	麦哲伦星云绕银河系旋转因其创赤脚叫长期变化导致冰期	25 亿年

10.5.1　万有引力系数(G)变化说

由牛顿万有引力定律:$F=G\dfrac{m_1 m_2}{r_{12}^2}$,$G$ 是万有引力系数。以前人们一直认为 G 是常数并取做 $G=6.67\times10^{-11}\mathrm{N\cdot m^2/kg^2}$。Dirac[14] 首先提出 G 并非常数,它随时间而变化。现在有不少人根据宇宙膨胀的假说,认为 G 随着时间而变小。

太阳在银河系中所受的离心力 $F_1=\dfrac{V_R^2}{R_a}$(R_a 是太阳到银心的距离,V_R 是太阳处在 R 处的速度),该力应与太阳所受的引力(F_2)相平衡,因为银河系中各星体的分布及外银河系的引力不能精确测定,故 F_2 也不能精确给定。Steiner[15] 曾给出一近似关系:$F_2=\dfrac{GM_g}{R_a^2}$。这样,由 $F_1=F_2$,可得:

$$G=\frac{R_a V_R^2}{M_g} \qquad (10.15)$$

式中,M_g 是银河的质量。可见,在近银心点时(R_a 小)G 值小,在远银心点时 G 值大。不过,当 R_a 增大到某一临界值后,M_g 会发生明显改变,当 R_a 再增大时,G 值反而会变小。

许多发光天体(如太阳)的光度(L)与 G 值的关系可以写成

$$L=M_s^{11/2} r_s^{-1/2}\left(\frac{8\pi G}{c^2}\right)^{15/2} \qquad (10.16)$$

式中,M_s 是太阳质量,r_s 是太阳半径,c 是光速。可见,太阳辐射强度与 G 是呈正相关的。

在最近两个银河年内(6 亿年内),近银心点时 G 小,太阳辐射也小,于是地球上大冰期得以形成。而在第(-2)个银河年以前(6 亿年以前),因为 R_a 值比现在大得多,故远银心点时 G 值小,所以,在古生代以前(距今 6 亿年)是远银心点对应着大冰期。Steiner 等[12] 甚至据此推测,在下列时期地球上也会发现冰期沉积物:11.2 亿年,14.9 亿年,18.7 亿年,26.6 亿年,30.6 亿年(见表 10.4)。部分地质资料支持了这一推测。

万有引力变化说能较好地解释最近三次大冰期,但奥陶—志留纪一次相对较弱的大冰期正好处在远银心点附近(见表 10.4)。这是与此假说相矛盾的。

10.5.2　银道面物质分布不均说

前已指出,在一个银河年中除一个大冰期外,约相隔 1.5 亿年后有一个较小的大冰期出现(见表 10.4)。而引力变化说只能解释一个大冰期。于是,William[5,6] 提出大冰期的形成与银河系的质量分布不均匀有关一说。银河系物质分布不均匀的原因,一般认为是由于大小麦哲伦星云的潮汐力所导致。这两个星云可看成是银河系的卫星星系,直径分别是 3.2 万光年和 2.5 万光年,距离太阳约 50～60 kpc(千秒差距)它们也都在自转,且各有悬臂。

10.5.3　银河系悬臂影响说

McCrea[16,17] 提出太阳系运行到银河系的一个旋臂之中时,遇到密度较大的星际物质,可使地球上产生冰期气候。他估计太阳系通过一个旋臂的时间约为 10^8 年,其中有 10^7 年是处在旋臂的主要部分,这与一次大冰期的持续时间基本一致。

为什么地球在旋臂的尘埃云中时会导致地球上的冰期呢? McCrea 认为是太阳风的影响。当太阳进入到尘埃云中时,太阳遇到的阻力增大,强度减弱,甚至有时不能到达地球上。这样,由于地球失去了太阳风的保护,星际尘埃就可以落到地球上或者飘荡在地球上空,使太阳辐射减弱,气候变冷。不过,McCrea 认为导致冰期的尘埃云密度要达到 10^5～10^7 颗/厘米^3。

用太阳系经过银河系旋臂区来解释大冰期的形成是有一定的根据的,在时间尺度上对应得也很好;但是,尘埃如何影响气候变冷的定量数据仍很短缺。因而,此种假说还不能认为已经成定论。

10.6　火山活动

大地板块之下地壳熔融形成岩浆,岩浆沿地壳破碎的裂缝向上喷发形成火山。火山爆发或火山喷发是地球上的重要自然灾害。火山爆发时,上千度高温的火山熔岩,以每小时几十千米的速度向山下蔓延。同时,向空中喷发出碎石、岩块,通常称为火山弹,小的直径几厘米、几十厘米,大的可达几米,重几十吨甚至百吨。但是,更多的则是火山灰,直径只有 0.01～0.02 mm,有的在 0.01 mm 之下。大一些的火山灰很快下落,覆盖了火山附近地区,这些熔岩及稍大一些的火山灰主要给当地居民带来灾难。

过去人们只知道火山爆发所带来的直接或间接的生命财产损失。但是,还没有注意到火山爆发对气候的影响。1783—1784 年北美出现了严冬,纽黑文 1781—1810 年 30 年间 1—2 月平均气温为 $-2.5℃$。而 1784 年为 $-6.4℃$,比平均气温低了 3.9℃。美国大发明家富兰克林首先提出,这可能是上一年冰岛火山爆发造成的。这时他正出使法国。1783 年冰岛莱基火山爆发后巴黎阳光暗淡,太阳升到地平线上 20°高度仍是古铜色,当年冬季即出现了严冬。为什么火山爆发能造成气候变冷呢? 主要是火山爆发时,喷发出一些十分细微的可称为火山灰的微粒,直径不过 0.5～2.0 μm,以及大量气体。这些气体与大气中的水汽结合形成液体状浓硫酸盐滴,称为气溶胶。当火山爆发十分强烈时细小的火山灰及气溶胶,可喷发到 30～40 km 高,在平流层中漂浮 2～3 年,个别可能存留 10 年以上。这些火山灰和气溶胶可以散射太阳辐射,使地面接受到的太阳辐射减少,气温下降。所以火山爆发对气候的影响也称为"阳伞效应"。当然,这种阳伞效应不仅是影响火山附近的地区,还可能对半球甚至全球气候都有影响。

因为由强大的火山爆发形成的火山灰和气溶胶能长期存留在平流层,因此在喷发后,能逐渐传播到全球,而且传播的速度很快。1982 年厄尔·奇冲火山爆发时已有卫星观测,可以精确地描绘出火山灰和气溶胶自东向西的传播。在爆发后 20 天即形成一个环绕地球的火山灰和气溶胶带。特别是在赤道附近爆发的火山,一旦气溶胶进入平流层,就会随强劲的纬向气流转播,形成一个气溶胶环。再向赤道两方扩散,可以影响到全球。所以低纬的火山爆发的影响往往较大,而较高纬度的火山,则可能主要影响本半球[5]。

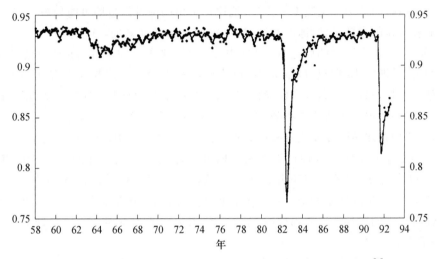

图 10.8　火山喷发后夏威夷观测的地面太阳直接辐射的接收率[5]

火山喷发对气候造成影响的途径是多方面的。首先,最直接和最明显的就是通过火山灰和气溶胶的扩散,对太阳辐射和长波辐射的影响。由火山灰和气溶胶组成的火山云增大了反照率,大大地减少了到达地面的直接太阳辐射。1912 年 6 月阿拉斯加的卡特迈火山爆发后,1912 年 9 月美国及欧洲一些测站的太阳直接辐射减少 20% 以上。另外有证据表明,1883 年克拉卡托火山爆发,1902 年佩勒与圣玛利亚火山爆发后直接太阳辐射亦可能减少了 20%～30%。不过火山云虽然阻挡了直接到达地面上太阳辐射量。但是,火山云却使散射辐射增加,1963 年 3 月印度尼西亚的巴厘岛阿贡火山爆发,这并不是近几十年最强的一次爆发,但是却有了较完备的辐射观测资料,而且绘制了火山云漂移扩散图。能够准确地知道火山云何时入侵澳大利亚。这样利用澳大利亚墨尔本的太阳辐射观测,就可以比较精确地知道,由于火山云太阳辐射受到的影响。这次观测表明,阿贡火山爆发后直接太阳辐射减少 23%,但是散射太阳辐射则增加 1 倍以上。不过,因为散射辐射绝对值小,所以把直接辐射与散射辐射合起来的太阳总辐射仍下降 6%。1982 年墨西哥湾的厄尔·奇冲火山爆发,这次不仅有系统的太阳辐射观测而且有了卫星观测。因此,很清楚地看到火山云是如何自东向西扩散,在 20 天左右的时间环绕地球一周。这次测得的直接辐射减少 33%,散射增加 77%,总辐射减少 6%。火山灰尘与气溶胶对辐射的影响,必然会对全球地气系统的热量平衡产生很大的影响。

其次,火山平流层气溶胶可以引起许多反馈过程,这些反馈过程涉及许多方面,如气溶胶的多重散射可导致臭氧的光解作用增强使臭氧总量下降,使得平流层上部冷却;与水汽及温度反照率间等都存在复杂的反馈作用。此外,火山活动对气候还有间接的影响,如平流层气溶胶辐射强迫造成温度场的变化和能量的重新分配,进而造成大气环流的变化,最明显的例子是大气平均动能减小,对流层纬向风减弱,使得大气的经向热输送发生变化,热带辐合带南移。

近年来,随着火山资料和气候记录的日益丰富及研究的逐步深入,人们已经认识到,在气候的长期变化中,火山活动至少是和太阳活动变化、温室效应影响等具有相同量级的强迫因子,对气候的长期变化有十分重要的影响。波特(Porter)曾把格陵兰冰盖的冰芯酸度的变化与山岳冰川的进退作了非常有趣的比较。他发现大约从公元 1200 年到 1900 年冰川前进,雪线下降,这表示气候寒冷。而在此之前公元 1100～1200 年之间有一段明显的冰川后退雪线上升。他认为这段时间即中世纪暖期。当然,他这样定出的中世纪暖期可能稍短一些,但是却在冰芯酸度上有明显的表现,这时冰芯酸度减少,说明火山活动减弱,气温上升。更为有意义的是 16 世纪前半,冰川有明显的后退,18 世纪又一次较弱的后退。这可能意味着大体上在这两次后退的前、后即在 15 世纪、17 世纪及 19 世纪有三次冷期。这与前边讲到的小冰期中的气候变迁基本上是一致的。而且,这个特征在冰芯酸度变化中有非常明显的表现。此外,值得注意的是,波特的冰川变化曲线中在公元 1000 年前有一个短暂冷期。而在公元 900 年前为一弱的暖期,这些均在冰芯酸度变化中有所表现。同时,大体上与中国的气候变迁是一致的。这不仅说明气候变迁的空间一致性可能较大。欧洲的冰川与中国东部的气候变迁有一致性。Hammer[18]也曾比较了自公元 550 年以来的中英格兰温度、加利福尼亚树木年轮宽度、格陵兰冰芯氧同位素、北半球气温和格陵兰冰芯的酸度变化特征,发现温度大的冷暖波动在冰芯酸度曲线上都有很好的表现。这些都说明,温度变化与火山活动可能是气候变迁形成的重要原因,至少是重要原因之一[5]。

参考文献

[1] Ruddiman W F. Earth's Climate-Past and Future:Second edition [M]. Clancy Mari hull, 2008.

[2] Imbrie J. A theoretical framework for the Ice Ages[J]. Journal of the Geological Society (London), 1985, 142: 417-432.

[3] 汤懋苍. 理论气候学概论[M]. 北京:气象出版社,1989.

[4] 王绍武. 全新世气候变化[M]. 北京:气象出版社,2011.

[5] 王绍武. 气候系统引论[M]. 北京:气象出版社,1994.

[6] Lockwood M, Stamper R, Wild M N. A doubling of the Sun's coronal magnetic field during the past 100 years[J]. Nature, 1999, 80(1):125-154.

[7] Berger A L. Obliquity and precession for the last 5 000 000 years[J]. Astronomy & Astrophysics, 1976, 51(1):127-135.

[8] Held I M. Climate models and the astronomical theory of the ice ages [J]. Icarus, 1982, 50(2-3):449-461.

[9] Williams G E. Possible relation between periodic glaciation and the flexure of the Galaxy[J]. Earth & Planetary Science Letters, 1975, 26(3):361-369.

[10] Williams G E. Late Precambrian glacial climate and the Earth's obliquity[J]. Geological Magazine, 1975, 112(5):441-465.

[11] Imbrie J, Imbrie J Z. Modeling the climatic response to orbital variations[J]. Science, 1980, 207(4434): 943-953.

[12] Steiner J, Grillmair E. Possible Galactic Causes for Periodic and Episodic Glaciations[J]. Geological Society of America Bulletin, 1973, 84(3):1003-1018.

[13] 李四光. 天文地质古生物[M]. 北京:科学出版社,1972.

［14］Dirac P A M. A New Basis for Cosmology［J］. Proceedings of the Royal Society of London，1938，165 (921):199-208.

［15］Steiner J. The sequence of geological events and the dynamics of the Milky Way galaxy［J］. Journal of the Geological Society of Australia，1967，14(1):99-131.

［16］McCrea W H. Solar system as space-probe［J］. Observatory-Didcot-，1975，95(1009):239-255.

［17］McCrea W H. Glaciations and dense interstellar clouds［J］. Nature，1976，263(5574):260.

［18］Hammer C U，Clausen H B，Dansgaard W. Greenland ice sheet evidence of post－glacial volcanism and its climatic impact［J］. Nature，1980，288(5788):230-235.

第 11 章 气候变化的形成机制

从第 2 章对气候系统的介绍中可以看出，气候系统是一个庞大而又复杂的物理系统，不但包含众多成员，其中有些我们至今了解还很少（如生物圈），而且各成员包含的时间尺度有很大的差别，同时，支配各成员过程变化的物理因子和机制也各不相同，各成员及其属性之间又存在着复杂的相互作用[1]。物理气候学的任务就是要利用物理学的原理和规律来揭示气候系统各成员的演变及其共同作用造成的气候及气候变化的机制和规律，进而达到预报气候变化及气候异常的目的。在这之前，我们先对影响气候的物理过程和因子做一个总体的概括性的介绍。

11.1 影响气候及其变化的物理过程

气候的形成和维持与造成气候变化和气候异常的物理过程是不相同的，气候的形成和维持是一个如何达到平衡态的问题，而气候变化和气候异常则是一个偏离平衡态或失稳的问题。

11.1.1 气候形成和维持的物理过程

气候形成和维持的物理过程主要与气候系统的加热率和输送过程有关。气候状态的形成主要决定于对气候系统的加热率的强度和时空分布。虽然地球气候的最终能源来自太阳辐射，但是加热这一气候系统的重要强迫函数很大程度上由气、液和固态水物质所支配，表现在以下几个方面[2]：①云反射的短波辐射和发射的长波辐射约占留在大气中总辐射的 50%；②若只考虑短波辐射，云占行星反照率的大约 2/3；③大气的最大单一热源是潜热的释放；④海洋表面的热平衡主要由蒸发过程支配；⑤冰雪通过其高反照率和融化成为有效的热汇。有了一定的加热率后，气候状态的形成还决定于大气和海洋如何响应，以及风、洋流和大尺度涡旋如何通过对物理量的输送达到稳态平衡，维持一定的全球平衡态，即气候。

11.1.2 造成气候变化的物理过程和因子

对气候变化而言，只靠加热和输送过程还不够，还必须有其他过程。通常，根据所关心的气候变化的时间尺度，可将造成气候变化的物理过程分成两类，即内部过程和外部过程。

所谓内部系统指的是围绕地球的气、水和冰外壳。内部系统中发生的物理过程称为内部过程，它包括：

（1）大气、海洋和冰的有效内部驱动机制。对大气，有斜压不稳定，垂直运动，平流，涡旋输送，湍流交换等。对海洋，有与温度和盐分分布有关的海洋大循环，垂直翻转（上翻和下翻）等。对冰，则有冰的生消过程。

（2）内部系统不同变量之间的相互作用或反馈。反馈过程（或机制、效应）会在由季到几千年的时间尺度上对气候系统起内部调节和控制的作用，正反馈过程是造成气候变化和异常的重要物理过程(详见第 6 章)。

所谓外部系统指的是环绕地球的太空。外部过程是指发生在外部系统中,本身仅很缓慢地受或不受气候影响的物理过程,有时也把外部过程叫作气候的强迫过程(或机制、效应),外部过程包括:

(1) 太阳的状态(太阳常数),地球旋转速率及轨道参数(如偏心率,倾斜度)等的变化(详见第 10 章);

(2) 地壳结构的变化,化石燃烧所造成的大气 CO_2 含量的变化以及火山爆发造成的大气气溶胶的变化。

前一部分是从造成气候变化的物理过程的角度加以区分的,若从物理因子角度出发,也可做相应的区分。从物理因子角度区分造成气候变化的物理因子如下。

(1)外部的天文因子:指太阳辐射,地球在太阳系中的位置及运动,地轴对轨道平面的倾角,地球的旋转速率等(详见第 10 章)。

(2)外部的地球物理因子:指海-陆-气系统以外的物理属性。如地球的质量,旋转轴,地球内部的重力场及磁场,地球内部热源(地热通量)等。

(3)内部的地球物理因子:指的是海-陆-气系统的属性。如大气质量及成分,下垫面的特点,海底地形,海洋的质量和成分以及陆地活动层的结构等。

需要指出的是,内部因子和外部因子的区分并不是绝对的,随着问题的不同和考虑的时间尺度的不同,它们是可以相互转化的。例如,海洋内部的温度在较短时间尺度的问题中,可以看作是一种外部因子,取为不变,但对于较长时间尺度的问题,则必须作为一个内部因子来考虑。又如,大气中的 CO_2 含量,在一般的数值模式中是作为一个常值的外部因子来考虑的,但是在一个用于计算 CO_2 与海洋之间的反馈的模式中,就必须把它看作是变化的内部因子。

内部因子在数值模式中是作为一个变量出现的,而外部因子则是作为一个参数出现的,过多的内部因子将会使方程的求解过程复杂化,但如果不恰当地把内部因子当作外部因子来处理,则会歪曲问题的本质,或忽略掉某些重要的反馈机制,从而影响结论的精确性,甚至从根本上影响结论的正确性。

11. 2　气候演变的时空尺度

气候系统的性状在空间上是不均匀的,在时间上是不断变化的。气候系统的空间不均匀性尺度可以从全球(水平范围 10^4 km,垂直范围 10 km)一直延伸到非常小的大气和海洋中的微湍流甚至土壤中的不规则结构。若设最小尺度为 1 km 左右,气候系统将约有 10^{27} 个格点,如果用 10 个场来描述,则气候系统将有 10^{28} 个自由度,这样的描述显然是不可能的,我们只可能个别地描述大尺度的不均匀性,对小尺度的不均匀性,只能统计地加以描述。湍流、对流、凝结和辐射过程都是包含小尺度的过程,在气候模式的研究中对这些小尺度过程的处理通常采用两种方法:一种是采用大尺度变量来描述这些小尺度过程对大尺度变化的统计效应,即所谓的参数化方法;另一种是将这些小尺度过程作为随机强迫加以考虑,由此发展出了随机气候模式。气候系统的性状不仅在空间上具有多种尺度,在时间变化上也是多频的,多层次的。在研究演变规律时,必须首先确定研究的是何种时间尺度的现象。因此,气候模拟实质上是对不同时空尺度的物理过程分别建立不同等级的模式。世界上没有严格不变的东西,如果把数百万年的时间压缩到几秒钟来看则静静的群山就会像波浪一样起伏不定。同理,对于和研究的时间尺度相比变化缓慢得多的性状,可以把它看成是不变的,因而是已知的。对该现象的数值模式而言,这些已知的性状被称为外部因子,它们不受气候变化的影响。内部因子则是指气候系统内部的各种反馈作用,它们将引起气候的振荡变化或气候异常。这种区分是随所考虑的时间尺度而变的,从物理上说,只有气候系统以外的过程,如太阳常数和地球轨道参数等,才可以说不受内部因子的影响,而受外部因子的影响。对气候模拟的研究来说。通常在季节尺度上把大气视为仅有的内部因子,而把海洋、冰和陆面的性状全部当作给定的已知边界条件,作为外部因子来处理。对于年际变率,则把大气和海洋均视为内部因子。对更长的时间尺度,则把冰和陆面的性状也视作可变部分。因此,针对不同的时空尺度应建立多种气候模式,包括各个子系统间的耦合模式。

为了更清楚且较全面地了解气候事件及气候子系统中过程的特征时间尺度,我们在图 11.1 中给出造成不同时间尺度的气候变化的可能因子或物理过程。对于某个特征时间尺度 τ 的气候变化,则 $t<\tau$ 的因子或过程(图中时间坐标 τ 的右侧的因子或过程)应视为内部因子或内部过程,而 $t>\tau$ 的因子或过程(时间坐标 τ 左侧的因子或过程)则可视为外部因子或外部过程。

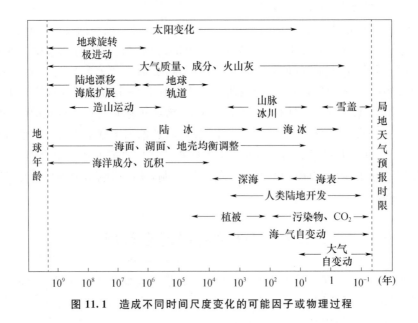

图 11.1 造成不同时间尺度变化的可能因子或物理过程

11.3 气候变化的形成机制

气候变化的形成机制一直是气候研究中最为重要的问题。气候系统发生气候突变要有触发器(triggers),放大器(amplifiers),以及维持源(sources of persistence)。触发器可以是很快的变化也可以是缓慢的变化。例如水坝湖水的突然倾泻,就是很快的变化,而如 4 千年非洲的变干则可能是缓慢的太阳辐射变化造成的。此外,人类活动产生的温室效应也可能引发突变。气候系统中有许多放大器能使微小的外强迫造成巨大的气候变化。例如干旱使得植物休眠或死亡,减少蒸腾,减少向大气供应水汽。在不少大陆地区这对降水影响很大,降水减少进一步加强干旱。又如在高寒区,降温使冰雪覆盖扩展,增加反照率,减少对太阳辐射的吸收,因此更进一步变冷。这些正反馈机制也可以成为异常得以维持的源。例如失去植物,使根部不能保持水分,因此降水大多成为径流而失去,可以造成沙漠化。又如陆上雪盖长时间存在,可以形成足够厚的冰盖,冰面高、冷,从而难于融化。温盐环流也可能是一个重要的维持机制。

基于 11.2 节的讨论可知,通常我们把能导致气候变化的这些因子分成两类,一类是外部因子,它们不受或基本不受气候系统状况的影响,也可以说气候系统对这些因子没有反馈作用,如我们在第 10 章中讨论的地球轨道参数、太阳活动、火山活动等。另外,还有大陆板块漂移、造山运动和高原隆起等。同时人类活动因具有一定的独立性,在一定程度也可以认为是外部因子。

另一类是内部因子,它涉及气候系统内部复杂的反馈过程,即气候系统各成员间的正、负反馈过程,它们是年际及年代际气候变率的主要成因,可以分解为以下三项:

$$\frac{\mathrm{d}R(t)}{\mathrm{d}t} = \sum_{i=1}^{M_i} F_i(t) + \sum_{j=1}^{M_j} A_j(t) + \sum_{k=1}^{M_k} Q_k(t) \tag{11.1}$$

其中第一项为强迫项,第二项为振荡项,第三项为反馈项。由于振荡项和反馈项可以是线性的,也有非线性的,因此,在外源强迫下会产生不同尺度的气候突变和极端气候事件。如图 11.2 所示,以温度变化(实线)为例,它就是由外强迫引起的长期趋势(细虚线)和不同时间尺度的内部振荡(粗虚线)耦合而成的。其中,长期趋势主要由温室气体等外强迫导致,年代际振荡主要是气候系统内部的相互作用。当气候系统内部的调制作用导致的温度振荡处于向上支时,增温趋势加快,出现增温"增强",反之,当气候系统内部的调制作用导致的温度振荡处于向下支时,增温趋势减缓,出现增温"停滞"(如图 11.2 阴影部分)。在研究不同尺度气候变化的形成因子时,可利用第 7 章和第 8 章介绍的方法进行敏感性和稳定性分析。

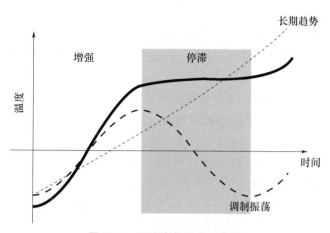

图 11.2　温度变化形成示意图

下面的几节中,我们就以全球增温停滞这一特殊的气候事件讨论气候变化的形成机制。

11.4　增温停滞与协同振荡

在过去一百多年,地球大气中的二氧化碳一直在单调增加,并且被认为是过去百年全球变暖的主要原因[3]。但与单调增加的二氧化碳不同,全球平均气温并不是完全单调上升。实际气温的变化是由各种时间尺度的变率组成。在百年尺度增温的基础上,全球平均气温还表现出显著的年代际变率,如20世纪中叶开始的一次增暖减缓和近年来的增暖减缓[4]。这种温度的年代际变率一方面受外强迫的影响,另一方面受气候系统内部变率控制。无论是陆地还是海洋区域这种实际气温变化序列的多时间尺度特征均非常显著。

EEMD是一种一维数据分析方法[5],它能够反映气候数据的非线性性以及非定常性。利用EEMD方法能够将气候变率分解为不同时间尺度的分量,包括年际、年代际变率等,从而得到的全球陆地温度距平的长期变化趋势以及年代际振荡。本章使用EEMD方法的具体步骤是Ji等[5]一文中的方法。具体步骤如下:

(1)在原始序列性 $x(t)$ 上增加一个原始数据0.2倍的标准差的白噪音;

(2)令 $x_1(t) = x(t)$,并找到 $x_1(t)$ 序列的最大值和最小值,进一步找到分别对最大值和最小值进行三次样条拟合的上包络线 $e_u(t)$ 和下包络线 $e_1(t)$;

(3)计算上、下包络线的平均值面 $m(t) = \dfrac{e_u(t) + e_1(t)}{2}$,判断 $m(t)$ 是否接近于零;

(4)若 $m(t)$ 为零,那么停止筛选过程;否则,令 $x_1(t) = x(t) - m(t)$,并重复步骤(2)和(3);

(5)通过这种方法,便得到了第一个本征分量 $C_1(t)$ (IMF, intrinsic mode function),残差项 $R_1(t)$ 通过用 $x(t)$ 减去 $C_1(t)$ 得到,如果残差项依然包含振荡分量,我们继续重复步骤(3)至(4),但用残差项作为新的 $x_1(t)$,至此,每个时间序列均可以分解成不同的本征分量(IMF),即:

$$x(t) = \sum_{j=1}^{n} C_j(t) + R_n(t) \tag{11.2}$$

$C_j(t)$ 代表第 j 个IMF, $R_n(t)$ 代表数据 $x(t)$ 的残差。

(6)重复步骤(1)~(5),但是用不同的白噪音序列,然后使用所有多次结果的集合平均值作为最终结果。

在本章中,白噪音序列的幅度为0.2倍原始数据的标准差,集合平均成员的个数为400,IMF的个数为6。EEMD的程序包可以从网址 http://rcada.ncu.edu.tw/research1.htm 下载[6]。

图11.3为利用EEMD方法对全球气温的年平均时间序列进行分解后的结果。其中IMF1~6代表分解后的6种时间尺度的序列,其中从分量1至6的尺度逐渐变长。分量1主要为年际变率,分量2为年际至年代以下变率,分量3至5均为年代际变率,分量6为长期趋势。可见,EEMD能有效分离不同尺度的变率,无论是对年际、年代际还是百年尺度的长期趋势研究均非常合适。

如图11.3所示,在百年尺度长期增温趋势的基础上(IMF6),全球气温存在显著的年际和年代际变率。首先,气温的年际变化幅度非常大,即气温的变化表现出非常大的年际间波动(IMF1~IMF2)。这种气温的显著年际变率很大程度上受大气环流变化的影响。除了年际变率,气温的年代际变率也非常显著(IMF3～IMF5)。在几十年尺度上,年代际变率引起的温度变化幅度和长期增温趋势的幅度相当。因此,当年代际变率叠加于长期趋势上时,会出现增温趋势非常小的阶段,如 20 世纪中叶附近的几十年,也会出现快速增温的阶段,如近期增暖减缓前的 30 年。虽然北半球气温的年际变率幅度非常大,但是对于气候变化预测而言,气温的年代际变率和长期趋势的变化更为重要,特别是对制定气候变化的适应对策而言。

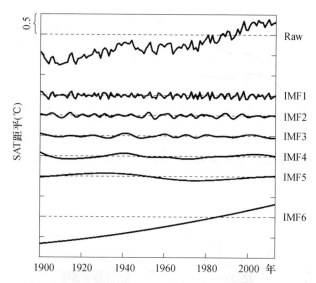

图 11.3　全球气温的年平均时间序列的集合经验模态分解。Raw 代表原始序列,
IMF 为 intrinsic mode function,IMF1～6 分别为不同时间尺度的序列,
其总和即为原始序列。所用数据为 GISS 温度资料[5]

气温的年代际变率是气候系统内部变率和外部强迫共同调制影响下产生的振荡,这里我们称其为气温的年代际调制振荡分量(DMO,Decadal Modulated Oscillation)。利用 EEMD 方法,本章将气温的 DMO 分量用 EEMD 分解后的第 3～5 个 IMF 之和表示。图 11.4 分别展示了全球和北半球气温的年代际变率和长期趋势变化序列。如图 11.4 所示,气温的年代际变率分量和长期趋势的幅度相当。在年代际变率影响下,气温会出现加速增温和增暖减缓的现象。相对于全球平均而言,北半球气温的年代际变率幅度更大,对气温年代际变化的影响也更显著。

大量研究表明,气温的年代际变率分量和气候系统内部变率密切相关[7]。为了研究气温年代际变率与气候系统内部变率的关联,我们用 PDO、Niño3.4、AMO 和 AO(Arctic Oscillation)指数对北半球气温的年代际变率进行了逐步回归分析。图 11.5 展示的是将冷季 PDO、Niño3.4、AMO 和 AO 指数进行 EEMD 展开,然后再用其展开后的各个分量对北半球气温进行 EEMD 展开后的年代际变率分量进行逐步回归的结果。也就是说,先将 4 种指数分别利用 EEMD 展开为 6 个不同频率的分量,这样总共有 24 组序列;然后将北半球冬气温进行 EEMD 展开后求得其年代际变率分量,即图 11.3 所示的第 3～5 个 IMF 之和;最后利用逐步回归方法,用 4 种指数展开后的 24 组变量对气温的年代际变率进行回归。如图 11.6 所示,PDO、Niño3.4、AMO 和 AO 的年代际变率能够解释北半球气温年代际变率的 88%。对应的具体回归表达式为方程(11.3),其中下标代表 EEMD 展开后 IMF 的序号:

$$DMO = 0.008 + 0.032PDO_3 + 0.063Niño_4 +$$
$$0.015Nino_5 + 0.206AMO_5 + 0.016AO_3 - 0.042AO_4 \tag{11.3}$$

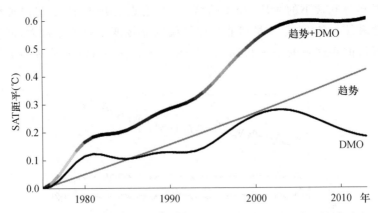

图 11.4　EEMD 分解后的全球气温年平均距平序列的长期趋势(灰色)、
年代际变率(黑色)以及长期趋势和年代际变率的和(灰黑)[7]

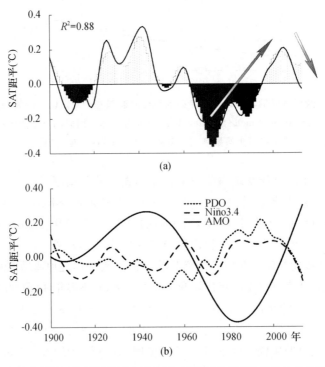

图 11.5　(a)北半球冷季气温的年代际变率序列,以及用(b)PDO、Niño3.4、AMO 和 AO 进行
EEMD 分解后的各个年代际变率分量对其进行逐步回归的回归序列。其中回归结果对原始序列
的解释方差为 88%,其中 PDO、Niño3.4 和 AMO 的贡献率分别为 22%、18%、56% 和 4%[7]

　　进一步分析了这些典型气候系统内部变率模态各自的年代际变率对北半球气温年代际变
率的贡献率。贡献率采用 Huang 和 Yi[8] 使用的方法:计算回归表达式中每一项的平方对所
有项平方的和的贡献率,即如表达式(11.4)所示:

$$R_i = \frac{1}{m} \sum_{i=1}^{m} \left[T_i^2 / \left(\sum_{j=1}^{n} T_j^2 \right) \right] \tag{11.4}$$

其中,T_i 为回归表达式中的第 i 项,m 为数据的时间长度,n 为回归表达式里的所有项的个数。计算得到回归表达式里每一项的贡献率之后,把各个指数对应的所有项的贡献率求和,即可得到四种指数各自对回归变量的贡献率。

PDO、Niño3.4、AMO 和 AO 各自对北半球气温年代际变率的贡献率分别为 27%、18%、52% 和 3%。故 AMO 对北半球气温年代际变率的调制作用最强,PDO 次之,Niño3.4 更弱,AO 的作用最小。然而,PDO 和 Niño3.4 的共同贡献与 AMO 相当。由于 PDO 和 Niño3.4 共同代表太平洋区域的年代际变率,而 AMO 代表大西洋区域的年代际变率。因此,太平洋和大西洋的年代际变率对北半球气温年代际变率的影响均非常重要。

11.5　海陆热力差异对增温停滞的影响

基于 11.3 节和 11.4 节的讨论可以发现,北半球冷季气温年代际变率显著,并且气温的年代际变率与海洋相关的气候系统内部变率,即与 PDO、Niño3.4 和 AMO 等密切相关。海洋相关的气候系统内部变率基本能够解释北半球气温的年代际变率特征。然而,目前来说,海洋相关的气候系统内部变率究竟如何影响北半球陆地的气温变化等相关问题依然不够清楚。针对这一科学问题,我们进一步探讨了海洋相关内部变率影响陆地气温的机制,并以近期增暖减缓问题为切入点进行研究。气温的变化不仅包含不同时间尺度的变率,其在不同的空间范围也存在显著的差异。几百年来气温在全球基本都为上升趋势,但不同区域的升温趋势大小存在显著差异。如欧亚大陆中高纬和北美大陆高纬增温显著,陆地相对于海洋增温显著等。这种不均匀的增温意味着不同地区的升温幅度不一样,这导致在全球变暖的背景下,增温强的区域可能会受到更大的影响。

图 11.6 为增暖减缓期间,全球气温分别在冷季的变化趋势。暖季气温依然以增温为主,并未表现出显著的降温区域(图略)。然而冷季则表现出了大片的降温区域,且全球平均为降温趋势,特别是欧亚大陆东部和北美大陆以及赤道中东太平洋为三大显著的降温中心(图 11.6)。欧亚大陆和北美大陆的变冷对全球的增暖减缓起重要贡献。其中,欧亚大陆和北美大陆对全球陆地降温趋势的贡献率分别为 60% 和 25%(表 11.1),欧亚大陆对全球增暖减缓的贡献远大于北美大陆。下面我们先讨论欧亚大陆东部降温中心的形成机制,北美大陆降温的形成机制我们将在 11.6 节中讨论。

表 11.1　区域平均的冷季降温对全球、陆地和海洋总的降温的贡献率(%)

	北美	欧亚	中东太平洋	陆地	海洋
全球	12	29	15	48	52
陆地	25	60	N/A	N/A	N/A
海洋	N/A	N/A	29	N/A	N/A

注:表中 N/A 表示"无"。

由于经向和纬向温度变化的不均匀分别导致下垫面经向、纬向热力强迫的变化。因此,我们对经向、纬向的热力强迫变化做了进一步分析。图 11.7a、b 分别展示了经向、纬向热力强迫随时间的变化。其中,经向热力强迫定义为[30°—50°N]减去[70°—90°N]区域的温度差。纬向热力差异定义为太平洋和欧亚大陆东部的气温减去欧亚大陆和北美大陆气温的差。如图11.7a、b所示,增暖减缓期间,经向热力强迫显著减小,而纬向热力强迫显著增大。

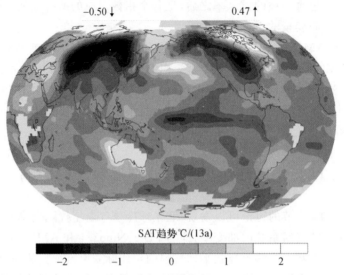

$-0.50\downarrow$ $0.47\uparrow$

SAT趋势℃/(13a)

-2 -1 0 1 2

图 11.6　冷季气温在 2001—2013 年间的线性变化趋势[7]

其中在左(右)上角的数字分别代表全球平均的降温(增温)趋势

由于经向和纬向热力强迫的变化会影响大气环流的调整[9,10]。经向热力强迫减小对应"暖北极,冷陆地"型,即"warm Arctic and cold land(WACL)"[10,11]。这种热力强迫对应于 500 hPa 位势高度场在北极地区的显著正异常(图 11.7c)。这种北极位势高度的正异常同时出现在 200 hPa 和 850 hPa 以及海平面气压场。其中 200 hPa 的变化对应对流层上层极涡的变化,即增暖减缓期间极涡显著减弱。此外,欧亚大陆东部、北美大陆以及大西洋和地中海区域均有负的 500 hPa 位势高度异常(图 11.7c),并且这些异常变化也出现在其他高度层上。位势高度以及海平面气压场在极地和中纬度存在相反变化。这种变化导致极涡减弱以及高纬西风环流减弱(图 11.7c)。而 Screen 和 Simmonds[12] 的研究表明,弱的位势梯度和西风能够促使行星波传播速度减慢且振幅增加,进而导致极低的异常冷空气容易向南入侵,从而最终造成中高纬陆地的降温。

纬向热力强迫增大对应"暖海洋,冷陆地"型,即"warm ocean and cold land(WOCL)"pattern[9,13],但近期增暖减缓期间一个暖中心出现在欧亚大陆西部,而不是大西洋上。北太平洋区域是增暖减缓期间全球最暖的区域之一,这一区域的海面温度异常对应 PDO 的负位相以及 500 hPa 位势高度的正异常(图 11.7c),并且这种位势高度的正异常也出现在其他高度层。由于阿留申低压定义在海平面气压场上,故北太平洋区域海平面气压的正异常,表明阿留申低压显著减弱。由于位势高度和海平面气压在北太平洋区域的正异常引起北美大陆风场的北风分量增强(图 11.7d),从而导致北美大陆的变冷。此外,欧亚大陆东部位势高度的负异常也引起欧亚大陆东部区域的北风增强,进一步导致极地冷空气更多南下,从而最终引起欧亚大陆东部地区的显著变冷。

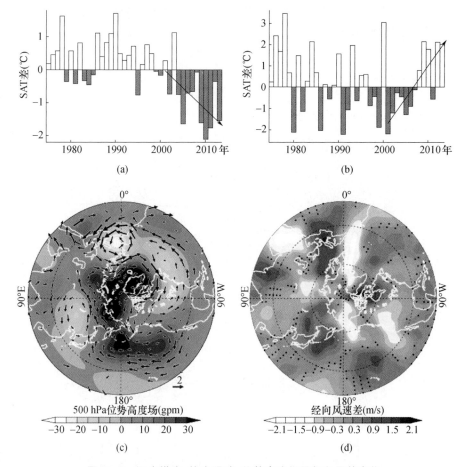

图 11.7　温度梯度、热力强迫、位势高度场及径向风的变化

(a)经向温度梯度的时间序列，其中经向温度梯度定义为 30°—50°N 减去 70°—90°N 的区域平均的温度的差；
(b)纬向热力强迫的时间序列，其中纬向热力强迫定义为北美大陆和欧亚大陆减去太平洋和欧亚大陆西部的平均
温度的差。(a)、(b)中的黑色箭头代表 2001—2013 年间的线性趋势。其中，距平相对的气候态为 1981—2010 的平均。
(c)500 hPa 的位势高度场在 2002—2013 年的平均减去 1990—2001 年的平均的差，其中箭头代表对应的风速差。
(d)500 hPa 的经向风在 2002—2013 年的平均减去 1990—2001 年的平均的差。(c)、(d)中的最低纬度为 20°N，
两个虚线圈分别代表 30°N 和 60°N。(c)只展示了来自 ERA-interim、NCEP I 和 NCEP II 的 3 种再分析资料
的结果的符号一致的风场箭头。(d)中的黑点代表 3 种再分析资料结果的符号不一致的区域[7]

为了进一步验证经向、纬向热力强迫对环流和温度的影响，我们利用简单理论模式进一步
验证结论。这里使用了 Charney 和 DeVore[14] 提出的低阶谱模式，该模式的控制方程为无量
纲准地转正压涡度方程[14,15]

$$\frac{\partial}{\partial t}\nabla^2\psi=J(\nabla^2\psi+h,\psi)-2\frac{\partial\psi}{\partial\lambda}+k\nabla^2(\psi^*-\psi) \tag{11.5}$$

其中，$\mu=\sin(\varphi)$，φ 为纬度，ψ 是无量纲的流函数，ψ^* 为热力强迫引起的流函数，t 为时间，∇^2 为
无量纲的水平拉普拉斯算子，J 是无量纲的雅可比(Jacobian)算子，λ 是经度，h 是无量纲的地
形高度参数，k 是无量纲的耗散率。

这里我们只考虑一个纬向分量，以及两个波动分量。因此，我们对谱模式进行三阶截断，
即只保留球谐函数

$$F_A = P_2^0(\mu), \quad F_K = \cos(2\lambda) P_3^2(\mu), \quad F_L = \sin(2\lambda) P_3^2(\mu) \tag{11.6}$$

其中对 ψ, ψ^* 和 h 进行截断如下：

$$\psi = \psi_A F_A + \psi_K F_K + \psi_L F_L \tag{11.7}$$

$$\psi^* = \psi_A^* F_A + \psi_K^* F_K \tag{11.8}$$

$$h = h_0 F_K \tag{11.9}$$

其中，连带勒让德(Legendre)函数定义为：

$$P_n^m(\mu) = \sqrt{\frac{(2n+1)(n-m)!}{2(n+m)!}} \frac{(1-\mu^2)^{m/2}}{2^n n!} \frac{\mathrm{d}^{n+m}}{\mathrm{d}\mu^{n+m}} (\mu^2-1)^n$$

$$(m=0,1,2,\cdots,n; \ n=0,1,2,\cdots) \tag{11.10}$$

其满足，

$$\int_{-1}^{1} P_n^m(\mu) P_n^{m^*}(\mu) \mathrm{d}\mu = \begin{cases} 1, m = m^* \ \& \ n = n^* \\ 0, \ m \neq m^* \ 或 \ n \neq n^* \end{cases} \tag{11.11}$$

该模式只研究北半球，即 $\lambda \in [0, 2\pi], \mu \in [0,1]$。将公式(11.6)~(11.9)代入式(11.5)即得，

$$\begin{cases} \dfrac{\mathrm{d}\psi_A}{\mathrm{d}t} = -\dfrac{1}{6}\alpha h_0 \psi_L + k(\psi_A^* - \psi_A) \\[2mm] \dfrac{\mathrm{d}\psi_K}{\mathrm{d}t} = \alpha \psi_A \psi_L + k(\psi_K^* - \psi_K) + \dfrac{1}{3}\psi_L \\[2mm] \dfrac{\mathrm{d}\psi_L}{\mathrm{d}t} = -\alpha \psi_A \psi_K + \dfrac{1}{6}\alpha h_0 \psi_A - \dfrac{1}{3}\psi_K - k\psi_L \end{cases} \tag{11.12}$$

其中，$\alpha = \dfrac{105}{128}\sqrt{10}$，然后解方程(11.12)得，

$$6k(\psi_A^* - \psi_A)\left[\left(\alpha\psi_A + \frac{1}{3}\right)^2 + k^2\right] + \alpha h_0 k\left[\psi_K^*\left(\alpha\psi_A + \frac{1}{3}\right) - \frac{1}{6}\alpha h_0 \psi_A\right] = 0 \tag{11.13}$$

$$\psi_L = \frac{6k(\psi_A^* - \psi_A)}{\alpha h_0} \tag{11.14}$$

$$\psi_K = \frac{\alpha\psi_A + \dfrac{1}{3}}{k}\psi_L + \psi_K^* \tag{11.15}$$

从方程(11.13)的三次幂形式可见，该模式存在三个平衡解。这三个平衡解的稳定性是由方程组(11.12)的三阶系数矩阵决定，即

$$\begin{vmatrix} -(k+\sigma) & 0 & -\dfrac{1}{6}\alpha h_0 \\[2mm] \alpha\bar{\psi}_L & -(k+\sigma) & \alpha\bar{\psi}_L + \dfrac{1}{3} \\[2mm] -\alpha\bar{\psi}_K + \dfrac{1}{6}\alpha h_0 & -\alpha\bar{\psi}_A - \dfrac{1}{3} & -(k+\sigma) \end{vmatrix} = 0 \tag{11.16}$$

图 11.8a 为利用简单模式得到的大气流场随经向和纬向热力强迫的变化。其中 ψ_K^* 纬向热力强迫增大，ψ_A^* 的负值增大(绝对值减小)对应经向热力强迫减小。如图 11.8a 所示，随着经向热力强迫减小和纬向热力强迫增大，低指数环流，即纬向环流弱、经向环流强的情形更易出现。同时，随着经向热力强迫减小和纬向热力强迫增大，大气环流会出现突变现象，即从高指数环流突变为低指数环流，甚至形成大气阻塞环流。因此，理论模式表明，经向热力强迫小

和纬向热力强迫大的情形下,阻塞天气更易形成。

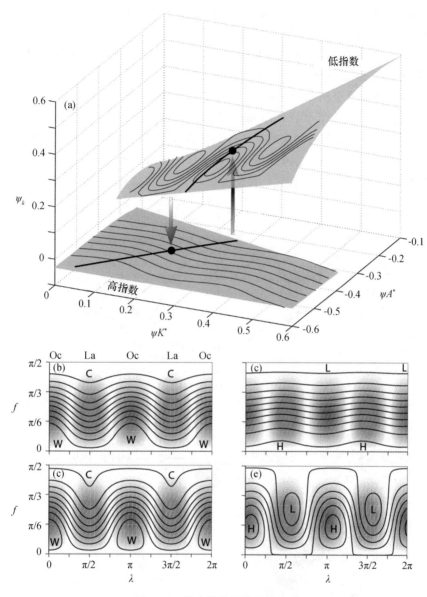

图 11.8　热力强迫下的环境突变

(a)平衡态环流型随经向热力强迫(MTF,ψA^*)和纬向热力强迫(ZTF,ψK^*)的变化。
其中 ψA^* 的符号与经向热力强迫相反,即其绝对值小的方向代表经向热力强迫,而 ψK^* 与纬向
热力强迫一致。两曲面分别代表高指数和低指数环流,其中所有的不稳定解均没有展示。黑色粗线条代表一条
可能的环流平衡态随 ψA^* 和 ψK^* 的变化,黑色细线条代表与黑色点对应的流函数场的分布。
(b),(c)与高指数环流型曲面上的黑点对应的下垫面加热场和流函数场。(d)、(e)与(b)、(c)类
似但为低指数环流型曲面上黑点对应的结果。填充色代表地形,其中 La 代表陆地,Oc 代表海洋。“C”“W”
分别代表冷、暖中心。“H”“L”分别代表高低压中心。(b)中对应参数的值分别为:$k=0.05$,
$h_0=-0.15$,$\psi A^*=-0.42$,$\psi K^*=0.2$。(d)中对应参数的值分别为:
$$\psi A^*=-0.32,\psi K^*=0.3^{[7]}$$

　　为了验证理论模式结果,我们进一步分析了实际的大气阻塞出现频次的变化。图 11.9 为欧亚大陆东部和北美大陆区域平均的以及局地的阻塞高压出现频次的变化。其中区域阻塞高压和局地阻塞高压出现频次的计算均按照 D'Andrea 等[16]的算法,即基于 500 hPa 位势高度的日资料进行计算。如图 11.9a 所示,增暖减缓期间,欧亚大陆东部的阻塞高压出现更加频繁。北美大陆阻塞高压也有所增多但相对增幅弱。图 11.9b 分别展示了 1999—2003 年和 2009—2013 年,即增暖减缓初期和后期,平均的局地阻塞高压频次随经度的分布。显然,增暖减缓期间欧亚大陆和北美大陆区域的阻塞高压均明显增多,这与图 11.9a 中区域平均的结果一致。因此,实际阻塞天气出现频次的变化进一步验证了前述基于环流场变化以及理论模式的结论。即我们研究表明,经向热力强迫减小以及纬向热力强迫增大导致绕极西风减弱、冷空气南下增强以及阻塞天气频发等大气环流的变化,进而导致欧亚大陆和北美大陆的降温。

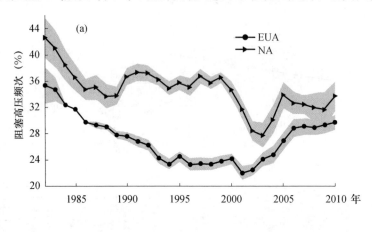

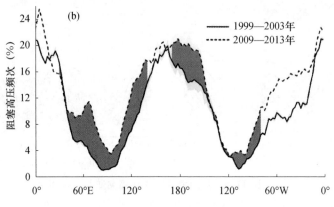

图 11.9　阻塞高压频次变化

(a)冷季欧亚大陆和北美大陆的区域阻塞高压出现频次的 11 年滑动平均序列。其中,
阴影代表 ERA-interim、NCEP I 和 NCEP II 的三种再分析资料的结果的标准差;(b)冷季局地阻塞高压
出现频次在 1999—2003(黑色)和 2009—2013(阴影)年间平均的结果。其中阴影代表 ERA-interim、
NCEP I 和 NCEP II 的三种再分析资料的结果的标准差。深灰填充代表 2009—2013 年平均大于 1999—2003 年
平均值的区域。区域阻塞高压频率和局地阻塞高压频率均按照 D'Andrea 等(1998)的方法计算[7]

11.6　热带海温异常对北美降温的影响

Kosaka 和 Xie[17] 和 Trenberth 等[18] 研究表明,赤道中东太平洋的降温与 ENSO 转变为冷相位,即与 La Niña 有关。并且,赤道中东太平洋的降温对应的 La Niña 现象,通过行星波的大圆路径传播[19],即 PNA(Pacifi-North America)遥相关型导致北美大陆的变冷[18]。

行星波的大圆路径传播是指行星波不仅可以沿纬向传播到不同经度的遥远地区。行星波在一定条件下还能沿经向传播,借此将热带地区海温异常所产生的大气响应传播到中高纬度地区去。下面将通过正压行星波理论来对这种经向传播的机制作简要的讨论[20]。

考虑正压行星波,其线性化的扰动方程为

$$\left(\frac{\partial}{\partial t}+\bar{u}\frac{\partial}{\partial x}\right)\nabla^2\psi'+\left(\beta-\frac{\mathrm{d}^2\bar{u}}{\mathrm{d}y^2}\right)\frac{\partial\psi'}{\partial x}=0 \tag{11.16}$$

其中,ψ' 为扰动流函数,而 $\bar{u}$ 为纬向基本气流,令 $\psi'=\psi(y)\exp[i(kx-\sigma t)]$,其中 k,σ 分别是纬向波数及圆频率,ψ 是扰动的复振幅,代入方程(11.16),可得到扰动的经向结构方程为:

$$\frac{\mathrm{d}^2\psi}{\mathrm{d}y^2}+\left(\frac{\beta-\dfrac{\mathrm{d}^2\bar{u}}{\mathrm{d}y^2}}{\bar{u}-c_x}-k^2\right)\psi=0 \tag{11.17}$$

其中,$c_x=\dfrac{\sigma}{k}$ 是扰动的纬向相速度,对定常行星波,$c_x=0$,令

$$Q_k=\frac{\beta-\dfrac{\mathrm{d}^2\bar{u}}{\mathrm{d}y^2}}{\bar{u}-c_x}-k^2 \tag{11.18}$$

称 Q_k 为折射率平方,它依赖于基本气流的结构及扰动的尺度。这时,方程(11.17)可简写成

$$\frac{\mathrm{d}^2\psi}{\mathrm{d}y^2}+Q_k\psi=0 \tag{11.19}$$

若 Q_k 近于常数,则可根据简单的常微分方程埋论对 ψ 解的形式做如下的定性的讨论。

若 $Q_k<0$,则可令 $Q_k=-l^2$,这时 ψ 的解将呈指数衰减型,即有 $\psi(y)\sim A\exp(-ly)$,这里扰动振幅将只在源地纬度最为显著,离开源地将迅速衰减。这种波属截波(trapped wave),它只产生局地响应,不能产生经向传播(或经向的遥响应)。

若 $Q_k>0$,可令 $Q_k=-l^2$,这时 ψ 的解将有复指数型,即 $\psi(y)\sim A\exp(\pm ily)$,从而在经向呈现波动型,称为经向传播波,$l$ 为其经向波数,这种行星波能在远离源地纬度的地区产生遥响应。

因此,Q_k 值的正负决定着定常行星波能否经向传播,Q_k 值的分布还决定传播的路经。因此由式(11.18)可知,在东风带,由于 $\bar{u}<0$,因而 $Q_k<0$,只能产生局地响应,不能影响远的纬度;而在西风带,行星波能否经向传播还决定于波的尺度 k,只有纬向波数 k 小于某个临界值 k_s 时,即

$$k<k_s=\left(\frac{\beta-\dfrac{\mathrm{d}^2\bar{u}}{\mathrm{d}y^2}}{\bar{u}}\right)^{1/2} \tag{11.20}$$

波才能经向传播。k 愈小,即波长愈长,式(11.20)愈容易满足,行星波的经向传播能力愈强;

另一方面,西风愈弱($\bar{u}>0$愈小),式(11.20)也愈容易满足,因此,弱的西风区更有利于行星波的经向传播。

行星波传播的路径是气候预报感兴趣的问题,这种传播路径形成波导,在这种路径上发生最显著的遥相关(或也称跷跷板效应)。

通常可以根据折射率平方 Q_k 和行星波的群速度 $\vec{C}_g$(它依赖于波的结构)的分布来讨论波传播的路径。

研究表明,行星波有沿 Q_k 梯度方向传播的趋势,Q_k 的极大值区有利于波的经向(及垂直)传播,而 Q_k 的极小值区(如西风急流区)则有阻挡波的经向(及垂直)传播的作用。

Hoskins 和 Koraly[19]用多层线性模式的数值试验证实,行星波在水平方向沿着一种大圆路径传播。如果纬向气流有利于 Rossby 波的传播,则热带地区的非绝热热源会在中纬产生重大的定常响应。

为了讨论行星波的传播路径,我们来计算正压行星波的群速度 C_g。对于既可以纬向又可以经向传播的波,可以假设如下形式的扰动单波解,即令 $\psi'=\psi\exp[i(kx+ly-\sigma t)]$,代入方程(11.16),得到频率公式为

$$\sigma=k\left[\bar{u}-\frac{\beta-\dfrac{\mathrm{d}^2\bar{u}}{\mathrm{d}y^2}}{k^2+l^2}\right]^{1/2} \tag{11.21}$$

利用式(11.21),可以求出群速度的纬向及经向分量 C_{gx} 及 C_{gy} 有:

$$C_{gx}=\frac{\partial\sigma}{\partial k}=\bar{u}-\frac{(\beta-\dfrac{\mathrm{d}^2\bar{u}}{\mathrm{d}y^2})(l^2-k^2)}{(k^2+l^2)^2} \tag{11.22}$$

及

$$C_{gy}=\frac{\partial\sigma}{\partial l}=\frac{2(\beta-\dfrac{\mathrm{d}^2\bar{u}}{\mathrm{d}y^2})kl}{(k^2+l^2)^2} \tag{11.23}$$

通常取 $k>0$,而 l 的符号决定于波的结构,当扰动的槽脊线有西北—东南走向时,$l>0$,根据式(11.23),$C_{gy}>0$,行星波有向北的群速度分量;反之,当扰动槽脊线为东北—西南走向时,$l<0$,则有 $C_{gy}<0$,行星波有向南的群速度分量。另一方面,由于对行星波通常有 $l^2>k^2$,则根据式(11.22),在低纬东风带或弱西风区,$C_{gx}<0$,行星波有向西的群速度分量,而到了中纬度,由于式(11.22)中 $\bar{u}$ 大于后一项,$C_{gx}>0$,所以行星波有向东的群速度分量。因此,依据行星波的强迫源所在纬度基本气流的状态以及扰动的水平位相结构,行星波能量传播的路径(大圆)有不同的折向。例如,如果位于赤道东太平洋的 SSTA 产生局地行星波响应后,若扰动有西北—东南的位相结构,则行星波能量将离开源地先向西北方向($C_{gx}<0$,$C_{gy}>0$)传播。在中太平洋地区引起遥响应,到中纬后,由于西风增大,扰动能量将转向东北方向传播($C_{gx}>0$,$C_{gy}>0$),在北美地区产生遥响应,这种情况下所产生的行星波遥响应就类似于 PNA 遥相关型。

取北半球冬季 300 hPa 气流场所对应的参数,假定扰动源在 15°N,各种波的波射线和振幅随纬度的变化如图 11.10 所示。波射线图清楚地表明,对于超长波(1~3 波),射线向北向东形成大圆;扰动振幅随纬度增大,在高纬度达到极大值。对于较短波长的波,其射线在向东

和向北传播一定距离之后，便转而向赤道传播；其振幅表现为在副热带有极大值。

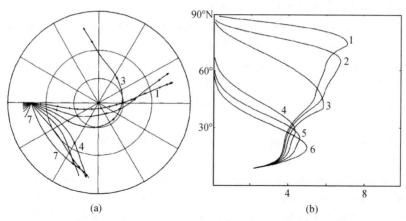

图 11.10　北半球冬季 300 hPa 纬向气流情况下，15°N 处扰源所激发的
各种波的波射线(a)及其振幅随纬度的变化(b)[20]

如上所述，基于行星波在球面上的二维能量频散理论很好地解释了大尺度扰动波列的大圆路径，以及大气对热带、副热带强迫的响应在中高纬度地区的增幅现象。因此，它被认为是大气遥相关的重要理论基础之一。

参考文献

［1］黄建平. 理论气候模式［M］. 北京：气象出版社，1992.

［2］林本达，黄建平. 动力气候学引论［M］. 北京：气象出版社，1994.

［3］IPCC. 2013. Climate change 2013：The physical science basis［M］. In Contribution of Working Group I to the Fifth Assessment Report of the Intergovernmental Panel on Climate Change. Stocker T F，Qin D，Plattner G K，et al. eds. Cambridge University Press：Cambridge and New York.

［4］Guan X，Huang J，Guo R，Lin P. The role of dynamically induced variability in the recent warming trend slowdown over the Northern Hemisphere［J］. Scientific Reports，2015，5：12669. Doi：12610.11038/srep12669.

［5］Ji F，Wu Z，Huang J，Chassignet E P. Evolution of land surface air temperature trend［J］. Nature Climate Change，2014，4(6)：462-466. Doi：10. 1038/nclimate2223.

［6］Wang S，Huang J，He Y，et al. Combined effects of the Pacific Decadal Oscillation and El Nino-Southern Oscillation on Global Land Dry-Wet Changes［J］. Scientific Reports，2014，4：6651. Doi：6610. 1038/srep06651.

［7］Huang J，Xie Y，Guan X，et al. The dynamics of the warming hiatus over the Northern Hemisphere［J］. Climate Dynamics，2017，48(1-2)：429-446. Doi：10. 1007/s00382-016-3085-8.

［8］Huang J，Yi Y. Inversion of a nonlinear dynamical model from the observation［J］. Science China Chemistry，1991，34(10)：1246-1246.

［9］Wallace J M，Zhang Y，Renwick J A. Dynamic contribution to hemispheric mean temperature trendsp［J］. Science，1995，270(5237)：780-783. doi：10. 1126/science. 270. 5237. 780.

［10］Mori M，Watanabe M，Shiogama H，et al. Robust Arctic sea-ice influence on the frequent Eurasian cold winters in past decades［J］. Nature Geoscience，2014，7(12)：869-873.

［11］Overland J E，Wood K R，Wang M. Warm Arctic-cold continents：climate impacts of the newly open Arctic Sea［J］. Polar Research，2011，30(4)：157-171.

［12］Screen J A，Simmonds I. Amplified mid-latitude planetary waves favour particular regional weather extremes［J］. Nature Climate Change，2014，4(8)：704-709.

［13］He Y，Huang J，Ji M. Impact of land-sea thermal contrast on interdecadal variation in circulation and blocking［J］. Climate Dynamics，2014，43(12)：3267-3279.

［14］Charney J G. Multiple flow equilibria in the atmosphere and blocking［J］. J Atmos Sci,1979，36(7)：1205-1216.

［15］Källén E. The Nonlinear effects of orographic and momentum forcing in a low-order,barotropic model［J］. Journal of the Atmospheric Sciences,1981，38(10)：2150-2163.

［16］D'Andrea F，Tibaldi S，Blackburn M，et al. Northern Hemisphere atmospheric blocking as simulated by 15 atmospheric general circulation models in the period 1979-1988［J］. Clim Dyn，1998，14(6)：385-407.

［17］Kosaka Y，Xie S P. Recent global-warming hiatus tied to equatorial Pacific surface cooling［J］. Nature，2013，501(7467)：403-407.

［18］Trenberth K E，Fasullo J T，Branstator G，et al. Seasonal aspects of the recent pause in surface warming ［J］. Nature Climate Change，2014，4(10)：911-916.

［19］Hoskins B J，Karoly D J. The steady linear response of a spherical atmosphere to thermal and orographic forcing［J］. Journal of Atmospheric Sciences，1981，38(6)：1179-1196.

［20］李崇银. 气候动力学引论：第二版［M］. 北京：气象出版社，2000.

第 12 章　气候模拟和预测

　　气候模拟和预测是利用气候模式研究气候系统及气候变化的定量方法。通过计算机数值求解描述气候系统中各种物理过程的偏微分方程组(见第 3 章)来解释气候变化的事实,揭示气候变化的规律与成因机制。气候模式是用于模拟和研究气候系统变化及各圈层之间相互作用和其内部过程的数值实验室,是现代气候研究必不可少的重要手段。气候模式建立在描述地球气候系统状态、运动和变化的一系列方程组之上,是研究气候变化的成因机制及预测未来气候变化的有力工具。气候模拟的雏形是 20 世纪 50 年代开始应用的。从 20 世纪 60 年代以来,各种形式的数值模式纷纷出现,如直接积分流体力学和热力学方程组的大气环流模式,根据能量平衡原理模拟大气热状况的能量平衡模式,还有把大气运动当作随机过程处理的随机模式和随机、动力相结合的模式等。模式由简单到复杂,由模拟气候的平衡态发展到对气候演变过程的模拟和预报[1]。

　　气候模拟实质上是对应不同时空尺度的物理过程分别建立不同等级的模式。一个"模式"是由包含有限个方程的方程组所组成,这个方程组必须是闭合的,即未知函数的个数与方程的个数是相等的(见第 3 章)。目前虽已建立了多种气候模式,但归结起来主要有六种基本气候模式:①辐射-对流模式(RCM);②能量平衡模式(EBM);③纬向平均动力模式(ZADM);④距平和相似-动力模式;⑤大气环流模式(GCM);⑥地球系统模式(ESM)。

　　(1)辐射-对流模式(RCM)

　　这类模式把大气简化为一个铅直的大气柱,模式详细考虑了大气柱内的辐射过程。可以根据辐射加热或冷却与垂直热量通量之间的平衡计算出大气的垂直温度结构。

　　(2)能量平衡模式(EBM)

　　这类模式在理论气候模式中占有重要地位,最基本形式是一维模式,即温度是纬度的函数。在各个纬度上采用简化关系计算出各项对能量平衡的贡献。

　　(3)纬向平均动力模式(ZADM)

　　对大气进行纬向平均处理,在纬度和高度组成的网格点上表示大气。模式包括基本的动力和物理过程,是介于辐射-对流模式和能量平衡模式与大气环流模式之间的桥梁。

　　(4)距平和相似-动力模式

　　这一类模式是介于纬向平均动力模式和大气环流模式之间的简化动力模式,这类模式具有物理意义清晰,计算速度快的特点,因此,在早期气候模拟和预测的研究中有着比较广泛的应用。

　　(5)大气环流模式(GCM)

　　这种模式考虑了大气的整个三维特性和尽可能详尽地考虑了各种物理过程,可以清晰地模拟天气系统的逐日变化,近年来已逐渐发展为多圈层耦合的地球系统模式。

　　(6)地球系统模式(ESM)

　　地球系统模式是基于地球系统中的动力、物理、化学和生物过程建立起来的数学方程组

（包括动力学方程组和参数化方案）来确定其各个部分（大气圈、水圈、冰雪圈、岩石圈、生物圈）的性状，由此构成地球系统的数学物理模型。模式以海洋、大气、陆面和冰圈等为研究主体，并考虑大气化学、生物地球化学和人文过程的模式，在气候与环境的演变机理、自然和人类与气候变化的相互作用以及气候变化的研究和预测等诸多方面应用广泛。

由于辐射-对流模式和能量平衡模式在第 4 和第 5 章中已分别作了详细介绍，第 6 章中详细讨论了距平模式，下面着重讨论纬向平均动力模式、相似-动力模式和地球系统模式。

12.1　纬向平均动力学模式

对三维空间平均，即假定整个大气圈是一个均匀的体系，就产生了最简单的零维能量平衡模式。如果对纬向和高度平均就产生了一维能量平衡模式（详见第 5 章）。对水平方向进行平均，只考虑温度随高度的变化就产生了一维辐射-对流模式（详见第 4 章）。作为一级近似，一维模式是研究气候变化的有效工具。

二维纬向平均模式正好介于一维和三维气候模式之间。模式对辐射过程的处理和 GCM 一样精细，甚至可以和最精细的 RCM 相比。和一维 EBM 一样，模式在纬向进行了平均处理，但经向方向的处理比 EBM 精细。

与 RCM 和 EBM 相比，ZADM 具有以下优点：①由于模式是二维的，因而许多在一维模式中必须作参数化处理的反馈机制，在 ZADM 中可以得到显式的处理；②以显式方式引入了水循环以及水循环和大气动力过程的可能相互作用，当然这样处理的代价是计算量的显著增加[1]。

12.1.1　纬向平均模式的设计

为了模拟大气的经向和垂直变化，ZADM 基本上包含了三维 GCM 中的所有物理过程。与 GCM 一样，它也是建立在质量、能量和动量守恒方程基础上的，此外，模式还可以包括水汽和其他因子的守恒方程。这类模式的主要问题是在中、高纬度地区，大部分热量输送和动量输送并不是靠经向运动而是靠涡旋（例如中纬度低压和高空波动）来完成的，如果不考虑纬向变化，这些涡旋是不能在模式中加以显式考虑的，必须进行参数化。对于非绝热加热和热量交换的处理，ZADM 和 GCM 基本一致。

纬向平均模式在经向方向上一般都是从北极到南极。经向分辨率一般最大取 15 个纬度。粗网格可以减少计算量并可以防止由 CISK 机制引起的气候噪音。但网格太粗无法模拟出气候带的发展和季节变化。如果要细致地模拟小扰动对气候带漂移的影响，则要求比较高的经向分辨率和特殊的地面处理模式。在垂直方向上的分辨率取决于所研究的问题，但至少要在几个层次上分辨出云，高纬地区的近地层逆温，对流层温度递减率的变化，火山爆发气溶胶注入平流层等。因此，模式一般在对流层和平流层都有几层[1]。

在 GCM 中非线性平流作用大大限制了时间步长的选取，这种情况虽然在 ZADM 中同样存在，但要好得多。一般纬向平均风速可达 30 m/s，但最大平均经向风速仅 3 m/s，因此，ZADM 的时间步长可以比 GCM 大 10 倍。

p 坐标下纬向平均的原始方程组可以写为

$$\frac{\mathrm{d}[u]}{\mathrm{d}t} - (f + [u]\frac{\tan\varphi}{a})[v]$$

$$= -\frac{1}{a\cos^2\varphi}\frac{\partial}{\partial\varphi}([v^*u^*]\cos^2\varphi) - \frac{\partial}{\partial p}[\omega^*u^*] + F_u \tag{12.1}$$

$$\frac{\mathrm{d}[v]}{\mathrm{d}t} + (f + [u]\frac{\tan\varphi}{a})[u] + \frac{1}{2}\frac{\partial}{\partial\varphi}[\Phi]$$

$$= -\frac{1}{a\cos\varphi}\frac{\partial}{\partial\varphi}([v^*v^*]\cos\varphi) - \frac{\partial}{\partial p}[\omega^*v^*] + [u^*u^*]\frac{\tan\varphi}{a} + F_v \tag{12.2}$$

$$\frac{\mathrm{d}[\theta]}{\mathrm{d}t} = -\frac{1}{a\cos\varphi}\frac{\partial}{\partial\varphi}([v^*\theta^*]\cos\varphi) - \frac{\partial}{\partial p}[\omega^*\theta^*] + F_\theta \tag{12.3}$$

$$\frac{\mathrm{d}[q]}{\mathrm{d}t} = -\frac{1}{a\cos\varphi}\frac{\partial}{\partial\varphi}([v^*q^*]\cos\varphi) - \frac{\partial}{\partial p}[\omega^*q^*] + F_q \tag{12.4}$$

$$\frac{\partial}{\partial p}[\Phi] + \frac{R[T]}{p} = 0 \tag{12.5}$$

$$-\frac{1}{a\cos\varphi}\frac{\partial}{\partial\varphi}([v]\cos\varphi) + \frac{\partial}{\partial p}[\omega] = 0 \tag{12.6}$$

其中

$$\frac{\mathrm{d}[\chi]}{\mathrm{d}t} = \frac{\partial[\chi]}{\partial t} + \frac{[v]}{a}\frac{\partial[\chi]}{\partial\varphi} + [\omega]\frac{\partial[\chi]}{\partial p}$$

$$= \frac{\partial[\chi]}{\partial t} + \frac{1}{\cos\varphi}\frac{\partial}{\partial\varphi}([v][\chi]\cos\varphi) + \frac{\partial}{\partial p}([\omega][\chi])$$

式中,u 为纬向风速,v 为经向风速,a 为地球半径,ω 为垂直运动,Φ 为位势高度,θ 为位温,q 为水汽的混合比,F_u,F_v,F_θ 和 F_q 为各个方程的外源项,$[\quad]$ 表示纬向平均,$*$ 表示与纬向平均的偏差,χ 表示 $[\,]$ 内变量。

　　方程左边为模式变量的时间变化项,右边为涡旋输送和外源项。纬向平均处理的优点是减少了模式的自由度和计算时间,不足的是必须对涡旋输送的影响进行参数化。

12.1.2　涡旋输送的参数化

　　涡旋通常被分为瞬变和定常涡旋。瞬变涡旋是由于平均气流所激发的天气扰动产生的。成熟的瞬变涡旋是高度非线性的,即存在与平均气流和彼此之间的相互作用,它们在水平方向是各向同性的。定常涡旋则是由纬向非对称的地形和非绝热加热产生,在水平方向是各向异性且具有行星尺度。由于具有行星尺度,一般近似为线性的,彼此之间无相互作用。

　　由于瞬变和定常波具有非常不同的物理性质,因此,对它们的处理也需要采用不同的方法。瞬变涡旋通常以天气扰动的形式参数化,其理论基础是所谓的混合长理论。定常涡旋可以用线性模式在地形和热力强迫下表示出来。但是在确定瞬变和定常涡旋的垂直结构时,两者的处理方法是类似的。

　　用混合长理论进行涡旋输送的参数化最成功的就是涡旋热量输送的参数化了。这主要是因为斜压不稳定的线性理论能比较好地解释初生斜压涡旋的结构。由于大多数涡旋热量输送发生在斜压扰动发展的早期,因此,线性理论仍能描述涡旋的结构和轨线的斜率。例如,Reed 等[1]就假设对流层中层轨线的斜率是斜压波中增长最快的波的斜率,在 Eddy 的斜压不稳定模式中它只是等熵线斜率的一半。

如果轨线的斜率确定了，混合张量就可以简单地写为

$$K = AK_{vy} \tag{12.7}$$

其中

$$A = \begin{vmatrix} 1 & \alpha \\ \alpha & \alpha^2 \end{vmatrix}$$

α 为轨线的斜率，下一步就要确定 K_{vy} 了，它可以表示为经向涡动速度和经向混合长 L_y 的函数。L_y 就等于变形半径，即

$$L_y = R_d = \frac{Nd}{f} \tag{12.8}$$

其中，R_d 为变形半径，d 为波的垂直尺度，N 为 Brunt-Vaisala 频率，f 为柯氏参数。进一步假设在相同的混合长度带中涡动动能等于平均流的有效位能，

$$(V^*)^2 = \frac{g^2}{N^2}\left(\frac{\theta^*}{\theta_0}\right)^2 = \frac{g^2}{N^2}\frac{1}{t_0^2}\left(L_y\frac{\partial\theta}{\partial y}\right)^2 \tag{12.9}$$

于是涡旋热量输送的参数化可以表示为

$$[V^*\theta^*] = -\frac{gNd^2}{2\theta_0 f}\left|\frac{\partial\theta}{\partial y}\right|\frac{\partial\theta}{\partial y} \tag{12.10}$$

$$[\omega^*\theta^*] = -\frac{g^2 p d^2}{4H\theta_0^2 f^2 N}\left|\frac{\partial\theta}{\partial y}\right|\left(\frac{\partial\theta}{\partial y}\right)^2 \tag{12.11}$$

式(12.11)表明垂直涡旋热量输送总是向上的，即逆位温梯度。

混合长理论最重要的假定是在混合时间内由平流输送的量守恒。对绝热无摩擦流体焓和水汽是守恒的，但动量不守恒，因此，不能将混合长理论直接用于涡旋动量通量的参数化。由于涡旋动量通量是逆梯度输送。下面是涡旋动量通量的几种可能的参数化形式。

$$[V^*u^*] = -\frac{K_1}{a}\frac{\partial}{\partial\varphi}[u] \tag{12.12}$$

$$[V^*u^*] = -\cos\varphi\frac{K_2}{a}\frac{\partial}{\partial\varphi}\left(\frac{[u]}{\cos\varphi}\right) \tag{12.13}$$

$$[V^*u^*] = -\frac{K_3}{a^2}\frac{\partial M}{\partial\varphi} \tag{12.14}$$

$$\frac{1}{a\cos\varphi}\frac{\partial}{\partial\varphi}([V^*u^*]\cos^2\varphi) =$$

$$K_{vy}(\beta+\frac{1}{a}\frac{\partial}{\partial\varphi}[\zeta]\cos\varphi) - f\left(\frac{\frac{1}{a}\frac{\partial[\theta]}{\partial\varphi}\frac{\partial K_{vy}}{\partial p}}{\frac{\partial\theta_0}{\partial p}+\frac{\partial K_{vp}}{\partial p}}\right)\cos\varphi \tag{12.15}$$

式(12.12)、式(12.13)和式(12.14)分别代表了用动量、角速度和角动量进行参数化的形式，式(12.15)是根据准地转位涡守恒原理提出的参数化形式。前三个方案中的耗散系数 K_1、K_2 和 K_3 用最小二乘法来确定的。

以上从原则上讨论了纬向平均动力模式的设计，国外已有不少研究单位发展了这种模式[2,3]，设计上各具特色。在国内 Li 等[4]也发展了一个比较完善的纬向平均模式，并成功地应用到了季风的研究。

12.1.3　气候敏感性试验

由于纬向平均模式比较节省计算量，因而可以用来完成大量的气候敏感性试验。

气候模式对太阳辐射和大气 CO_2 浓度变化的响应已成为气候敏感性研究的标准度量。为了说明 ZADM 对于气候强迫的敏感性,Potter 和 Cess[5] 计算了模式对太阳常数增加或减少 2％ 的平衡响应。试验中云量取为固定值,并且没有考虑太阳辐射的日和季节变化,太阳辐射随纬度的分布取为年平均值。表 12.1 给出了各种气候敏感性参数的比较,其中 T_s 为全球平均的地表温度,F 为全球平均的射出红外长波辐射通量,α 为行星反照率。由表 12.1 可以看出对太阳常数减少的最大响应主要是 $\Delta F/\Delta T_s$ 这一项的非线性结果。

Potter 和 Cessl[5] 用 ZADM 研究了对流层中的恒定气溶胶的气候效应。他们将对流层的恒定气溶胶限制在模式最低的两层,其光学厚度如表 12.2 所示。模拟结果表明,气溶胶可造成全球地表平均温度下降 3～4℃,降温最厉害的地区出现在极地。这个结果和 Coakley 等[6] 利用 NCAR CCM 的模拟结果是一致的。此外,他们还发现在 ZADM 中大气稳定度和水循环的变化是被引发的气候变化的结果,而不是造成气候变化的扰动引起的。前一节的模拟结果表明,在不考虑气溶胶的存在时 ZADM 模拟的全球平均温度比实际观测结果高几摄氏度,而气溶胶所造成的降温正好抵消了这种差异。因此,我们有理由认为气溶胶是控制气候的一部分。造成冷却的原因是因为到达地面的太阳辐射被减少了约 5 W/m^2,其中被对流层额外吸收的还不到 2 W/m^2,其余的被气溶胶反射到了外部空间。这与太阳常数减少所造成的气候变化是类似的。

Macracken 和 Luther[7] 用 ZADM 研究了 1982 El Chichon 火山爆发的气候效应。他们首先进行了在平流层设置了一个光学厚度为 0.3 的气溶胶层的试验。在这种情况下 Hadley 环流加强并向南漂移,从而部分弥补了北半球副热带由于气溶胶层引起的反照率升高所造成的能量损失,但由于能量的净损失,北半球还是出现了降温。进一步又进行了光学厚度随时间和空间变化的模拟试验。结果是类似的,火山爆发后几个月北半球大部分地区温度下降了零点几摄氏度,ITCZ 和热带雨带出现了向南的漂移。此外,ZADM 的结果还表明,如果 ITCZ 向北漂移,南半球输出的能量就会减少,从而使该地区增湿。

表 12.1　太阳常数增加或减少 2％气候敏感性参数的变化[5]

参数	增加 2％	减少 2％
ΔT_s(℃)	13.07	-5.5
$\Delta F/\Delta T_s$(W/(m²·℃))	2.21	1.60
$\Delta a/\Delta T_s$(℃$^{-1}$)	0.0019	-0.0022

综上所述,纬向平均动力模式在气候模拟方向的潜力很大,特别是它的计算量小,在与海洋、化学、生物模式的耦合方面可以起到一个抛砖引玉的作用。

表 12.2　气溶胶在 0.55μm 的光学厚度[5]

纬度	陆地	海洋
90°—60°N	0.09	0.05
60°—30°N	0.15	0.09
30°N—30°S	0.23	0.13
30°N—60°S	0.15	0.09
60°N—90°S	0.09	0.06

12. 2 相似-动力预报模式

我们做数值天气预报主要有两个依据：①多年来积累的有关天气变化的大量观测资料。②大气是个物理系统，我们通过物理和数学的研究，掌握了大气演变应遵循的物理规律，并且用数学的语言把它表示成方程式。

然而现在作预报时这种依据未能同时有机地结合起来加以利用。统计方法利用了积累的大量观测资料，却没有利用或没有充分利用我们掌握了的物理知识，动力方法正巧相反，它利用了物理知识，却没有利用或没有充分利用已有的大量实际历史资料[8]。

实践表明，动力方法和统计方法都有一定的准确率，两者都能反映大气运动的部分规律，统计方法的缺陷是公认的，从原则上说，统计方法本身无法区分现有资料中哪些联系是本质的，哪些是偶然的巧合，这只能求助于因果联系的物理规律，所以几乎没有人认为单纯的统计方法可以奏效，多半把它用于物理机制尚未搞清，无法采用动力方法的问题上，并力求向物理化的方向发展，长期预报目前正处于这种情况，尽管开展长期预报已有几十年时间，但目前使用的方法基本是统计和经验预报方法，预报准确率很低，因此人们寄希望于发展动力学方法，从原则上说，纯动力长期数值预报有以下三个方面的困难[8]。

(1)对长期数值预报而言，下垫面活动层的温度场是重要的初始条件，然而却缺乏实际观测资料。

(2)参数化不可避免，而参数值难以确定。

(3)大气是一个对初值敏感的系统，有不确定性。

如果承认了单纯统计方法和单纯动力方法都有各自独有的困难和问题，就应探索新的方法，这就是将两者结合起来。实际上现在已经出现了不少动力-统计模式，应该注意的问题是一个方法既包含有动力内容又包含有统计内容并不一定会比单纯的动力方法或单纯的统计方法好。所以动力和统计究竟如何结合是一个待研究的问题。衡量这一结合的原则应该是现有物理知识应用的程度与动力方法相比，对实际观测资料应用的程度和统计方法相比，就可以判别一个动力-统计方法的完善程度了。例如前面谈到的不确定性，以不确定性为基本前提和不承认此前提，事实上有着本质的差别。在不确定性的前提下，很自然地应把天气预报问题提为一个信息问题[8]。另一方面，我们毕竟掌握了大量实际资料，积累了对过程演变的物理规律的认识，这些信息减少了不确定性，从而使未来有某种确定性。长期数值预报的任务就在于设法既要充分利用物理规律又要充分利用已有的实际观测资料，包括近期的演变资料和以往的历史资料，把实际存在的全部信息提炼出来，由此作出对未来的估计。要实现这一设想，需要进行两方面的工作。

(1)利用环流演变的时空特征提炼出数学模型

一般来说，大气、海洋等所遵循的动力学和热力学规律并不是我们关于地气系统的物理知识的全部内容。对于不同时空尺度的预报问题应当建立不同的数学模型。尽管我们不知道描写这些时空尺度运动的精确数学模型，但我们却知道这些模型的一系列精确的特解，它们就是多年来积累的实际观测资料。通过对这些历史资料的大量诊断研究，我们可以提炼出描写这类运动的数学模型。这些模型可以建立在对原始运动方程的简化和变型处理上，也可以利用实际资料直接反演[1]。

(2)用反演方法客观决定物理参数

在数值预报模式中参数化是不可避免的,许多参数值是未知的,怎么办? 最好的办法是解相反的问题来确定。这里将参数给定后,求现象的问题称为正问题,现象已知后求参数的问题称为反演问题。数学物理方程解决的是正问题,而解反演问题的理论和方法主要是近年才发展起来的。把问题提成微分方程的反问题就可以充分利用已有实际资料,在这个意义下说是和统计结合的。

12.2.1　相似-动力模式的基本原理

用普通的 GCM 模式作长期数值预报时,除了距平值的预报外,实际上还同时包含了对气候平均季节变化的模拟。气候平均值的季节变化较之同期距平值的变化要大许多,那么对气候平均值季节变化模拟的较少的失误就可能大大影响到距平值的预报。气候漂移就是一个至今难以克服的困难。1977 年,巢纪平等[9]发表了"一种长期数值天气预报方法的物理基础"一文,建立了距平滤波模式的理论基础。1979 年他们又提出了 500 hPa 高度距平场和地表温度距平场的月预报方法[10],并给出了第一批预报试验的结果。这为长期数值天气预报开辟了一条新路,受到了广泛的关注。我们在第 6 章中对距平模式进行了详细讨论。

但是在距平模式的预报方程中,将会出现计算总体平均得到的二阶相关项,即瞬时涡旋输送项的总体平均,对该量的贡献至今未作过仔细地分析研究,通常是将其略去不计。如果用历史观测记录中某一次大气环流长期演变实况作为基本态代替距平模式中的气候平均值,就不再遇到上述困难,我们称这种模式为相似-动力模式[11~13]。它实际是预报员惯用的相似性预报方法与通常数值预报方法的有机结合。长期业务预报的经验表明冬季大气环流及地表状况如海温、积雪等对夏季环流和降水有很大的预报意义。在相似的初始场和边界条件下,经过一定时间间隔(隔季)大气状况演变往往也相似。因此,相似-动力模式中不但避免了对气候平均值季节变化的模拟,而且还扣除了与基本态相同的一部分距平值的预报。也就是说相似-动力模式不仅具有距平模式的优点,而且还保留了隔季的韵律关系。下面我们讨论相似-动力模式的基本原理。

一般数值天气预报表示求解如下柯西问题[12]:

$$\frac{\partial \varphi}{\partial t} + l(\varphi) = f \tag{12.16}$$

$$\varphi(0, x) = g(x), t = 0 \tag{12.17}$$

这里,x 表示空间坐标向量;φ 是待预报的状态向量,包括大气、土壤、海温等;l 是 φ 的微分算子,一般是非线性的;f 是模式的误差算子,例如,距平模式中的涡旋输送项,在现行的数值预报方程中一般被略去。

相似-动力方法将 φ 分解为基本态 $\widetilde{\varphi}$ 和扰动态 $\hat{\varphi}$ 之和。$\varphi = \widetilde{\varphi} + \hat{\varphi}$,$\widetilde{\varphi}$ 是根据与初值 $g(x)$ 相似的原则从历史资料中选取的,它随时间的演变是有定时观测记录的。其基本态满足下列方程式

$$\frac{\partial \widetilde{\varphi}}{\partial t} + l(\widetilde{\varphi}) = f_1(\widetilde{\varphi}) \tag{12.18}$$

$$\varphi(t_0, x) = \widetilde{g}(x) \tag{12.19}$$

将 $\varphi=\widetilde{\varphi}+\hat{\varphi}$ 代入式(12.16)、式(12.17),并分别减去公式(12.18)、式(12.19)得出扰动态满足的方程是

$$\frac{\partial \hat{\varphi}}{\partial t}+l(\widetilde{\varphi}+\hat{\varphi})-l(\widetilde{\varphi})=f(\widetilde{\varphi}+\varphi)-f_1(\widetilde{\varphi}) \tag{12.20}$$

$$\hat{\varphi}(0,x)=g(x)-\widetilde{g}(x) \tag{12.21}$$

由于 f_1 也是未知的,实际预报时可将式(12.20)的右端项取为零,即

$$\frac{\partial \hat{\varphi}}{\partial t}+l(\widetilde{\varphi}+\hat{\varphi})-l(\widetilde{\varphi})=0 \tag{12.22}$$

根据式(12.22)和式(12.21)作出 $\hat{\varphi}$ 的预报,再与相应时刻的 $\widetilde{\varphi}$ 叠加即可得到所需的预报值。

从上面的分析可以看出,现行数值预报方程中的误差项为 $f(\varphi)$,而相似-动力方法中,误差项是 $f(\widetilde{\varphi}+\hat{\varphi})-f_1(\widetilde{\varphi})$。如果我们在选择参考态时能做到:

(1)基本态起始场和边界条件(如下垫面状况)与预报初始场和边界条件相似;

(2)基本态与预报时段处于相同的季节。

那么可以指望 $f(\widetilde{\varphi}+\hat{\varphi})$ 和 $f_1(\widetilde{\varphi})$ 会比较接近,即

$$\|f(\widetilde{\varphi}+\hat{\varphi})-f_1(\widetilde{\varphi})\|<\|f_1(\widetilde{\varphi})\|$$

也就是说,在动力方程中引入相似的基本态后,加热、摩擦、涡旋输送等这些误差比较大的项中都扣除了基本态的相应部分。若基本态与当前的预报量相似较好,则这些项包含的误差也就相当大部分从方程中被扣除了,这就意味着提高了方程的精度。由于隔季的韵律关系,用上述方法进行季节预报时就更为有效。

12.2.2 相似-动力模式的建立

相似-动力模式包含大气和地表两部分。大气部分的基本方程采用准地转模式,地表部分的基本方程是包含洋流的热传导方程,地气之间的耦合通过地气交界面能量平衡的各种物理过程来实现。

由于在相似的初始场和边界条件下,海洋和大气状态的演变往往也相似,因此,我们将要预报的场视为叠加在历史相似上的一个小扰动,将海洋和大气状态分解为基本态和扰动态,即设月平均变量

$$X=\widetilde{X}+\hat{X}$$

其中,基本态 $\widetilde{X}$ 是根据与初值相似的原则从历史资料中选取的某一历史相似年的月平均值,它有逐月的实际资料,$\hat{X}$ 是两个相似年之差,称之为相似离差,简称为离差,将 $X=\widetilde{X}+\hat{X}$ 代入基本方程,并假定基本态满足基本方程,则可得到基本方程的离差形式为

$$\frac{\partial}{\partial t}\nabla^2\hat{\varphi}+\frac{1}{f}J(\widetilde{\varphi},\nabla^2\hat{\varphi})+\frac{1}{f}J(\hat{\varphi},\nabla^2\widetilde{\varphi})+$$
$$\frac{1}{f}J(\hat{\varphi},\nabla^2\hat{\varphi})+\frac{2\Omega}{a^2}\frac{\partial\hat{\varphi}}{\partial\lambda}=f^2\frac{\partial\widetilde{\omega}}{\partial p}-\alpha\nabla^2\hat{\varphi} \tag{12.23}$$

$$\frac{\partial}{\partial t}\left(\frac{\partial\hat{\varphi}}{\partial p}\right)+\frac{1}{f}J\left(\widetilde{\varphi},\frac{\partial\hat{\varphi}}{\partial p}\right)+\frac{1}{f}J\left(\hat{\varphi},\frac{\partial\widetilde{\varphi}}{\partial p}\right)+\frac{1}{f}J\left(\hat{\varphi},\frac{\partial\hat{\varphi}}{\partial p}\right)+\sigma_p\hat{\omega}=-\frac{R}{p}\dot{Q} \tag{12.24}$$

$$\frac{\partial \hat{T}_s}{\partial t} + \delta\left[J_s(\tilde{\psi}_s, \hat{T}_s) + J_s(\hat{\psi}_s, \tilde{T}_s) + J_s(\hat{\psi}_s, \hat{T}_s)\right] = K_s \frac{\partial^2 \tilde{T}_s}{\partial z^2} \tag{12.25}$$

其中

$$\nabla^2 = \frac{1}{a^2}\left[\frac{1}{\sin^2\theta}\frac{\partial^2}{\partial\lambda^2} + \frac{1}{\sin\theta}\frac{\partial}{\partial\theta}\sin\theta\frac{\partial}{\partial\theta}\right]$$

$$J(A,B) = \frac{1}{a^2\sin^2\theta}\left[\frac{\partial A}{\partial\theta}\frac{\partial}{\partial\lambda}\nabla^2 B - \frac{\partial A}{\partial\lambda}\frac{\partial}{\partial\theta}\nabla^2 B\right]$$

$$J_s(A,B) = \frac{\sqrt{2}}{2}\frac{0.0216}{\sqrt{\cos\theta}a^2}\left[\left(\frac{\partial A}{\partial\theta} + \frac{1}{\sin\theta}\frac{\partial A}{\partial\lambda}\right)\frac{1}{\sin\theta}\frac{\partial B}{\partial\lambda} - \left(\frac{\partial A}{\partial\theta} - \frac{1}{\sin\theta}\frac{\partial A}{\partial\lambda}\right)\frac{\partial B}{\partial\theta}\right]$$

$$\delta = \begin{cases} 1, & \text{在海上}, \\ 0, & \text{在陆上} \end{cases}$$

f 为柯氏参数,$\sigma_p = \frac{R^2 T}{p^2 g}(\gamma_d - \gamma)$,$\hat{Q} = \frac{\hat{\varepsilon}}{\rho c_p}$ 为非绝热加热的离差,

这里

$$\frac{\hat{\varepsilon}}{\rho c_p} = \frac{\hat{\varepsilon}_S}{\rho c_p} + \frac{\hat{\varepsilon}_R}{\rho c_p} + \frac{\hat{\varepsilon}_L}{\rho c_p}$$

其中 $\hat{\varepsilon}_S$ 为感热加热的离差,取为

$$\frac{\hat{\varepsilon}_S}{\rho c_p} = \frac{\partial}{\partial p}K_p \frac{\partial \hat{T}T}{\partial p} \tag{12.26}$$

$K_p = \rho^2 g^2 K_T$,K_T 为大气的湍流导热系数。

$\hat{\varepsilon}_R$ 为辐射加热的离差,包括太阳短波辐射和大气长波辐射的离差,前者简单地由经验公式给出,后者按郭晓岚的参数化方案给出

$$\frac{\hat{\varepsilon}_R}{\rho c_p} = \frac{\bar{I}}{\rho c_p}(1 - C_s \hat{n})(1 - \alpha_s) + \frac{\partial}{\partial p}K_R \rho^2 g^2 \frac{\partial \hat{T}T}{\partial p} - \frac{\bar{T}}{\tau_R} \tag{12.27}$$

其中,$\bar{I}$ 为达到大气上界单位面积上太阳辐射的月平均值。C_s 为经验系数,α_s 为地表反照率,$\hat{n}$ 为云量的离差,取为

$$\hat{n} = \frac{\hat{\omega}_p}{\tilde{\omega}_0} \tag{12.28}$$

这里 $\tilde{\omega}_0$ 为一经验系数,$\hat{\omega}_p = l_b \nabla^2 \hat{\varphi}_s / f_0$,$l_b = \sqrt{\frac{K_T}{2f}}$。

$\hat{\varepsilon}_L$ 为凝结潜热加热的离差,采用参数化方法

$$\frac{\hat{\varepsilon}_L}{\rho c_p} = -\frac{L}{c_p}\frac{\mathrm{d}q}{\mathrm{d}t} \approx \frac{L}{c_p}\gamma\frac{\mathrm{d}\ln\tilde{e}_s}{\mathrm{d}\tilde{T}}l_b \tilde{q}_s(p)\nabla^2 \hat{\varphi}_s / f_0 \tag{12.29}$$

$\hat{\varphi}_s$ 为地表面位势倾向的离差,其他符号都是气象上常用的。

12.2.3 模式的数值求解

12.2.3.1 将环流异常正压性的特点引入模式

先将大气分为 3 层(图 12.1),将通过消去公式(12.23)和式(12.24)中 $\hat{\omega}$ 得到的位势倾向离差方程,分别写在 300 hPa,500 hPa 和 700 hPa 上,且取

$$p = 0, \hat{\omega} = 0, \left(\frac{\partial\hat{\varphi}}{\partial p}\right)_0 = 0,$$

$$p = p_s, \hat{\omega} = 0, \left(\frac{\partial \hat{\varphi}}{\partial p}\right)_4 = -\frac{R}{p_s} \dot{T}_s$$

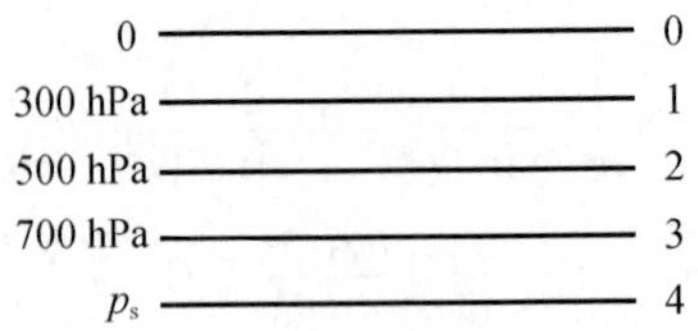

図 12.1　大气垂直分层示意图[1]

经过一定的推导,得到模式大气的离差预报方程为:

$$\frac{\partial}{\partial t}(\nabla^2 \hat{\varphi}_2 - \lambda \hat{\varphi}_2) = -\zeta(\hat{\varphi}_2) - \alpha \nabla^2 \hat{\varphi}_2 + Q_{A1} \varphi_2 + Q_{A2} \nabla^2 \hat{\varphi}_2 + Q_{S1} \dot{T}_s \tag{12.30}$$

其中

$$\zeta(\hat{\varphi}_2) = \frac{1}{f}[J(\tilde{\varphi}_2, \nabla^2 \hat{\varphi}_2) + J(\hat{\varphi}_2, \nabla^2 \tilde{\varphi}_2) + J(\hat{\varphi}_2, \nabla^2 \hat{\varphi}_2)] +$$

$$\frac{2\Omega}{a^2}\frac{\partial \hat{\varphi}_2}{\partial \lambda} + J(A_1 \varphi_3 - A_2 \tilde{\varphi}_1, \hat{\varphi}_2) + J(A_3 \tilde{T}_3 - A_4 \tilde{T}_4, \hat{\varphi}_2)$$

式中,$\lambda, \alpha, Q_{A1}, Q_{A2}$ 和 Q_{S1} 为参数。

12.2.3.2 下垫面活动层温度离差方程的求解

下垫面活动层温度离差方程式的求解,需要两个垂直边界条件。在地表取能量平衡离差方程,在地下深处令 $\dot{T}_s$ 为零,即

$$z = 0, \rho_s c_{ps} K_s \left(\frac{\partial \dot{T}}{\partial z}\right) + \delta\left(\rho L K_{t_r} \frac{\mathrm{d}\ln \tilde{e}_s}{\mathrm{d}\tilde{T}} \frac{\partial \tilde{q}_s}{\partial \tilde{T}}\right) \dot{T}_s$$

$$= -\frac{S_0}{\tilde{W}_0 f} l_b B_4 \nabla^2 \dot{\varphi}_2, \tag{12.31}$$

$$z = -D, \dot{T}_s = 0 \tag{12.32}$$

其中

$$S_0 = \bar{I} C_N (1 - \alpha_s) - R_1 C_1$$

利用式(12.21)和式(12.22),将方程式写成时间差分形式,经过一系列推导,即可求出 $t + \Delta t$ 时刻下垫面活动层离差的近似解析解,其形式为

$$\dot{T}_{s_{i,j}}^{t+\Delta t} = S_1 \dot{T}_{s_{i,j}}^t + S_2 H_{1_{i,j}}^t + S_3 H_{2_{i,j}}^t + S_4 \nabla^2 \dot{\varphi}_{2_{i,j}} \tag{12.33}$$

其中,S_1, S_2, S_3 和 S_4 为相关参数。

12.2.4　季节预报试验结果

12.2.4.1 由冬季报夏季试验

我们用相似-动力模式进行了 1981—1988 年共 8 年由冬报夏的季节预报试验。预报均由冬季 1 月开始预报至夏季 8 月。

表 12.3 给出了 1981—1988 年 2—8 月 500 hPa 位势高度距平(φ'),地表温度距平(T'_s)模式预报准确率。由表可以看出,90% 以上月份模式预报的效果都高于随机预报水平(50%),

500 hPa 的预报最高达 70％,地表温度预报达 72％。2—8 月预报各年平均高于随机预报水平,500 hPa 预报最高达 59％,地表温度达 58％。8 年平均 500 hPa 达 56.8％,地表温度达 55.4％,预报水平比较稳定,年际变化不大,说明这个模式确有一定的预报能力。另外由表 12.3 还可以看出,夏季的预报水平要略高于春季,夏季 8 年平均 500 hPa 达到了 59.3％,春季为 56.1％,说明半年左右的相似韵律对预报有一定的影响。

表 12.3　1981—1988 年模式预报准确率(％)[12]

年	月 项目	2	3	4	5	6	7	8	春季	夏季	平均
1981	φ'	53	53	48	60	48	53	60	54	54	53.6
	T_s'	59	51	48	58	44	47	58	52	50	52.1
1982	φ'	60	48	53	54	55	57	58	52	57	55.0
	T_s'	55	53	50	51	48	54	57	51	56	52.6
1983	φ'	52	56	59	53	59	70	62	56	64	58.7
	T_s'	61	58	59	57	59	56	69	58	61	58.4
1984	φ'	55	50	51	54	65	69	65	52	66	58.4
	T_s'	54	60	49	61	55	62	55	57	58	56.6
1985	φ'	48	62	62	65	56	53	52	63	54	66.9
	T_s'	50	57	57	50	55	50	53	55	53	53.2
1986	φ'	51	58	65	64	59	60	56	62	58	59.0
	T_s'	58	58	55	53	50	60	56	55	55	55.7
1987	φ'	62	61	55	48	57	65		62		57.6
	T_s'	72	60	61	53	47	51	56	58	51	57.1
1988	φ'	46	58	55	51	50	69	57	55	59	55.1
	T_s'	50	56	57	51	53	58	57	55	56	54.6

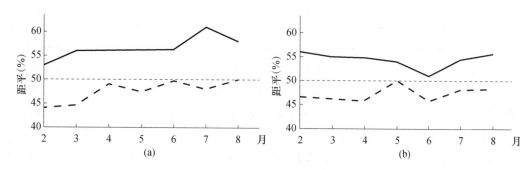

图 12.2　模式预报准确率与相似预报准确率的比较(1981—1988 年)[12]
(a)500 hPa 距平;(b)地表温度距平
(图中实线为模式预报,虚线为相似预报)

为了进一步检验模式的预报性能,我们把模式的预报评分结果与相同范围、相同时间的相似预报结果作了比较。相似预报实际上就是模式中基本态的距平场,它是根据与初值(冬季 1 月)相似的原则从同期资料中选相似年,并把相似年的演变作为预报。图 12.2 是 1981—1988

年各月平均模式预报准确率与相似预报准确率的分布曲线。由图 12.2 不难看出,无论是 500 hPa 还是地表温度距平模式预报准确率都明显高于相似预报,特别是随着预报时效的增长,模式的预报效果更加明显。这说明模式由于考虑了环流异常相似性演变的动力过程,使预报准确率在统计预报的基础上有了进一步的提高。

12.2.4.2　由夏季报冬季试验

我们用相似-动力模式进行了 1981—1988 年共 8 年的由夏季报冬季的隔季预报试验。预报均以夏季 6 月为初始场,预报至次年 2 月。

表 12.4　1981—1988 年北半球模式预报准确率(%)[14]

年	月份\项目	7	8	9	10	11	12	1	2	秋季平均	冬季平均	平均
1981	φ'	52.6	56.4	73.4	58.3	56.6	72.3	52.9	39.0	62.84	54.7	57.7
	T_s'	59.5	58.9	60.6	56.5	51.6	60.9	55.9	45.8	56.2	54.2	56.2
1982	φ'	48.9	55.11	69.3	52.4	56.8	60.5	64.1	61.3	59.5	61.9	58.6
	T_s'	67.2	62.3	62.6	63.6	56.2	49.7	61.5	66.2	60.8	59.1	61.2
1983	φ'	65.4	67.8	70.6	61.6	66.8	62.0	61.2	66.7	66.6	63.3	65.3
	T_s'	64.8	66.6	65.4	61.7	63.9	55.4	53.1	66.3	63.7	58.3	62.2
1984	φ'	66.0	52.9	58.4	53.3	48.2	65.3	71.8	53.5	53.3	63.5	58.2
	T_s'	54.2	59.7	54.6	55.3	56.5	66.7	64.1	54.4	55.5	61.7	58.2
1985	φ'	65.8	58.6	55.0	70.95	57.1	58.7	70.4	54.1	61.0	61.1	61.3
	T_s'	61.5	64.9	53.55	70.9	57.7	59.8	54.9	50.4	60.7	55.0	59.2
1986	φ'	59.2	65.2	50.5	53.6	49.6	52.1	45.7	36.1	51.2	44.6	51.5
	T_s'	62.5	61.3	55.2	54.1	53.0	49.2	48.9	47.2	54.1	48.4	53.9
1987	φ'	66.9	63.9	63.5	52.7	62.6	67.9	66.9	48.4	59.6	61.1	61.6
	T_s'	61.1	53.4	62.5	45.5	52.6	55.7	48.2	52.9	53.5	52.3	54.0
1988	φ'	67.4	46.6	57.8	52.0	64.5	57.4	54.8	47.2	58.1	58.1	56.0
	T_s'	67.7	59.3	59.7	51	65.6	69.8	58.1	55.9	65.0	56.7	61.5

表 12.4 给出了 1981—1988 年 7 月至次年 2 月北半球 500 hPa 高度距平(φ'),地表温度距平(T')模式预报准确率。由表 12.4 可以看出,对北半球而言 90% 以上的月份,模式预报效果高于随机预报水平(50%);500 hPa 的预报超过 60% 的月份占 51.6%;地表温度预报超过 60% 的月份占 42.2%;500 hPa 的预报最高达 73.4%,地表温度预报达 70.9%。秋季 8 年平均 500 hPa 达 59%;冬季达 57%,秋季地表温度平均达 58.7%,冬季达 55.7%。两者都是秋季的预报效果略好于冬季。比较各年的预报情况还可以看出冬季的预报效果没有秋季稳定,年际之间的变化幅度较大,如 500 hPa 的预报最高可达 63.5%,最低的只有 44.6%。

图 12.3 是 1981—1988 年北半球各月平均模式预报准确率与相似预报准确率的分布曲线。由图 12.3 不难看出,无论是 500 hPa 还是地表温度距平,模式平均预报准确率都明显高于相似预报。各月的情况也是如此,有 95% 以上的月份,模式预报的准确率都高于相似预报。

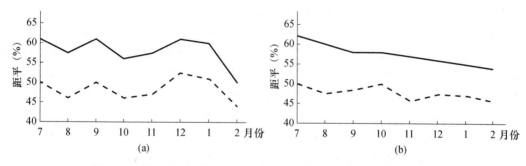

图 12.3　模式由夏季报冬季预报准确率与相似预报准确率的比较[14]

(a)500 hPa 距平;(b)地表温度距平

(图中实线为模式预报,虚线为相似预报)

12.2.5　相似-动力方法在复杂模式中的应用

从我们所做的预报试验来看,模式具有一定的季节预报能力,预报准确率高于统计相似预报,预报效果也比较稳定。

简单模式的试验成功表明了相似-动力方法的有效性。为考察该方法在复杂模式中的可行性和提高月尺度业务预报水平,鲍名等[15]将该方法应用到国家气候中心 T63L16 月动力延伸业务预报模式中,以该模式为动力核建立了相似-动力月预报模式。突破了选取单个相似成员的局限,从历史资料中选取了多个样本进行了相似-动力预报,并将预报结果进行了集合平均。将 2002 年 12 个月作为试验对象,结果显示引入集合平均后效果优于单个相似成员预报,全球距平相关系数(ACC)平均提高 0.2,均方根误差(RMSE)减少 12 gpm。从不同区域和不同尺度的对比发现,热带副热带地区改进最为明显,行星尺度波的改进效果在预报 15 日以后较控制预报有所改善,但天气尺度波预报技巧没有改善。这表明,该方法对预报技巧的提高主要体现在延伸期。

在我国学者发展相似-动力方法之后,D′Andrea 等[16]独立提出了一种利用历史相似估计倾向误差的方法。该方法使用 4DVar 技术得到历史相似样本的倾向误差的最优估计,将其作为当前预报的强迫项加入模式中。可见其思想是和相似-动力方法等价的,都是将当前倾向误差用相似参考态对应的倾向误差近似代替。这也同时表明相似-动力方法是一种合理并有效的误差订正技术,我国学者较早地领先国外开展了这方面的研究。

Ren 等[17]对原有的相似-动力方法进行了简化,由原有的倾向误差相似简化为预报误差相似,即认为相似样本具有相似的预报误差,进而利用若干相似样本对应的预报误差估计当前预报误差,以避免求解倾向误差。预报过程中将预报时段分为若干订正间隔,在每个间隔处用对应相似样本的预报误差的集合平均叠加到当前预报结果上。不再是在每个时间步长上进行强迫,而是每隔若干时间步长进行一次事后订正。考虑到相似持续时间有限,每隔一定时间后重新选取相似。这些改进避免了重新建立数值模式,增强了方法的可操作性和可移植性。选取了 24 个个例在国家气候中心 T63L16 模式上进行了月平均预报试验,全球 ACC 平均提高 0.1,RMSE 降低了 7.49 gpm,对热带地区的改善最为明显。从预报不同时段看,对逐日预报技巧的提高主要在一周以后,且主要集中在行星尺度波部分,对天气尺度波几乎无提高。此外,通过 NCC/IAP T63 海气耦合模式进行了夏季降水的预测试,23 个个例平均结果表明对夏季降水的全球型相关系数提高 0.092,对东亚地区提高 0.124。

除此以外,夏季降水预测是短期气候预测的重点和难点,直接关系到国家防灾减灾的重大需求,而相似-动力方法在提高汛期预测技巧方面发挥了重要作用。与上述月平均预报和延伸期预报不同,汛期预测是边值问题,主要受外源强迫作用,体现出低频信号特征。因此,在选取相似因子时,不宜仅以初始场为指标,而应综合考虑外源强迫和海气低频变化。封国林等[19]基于国家气候中心业务模式 BCC-CGCM,利用相似年的预报误差信息对预报年的预报误差进行估计和订正,发展了汛期降水动力-统计客观定量化预测方法。该方法的核心为相似预报因子的筛选和组合配置,在正常年份选取最优多因子组合进行订正,当预报年前期因子出现异常时,采用异常因子订正方案。该方法自 2009 年开始参加全国夏季汛期会商以来,连续五年较好地把握了我国夏季的主雨带特征。其中 2009—2012 年 PS 评分平均为 73 分,ACC 平均为 0.16,相比 BCC_CGCM 模式系统订正的预测结果(PS 均分 63 分,ACC 平均 0.01)有较大的提高[19]。基于该方法研发的动力-统计集成的季节气候预测系统 1.0 版本(FODAS1.0)于 2012 投入业务运行[19],并在多个地区进行了推广应用。在 2013 年的汛期预测中,该系统预测结果 PS 均分 74 分,ACC 平均 0.20,对夏季旱涝分布的大体形势预测基本正确。

通过以上讨论可以发现,相似-动力方法在提高短期气候预测、月平均预报和延伸期预报领域有效提高了预报水平。

12.3　大气环流模式

大气环流模式是建立在物理守恒定律上的。这些定律描述由大气运动造成的动量、热量及水汽的重新分布。所有这些过程由"原始"方程表示(见第 3 章)。这些方程描述了在外源(太阳)不均匀加热下,地球流体(空气或水)的运动。这些方程是非线性偏微分方程,无法求得解析解,只能借助于大型电子计算机用数值方法求解。为了求得数值解,通常先将大气沿垂直方向上划分为若干层,将要计算的变量(包括预报量和诊断量)安排在各层中间或者层与层之间的界面上,并在这些层上计算每一个预报量的水平变化。对格点模式(有限差分)来说,是计算离散格点上的值,而对谱模式则用有限个基函数表示。

模式变量的时间变化也是离散化的,给定预报量在某一时刻的值(称为"初始条件"),利用模式方程组按一定时间步长外推(称为"时间积分"),就是求得它们在任意指定时刻的数值,该时刻诊断量的数值则由已求得的预报量按诊断方程式计算。为了避免计算不稳定的发生,时间积分的步长通常不能超过某个临界值,它由模式所包含的物理过程、水平分辨率以及时间积分方案所决定。

气候模拟往往需要积分几年、几十年甚至几百年。这样模式的分辨率就受到所用的计算机内存和速度的限制。分辨率的增加不仅要求增加内存(垂直分辨率为线性,水平分辨率为平方),而且一般还要求减小时间步长。因此,随着分辨率的增加,所要求的计算机时间迅速增加(非线性)。一般模式的分辨率从 300 km 到 600 km,垂直层次 2～19 层之间。这样的分辨率只能比较好地模拟气候变化的大尺度特征,模式不能(即使将来在提高分辨率的情况下也不可能)分辨出一些对气候系统很重要的物理过程。为了把这些次网格过程引入模式,人们在观测分析和理论研究的基础上找到了一些半经验半理论关系,使得可以借助模式的大尺度变量去表示那些模式不能分辨的物理过程的影响,即所谓"参数化"方法。

自 1956 年 Philips[20] 提出两层准地转大气环流模式以来,世界上一些发达国家的大气科学研究机构先后建立了并不断改进着各自的大气环流模式。例如欧洲中期天气预报中心的大气环流模式,美国国家海洋大气局(NOAA)所属的地球流体动力学实验室(GFDL)的大气环流模式(包括有限差分模式和谱模式);美国加州大学洛杉矶分校(UCLA)的大气环流模式;美国国家大气研究中心(NCAR)的大气环流模式;美国国家航空航天局(NASA)所属的戈达德空间中心大气科学研究室(GLAS)大气环流模式和 NASA 的戈达德空间研究所(GISS)的大气环流模式;英国气象局(UKMO)的大气环流模式;加拿大气候中心(CCC)的大气环流模式;苏联科学院西伯利亚分院计算中心 CCSAS 的大气环流模式;日本气象厅气象研究所的大气环流模式。

中国科学院大气物理研究所 LASG 的 IAP2L-AGCM,IAP9L-AGCM,GAMIL 和 SAMIL 大气环流模式。IAP9L-AGCM 是一个由 Zeng 等[21]、Zhang[22] 在发展 IAP2L-AGCM 的经验和基础上发展、建立起来的全球大气环流格点模式。该模式水平分辨率为 $4° \times 5°$,垂直方向采用了 σ-p 地形坐标,共分 9 层,模式顶为 10 hPa。GAMIL(Grid-point Atmospheric Model of IAP/LASG)是 LASG/IAP 发展的格点大气环流模式,采用中国科学院大气物理研究所自己发展的动力框架和 NCAR CAM2.0 的物理过程,该模式在 65.58°S 和 65.58°N 之间采用高斯网格(水平分辨率相当于 $2.8° \times 2.8°$),而高纬度和极地则采用加权等面积网格,垂直方向采用混合坐标,共 26 层。SAMIL(Spectral Atmospheric Model of IAP LASG)是 LASG/IAP 发展改进的大气环流谱模式[23,24],该版本具有较高的水平分辨率,在水平方向为菱形截断 42 波,分辨率相当于 $2.8125°$(经度)$\times 1.66°$(纬度),垂直采用 σ-p 混合坐标系,分为 26 层(即 R42L26)。图 12.4 给出了典型的 GCM 模式物理过程的参数化及它们的相互作用。

上述这些模式既有许多共同点,也有各自的特点。这些模式的水平范围都是全球,控制方程都是原始方程,都包含了比较真实的海陆分布,都包括了一些有主导作用的较小尺度的动力和物理过程的参数化。差异主要在数值求解的方法和物理过程的参数化方面。

上述这些模式既可以用来做短、中期的数值天气预报,又可以用来做气候数值模拟。现在模式已经能复制出大气环流、水分循环的季节变化的某些基本特征,世界上一些主干燥地区的位置,如撒哈拉沙漠、澳大利亚沙漠和中亚沙漠等也能如实地被模拟出来。甚至还能模拟出季风,热带辐合带以及 1 月北半球冷空气侵入南半球,7 月的索马里急流,西非的西南风等。但各个模式都在不同程度上存在着细节上的缺陷。例如,在大尺度分量的强度和位置上可能出现错误,或者对局部特点模拟的水平范围完全不对。这些缺点表现出模式的系统误差,称之为"气候漂移"。为了改善对气候模拟的能力,也为了进一步提高数值天气预报的准确率,大气环流模式不断改进,气候漂移已大大改进;另外,还开展了大量工作改进模式中物理过程的参数化方法以及计算方法和其与物理过程间存在的反馈。

自 20 世纪 90 年代中期以来,利用三维大气环流模式对 CO_2 增加引起的气候变化进行了大量的数值模拟研究,主要的做法有两种。第一种是"平衡"响应试验,试验中要进行两组试验,一组是用正常 CO_2 含量所用的控制试验,另一组是 CO_2 加倍的扰动试验,经过长时间的积分后作统计平均,所得的扰动解和正常解的差就是 CO_2 加倍引起的平衡状态下的气候变化;第二种是瞬变响应试验,在这种试验中 CO_2 浓度不是突然增加,而是按一定速率缓慢增加。一般说来,平衡响应需要的计算时间较少。而瞬变响应只有用耦合模式才能实现,这是因为大气响应完全依赖于对海洋的热吸收,它可能使 CO_2 引起的增暖延缓几十年。

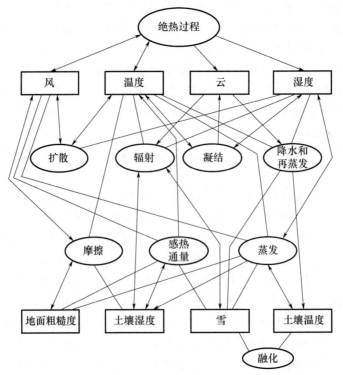

图 12.4 大气环流模式中的参数化过程(ECMWF)和它们的相互作用[25]

世界上第一个用三维气候模式进行的 CO_2 的敏感性试验是 GFDL 的 Manabe 和 Wetherald 在 1975 年做的[26]。他们当时用的是一个九层大气环流模式,但计算只在占地球面积 1/6 的一个扇形区域上进行,并且没有考虑地形,也没有考虑太阳辐射的季节变化。云量是按年平均的气候分布规定的,海洋则简化为一个仅仅是水汽源地的"沼泽"(swamp ocean)。用这个模式给出的平衡地面增温是 2.9℃,高于 RCM 的结果。这主要是因为模式中包含了温度-反照率反馈过程。

1981 年,Manabe 和 Wetherald[27]做了考虑季节变化的平衡响应试验,其中模式海洋取为一个 68 m 厚的薄层(slab)模式。CO_2 加倍引起的地面增温是 2.4℃,比前一个试验的结果减小了 17%。产生这种差别的原因就在于季节变化。

Manabe 和 Stouffer[28]还利用包含实际海陆分布和地形的全球模式做了有季节循环的平衡响应试验。由于南极高原的地面气温总保持在冰点以下,没有像北极地区那样的温度-反照率反馈过程,因而地面增温进一步减小到 2℃。

云盖对于 CO_2 增加引起的气候变化也有重要的反馈作用。1986 年,Wetherald 和 Manabe 利用包括可变的云盖的全球模式重复作了 CO_2 倍增的试验,结果发现模式敏感性加大了一倍。在这个试验中几乎所有纬度上的高云都有明显的增加,这就使得射出的长波辐射进一步减小,从而产生正反馈效果。进一步的敏感性试验表明,这样强的正反馈作用实际上是云盖变化和季节变化相互影响的结果。在此之后,利用大气环流模式开展了大量气候变化的研究工作,有兴趣的读者可参阅历次的 IPCC 报告[29,30]。

12.4　地球系统模式

地球系统模式自早期的大气环流模式开始,经历了由简单到复杂的不断发展、完善的过程(图 12.5)。这类气候模式以描写气候系统或者气候系统不同分量的基本方程为基础,详细考虑了有关气候系统或不同分量的动力、热力、物理甚至化学过程,从而能够对气候系统的不同分量乃至整个气候系统进行更全面、合理的描述。

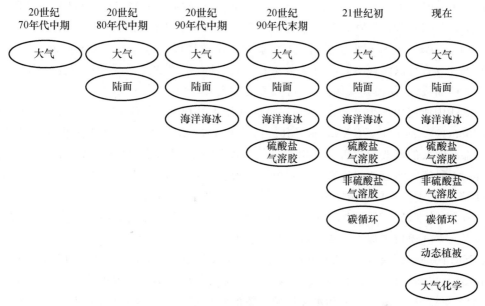

图 12.5　气候模式发展历史示意图[29]

国际上对地球科学数值模式的高度重视极大促进了目前地球系统模式的快速开发应用,其中最具代表性的有:美国"共同体气候系统模式发展计划"(The Community Climate System Model,CCSM)和"地球系统模拟框架计划"(The Earth System Modeling Framework,ESMF),欧盟的"欧洲地球系统模拟网络"计划,日本的"地球模拟器"计划。我国独立开发气候耦合模式已近 20 年,在国内得到了比较广泛的应用,也取得了一系列的成果,特别是中国科学院大气物理研究所自主研发的耦合模式 FGOALS(The Flexible Global Ocean-Atmosphere-Land System Model)[31]。该模式有两个版本进行了 CMIP5 试验,第 1 个版本是 FGOALS-g2[32],其大气分量为格点模式 GAMIL,水平分辨率为 2.8°×2.8°、垂直 26 层,海洋水平分辨率为 1.0°×1.0°、垂直 30 层,陆面模式和海冰模式分别为 CLM3 和 CICE4,采用耦合器 CPL6;该模式调试和基础控制试验在 IAP/LASG 完成,其余试验在清华大学计算机系的计算平台上完成。第 2 个版本是 FGOALS-s2[33],其大气分量为 SAMIL,水平分辨率为 R42(约 2.8°×1.4°)、垂直 26 层,耦合架构同 FGOALS-g2,但其海冰模式为 CSIM5,全部科学试验在 IAP 完成。

下面以美国国家大气研究中心(NCAR)在 2010 年 6 月推出的通用地球系统模式 CESM[34,35](The Community Earth System Model)为例说明地球系统模式。CESM 是在 CCSM4.0(The Community Climate System Model)基础上发展的地球系统模式。CESM 模

式是以海洋、大气、陆面和冰圈等为研究主体,并考虑大气化学、生物地球化学和人文过程的地球气候系统模式,在气候与环境的演变机理、自然和人类与气候变化的相互作用以及气候变化的研究和预测等诸多方面应用广泛[29]。

CESM 模式采用模块化框架,主体由大气、海洋、陆地、海冰、陆冰等几大模块组成,并由耦合器(CPL7)管理模块间的数据信息交换和模式运行。CESM 的各个模块都采用现阶段比较成熟的既有模式,其中大气模块采用 CAM(The Community Atmosphere Model),海洋模块采用 POP(The Parallel Ocean Program),陆地模块采用 CLM(The Community Land Model),海冰模块采用 CICE(The Los Alamos National Laboratory Sea-ice Model),陆冰模块采用 CISM(The Glimmer Ice Sheet Model)。模式中的各个模块都有不同的几种工作状态:active,data,dead,stub。CESM 可以根据实验目的和实验要求来选择模块组合形式(component set),不同的模块组合方式可以实现不同的科学实验的要求,具有很强的灵活性和通用性。CESM 实现了模块的可插拔性,使模式操作简单,可持续发展能力较强。

CESM 中所使用的大气模块是 NCAR 的通用大气模式 CAM5(The Community Atmosphere Model,version 5)。CAM5 相对其之前的 CAM4 版本而言,在物理过程和参数化方案等方面都有较大的修改和改善。利用改进的湿度扰动方案来模拟层云-辐射-湍流相互作用,从而有利于研究气溶胶的间接影响。利用云的宏观物理方案处理云过程,并改进层状云的微物理过程,使物理过程更加透明清晰,并且模拟结果更好。采用快速辐射通量传输方法的辐射方案,采用高效准确的 K 方法计算辐射通量和加热率,对于水蒸气宽谱的连续性和精度具有很大改善。大气模块中加入了化学过程和整层大气模块。

CESM 的陆地模块(The Community Land Model,CLM)有了实质性的改进,增加了新的模型和功能、更新了模式的输入数据并修正了物理化参数方案。陆地模块中加入了碳氮循环过程、动态植被模型、城市模型和水文模型等新的物理过程和模型,首次采用动态陆地覆盖方案以保证全球能量守恒,并对陆地径流和冰山进行特殊化处理以保证全球质量守恒。特别地,在模式中加入了农作物的生长和灌溉等人类耕种活动,更好地反映了人类活动对地球和气候的影响。从 CESM1.1 版本开始,径流模块(The River Transport Model,RTM)从陆地模块(CLM)中独立出来成为一个单独的子模块,因而可以更好地模拟地球上的径流系统及其对地球系统的影响。

CESM 的海冰模块(The Community Ice Code,CICE)的主要改进是在物理过程和参数化方案以及模式运算方面。其中物理过程和参数化方案的改进主要包括:更新修正了海冰的示踪方案和短波辐射传输方案,改进了冰雪融化方案和气溶胶沉积方案。海冰模块的计算性能有很大的改进,主要包括:采用更加灵活和方便的计算方法,提高了运算速度和效率;提高了模式分辨率,使得能够模拟更小尺度的物理过程;优化了数据的输入和输出接口,使得数据传输和交换更加快捷和高效。

CESM 的海洋模块(The Parallel Ocean Program,POP)的主要结构功能和物理参数化方案基本没有变化,其主要改进是增加了海洋生态系统模型。海洋中植物对能量分布有不可忽视的影响,作为全球碳循环模式的一个组成部分,实现了生物地球化学过程与物理海洋过程的相互作用和反馈。从 CESM1.2 版本开始,海浪模块(The Wave Model,WAV)也被加入到模式中。

CESM 增加一个新的模块——陆冰模块,其采用通用陆冰模式(Glimmer-CISM),主要研究陆冰以及其与其他地球系统的相互作用和影响,模拟大尺度的北极格陵兰岛和南极的陆地冰,也可以模拟更小尺度的冰山、冰帽以及陆冰的变化。陆冰模式处于不断发展阶段,其物理过程和参数化方案还有待于进一步完善。现在模式只是研究冰架内部的运动,而不研究冰架和冰的流动;并且陆冰模式与陆地模式是单向的,即陆冰模块只从陆地模块获得初始场,但是冰对地形的改变等不会进一步传递给陆地模块。

CESM 模式采用模块化框架,耦合器(CPL7)负责管理模块间的数据交换和模式运行。耦合器的功能主要包括:把 CESM 分割为几个独立的子模式模块,包括海洋、大气、海冰、陆冰、径流、海浪模块等,模块之间通过 MPI 交换数据;同步协调和控制各模块之间的数据流,以此来控制整个 CESM 的运行和时间积分;控制各模块之间进行界面通量的交换,并保证通量守恒。耦合器通过控制各子模式之间的数据消息交换,来控制整个模式系统的运行。耦合器框架结构已经成为目前耦合气候系统模式设计的最佳方案,即将耦合器作为一个工具软件,把各子模式很方便地连接起来,构建一个完整的气候系统模式。

CESM 是一个比较复杂的地球系统模式,对运算的计算平台有较高的要求,主要包括计算平台的硬件和软件条件、并行应用的运行环境以及机群作业管理系统。地球系统模式中大气模块是运算最大的瓶颈,其计算量最大、耗时最长,并且随着大气模块分辨率的提高,模式的计算量和消耗会明显增加,因此必须首先保证大气模块的运算,才能使整个模式运算速度和效率提高。CESM 对计算平台的并行运算能力要求比较高,各个模块的并行方案和 CPU 核数的选取对整个模式的运算速度和效率都会有很大的影响。通过我们的测试发现,在 Polaris 计算平台上,采用海洋模块与其余模块并行的方案是最优选择,既能保证所用计算资源最少,同时还能确保计算速度和效率能够达到相对最优化。在确保大气模块不是运算瓶颈的前提下,海洋模块的 CPU 核数对模式的运算也有很大的影响,过多的海洋模块 CPU 核数,会使运算速度和效率降低。

由于地球系统模式的复杂性和高计算量,属于典型的计算密集型程序,其对计算平台的内存也提出了很高的要求。计算平台的多线程运算,也会使得运算速度和效率有进一步的提高。而随着模式分辨率的提高,地球系统模式在高性能计算机上要使用数千 CPU 核,甚至数万 CPU 核进行计算,对计算平台的计算性能和技术又提出了新的需求和挑战。

12.5　利用历史资料订正气候预估

地球系统模式目前是研究气候变化机理和预测未来气候变化的主要工具。但气候模式种类繁多,为了评估各模式性能的差异和便于统一,世界气候研究计划(WCRP)组织了耦合模式比较计划 CMIP,为国际耦合模式的评估和后续发展提供了重要的平台,参与该计划的试验数据资料被广泛应用于气候变化相关机理以及未来气候变化特征预估等方面的研究。CMIP 在经历了 CMIP1,CMIP2 和 CMIP3 几个阶段之后,于 2008 年 9 月启动了第五阶段试验计划(CMIP5),其研究结果是政府间气候变化专门委员会(IPCC)第五次评估报告(AR5)的重要内容之一[36]。CMIP5 进行一系列标准模式模拟的目的是评估模式模拟近期事件的真实性,提供未来气候在两个时间尺度(近期(到 2035 年)和长期(到 2100 年甚至更远))上的变化预估;同时评估一些对模式预测差异有贡献的因素,包含量化一些比如包含云和碳循环的主要的反馈等。

由于气候研究对模式的高度依赖性,其性能的稳定性和模拟预测结果的可靠性对评估气候变化至关重要。因此,我们选取 CMIP5 作为研究对象,在评估其性能的基础上,对历史模拟结果进行订正,提高其模拟技巧。

表 12.5　本节所用到的 CMIP5 模式

模式名称	研发单位
BCC-CSM1.1	Beijing Climate Center,China
CanESM2	Canadian Centre for Climate,Canada
CCSM4	National Center for Atmospheric Research,USA
CNRM-CM5	Centre National de Recherches Meteorologiques,France
CSIRO-Mk3.6.0	Commonwealth Scientific and Industrial Research,Australia
GFDL-CM3	Geophysical Fluid Dynamics Laboratory,USA
GFDL-ESM2G	Geophysical Fluid Dynamics Laboratory,USA
GFDL-ESM2M	Geophysical Fluid Dynamics Laboratory,USA
GISS-E2-R	NASA Goddard Instinue for Space Studies,USA
HadGEM2-CC	Met Office Hadley Centre,UK
HadGEM2-ES	Met Office Hadley Centre,UK
INM-CM4	Institute for Numerical Mathematics,Russia
IPSL-CM5A-LR	Institute Pierre-Simon Laplace,France
IPSL-CM5A-MR	Institute Pierre-Simon Laplace,France
MIROC-ESM	Japan Agency for Marine-Earth Science and Technology,Japan
MIROC-ESM-CHEM	Japan Agency for Marice-Earth Science and Technology,Japan
MITOC5	Atmosphere and Ocean Research Institute,Japan
MPI-ESM-LR	Max Planck Institute for Meteorology,Germany
MRI-CGCM3	Meteorologycal Research Institute,Japan
No:ESMI-M	Norwegian Climate Centre,Norway

由于干湿变化不仅仅取决于降水,降水和蒸发共同决定一个地区的干湿程度,具体来说是由年降水量(P)和潜在蒸散量(PET,包括地表蒸发和植物蒸散)共同决定的。为了便于量化,一般采用 P 和 PET 的比值,即干旱指数(AI)来衡量干旱程度。因此,为了更加深入地评估和改进气候模式全球干湿变化,这里也选取了干旱指数作为订正对象进行研究。这里选用的时段也为 1948—2005 年。选用的模式如表 12.5 所示,订正对象为 20 个模式的历史模拟数据的集合平均结果,每个模式仅选取第一个集合成员,再对这 20 个模式进行集合平均。由于各模式的分辨率不同,为了与观测分辨率保持一致,这里采用统计降尺度到 $0.5°×0.5°$[37]。模式输出的气温、太阳辐射、比湿和风速等用于计算 PET,这套资料也由 Feng 和 Fu[37] 提供。模式输出的降水和上述计算得到的 PET 的比值得到模拟的 AI 指数数据。

首先要进行系统订正,去除气候漂移即通过计算历史资料得到模式输出场 和观测场之间的平均偏差,将其订正到模式中使二者保持在同一气候水平上。再将模式输出场 $X^f(x,t)$ 和观测场 $X^0(x,t)$ 做 EOF 分解,建立观测场投影和模拟场投影之间的回归方程,得到观测场投影的预报值,与观测场的基底结合后得到观测值的预报值。下面将详细阐述实施流程,可参见图 12.6 中的示意。

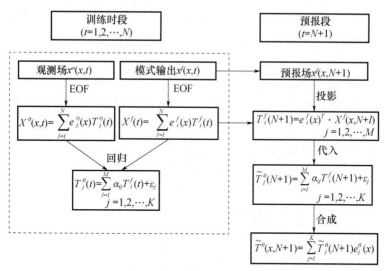

图 12.6　订正流程示意图[38]

这里参数 M 和 K 表示调整后的预测场是由前 M 个模拟基底和前 K 个观测基底得到的。M 和 K 的选取一般要远小于 N,这是因为如前所述吸引子空间具有更低的维度;从物理意义上讲,模式对于反映高频信号的高阶模态预测能力较差,大多 CMIP5 模式在年际变率的模拟方面技巧较低,这意味着如果也将其考虑进来建立回归关系的话可能反而对预测技巧有负效果。因此,高阶模态没有被考虑作为预测因子,这也意味着该方法主要在订正趋势、低频信号和大尺度变率起作用,而对于年际变率等高频信号的提高方面能力较弱。

图 12.7 给出了不同区域平均 AI 的观测和 CMIP5-EM 随时间变化。从图 12.7a 的全球平均观测的 AI 变化可以看出,除了 1948—1956 年和 1972—1975 年两个时段呈 AI 增加趋势以外,整体 AI 呈显著减少趋势,线性趋势为 $-0.050/(58\ a)$。然而 CMIP5-EM 变化较为平缓,趋势为 $-0.012/(58\ a)$,订正后平均趋势调整到 $-0.038/(58\ a)$,除了在 1948—1958 年有所增加外均呈减小趋势。在全球旱区(图 12.7b),观测和订正后的 AI 变化一致,自 1980 年后呈显著减少趋势,而 CMIP5-EM 的 AI 则基本保持不变。在干旱半湿润地区和半干旱地区(图 12.7c 和图 12.7d)的情况类似,订正后的结果反映出观测的减少趋势,但 CMIP5-EM 基本维持在同一水平。而在干旱区和极端干旱区(图 12.7e 和图 12.7f),观测的时间变率也较小,三者均基本呈现微弱趋势。

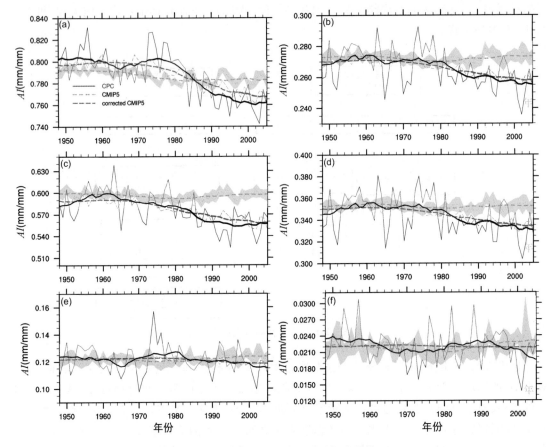

图 12.7　各区域平均的 *AI* 随时间变化情况

(a)全球;(b)旱地区;(c)干旱半湿润区;(d)半干旱区;(e)干旱区;

(f)极端干旱区。区域的划分依照 1961—1990 年的观测 *AI* 的气候平均态,细黑线表示 CPC-GLDAS 观测,

淡灰线表示 CMIP5-EM,阴影为 20 个模式的 95% 信度区间,深灰线为订正后的结果,

粗线均为 15 年平滑结果以反映趋势变化[39]

　　图 12.8 给出了全球平均的 AI 以及历史和未来时段旱地总面积和四种干旱子类型的面积变化特征。总体来说,CMIP-EM 历史时段旱地的扩张被严重低估。订正后的 CMIP-EM 有效减少了对旱地面积低估的问题,使得模拟结果和观测更为相近。在 RCP8.5 和 RCP4.5 的排放情景下,订正后的平均 *AI* 单调上升,在 2100 年分别可达 0.67 和 0.72。此外,在 RCP8.5 的排放情景下,订正后的旱地面积在 2100 年可达 56%,比历史时段(1961—1990 年)的干旱面积高 23%。在 RCP4.5 的排放情景下,旱地总覆盖率为 50%,其中干旱半湿润区、半干旱区、干旱区和极端干旱区的覆盖率分别为 8.9%,19.0%,14.4% 和 8.4%。旱地面积扩张最严重的区域主要在半干旱区,在 RCP8.5 和 RCP4.5 的情景下,未来的半干旱区面积将占到旱区总面积的三分之一。

　　需要指出的是,尽管该订正方法有效地减少了 CMIP5 模拟的不确定性、提高了预测技巧,但是由于这种订正仅仅是基于观测和模式输出的映射关系,因此,改进的程度是有限的。然而即便是基于 CMIP5 本身的原始预测结果,上述干旱扩张带来的风险仍然是存在的。该订正的作用在于表明了旱地在未来的扩张将加速，并使得发展中国家的处境变得更加艰难，而这恰恰是目前被大众所忽视的潜在威胁。

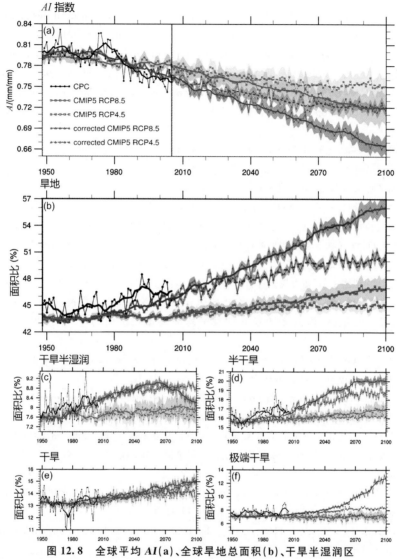

图 12.8　全球平均 *AI*(a)、全球旱地总面积(b)、干旱半湿润区
(c)、半干旱区(d)、干旱区(e)和极端干旱区(f)(面积单位为占全球陆地面积比值)的时间变化，

细黑线为 CPC 观测，△△线为 CMIP5-EM 历史模拟和 RCP8.5(RCP4.5)情景下的预测，

□□线为订正后的 CMIP5-EM 历史模拟和 RCP8.5(RCP4.5)情景下的预测，阴影表示 20 个
模式的 95% 置信区间，粗线均为 7 年平滑后的结果[39]

参考文献

[1] 黄建平. 理论气候模式[M]. 北京：气象出版社，1992.

[2] MacCracken M C，Ghan S J. Design and use of zonally-averaged climate models[M]//Physically-Based

Modelling and Simulation of Climate and Climatic Change. Springer，Dordrecht，1988：755-809.

［3］Saltzman B. A survey of statistical-dynamical models of the terrestrial climate［M］//Advances in Geophysics. Elsevier，1978，20：183-304.

［4］Li W，Chen L，Zhou X，Gong W. The numerical simulation of two-dimensional dynamical climate model with mountain forcing［J］. Journal of Meteorological Research，1989，3(3)：312-327.

［5］Potter G L，Cess R D. Background tropospheric aerosols：Incorporation within a statistical-dynamical climate model［J］. Journal of Geophysical Research：Atmospheres，1984，89(D6)：9521-9526.

［6］Coakley Jr J A，Cess R D. Response of the NCAR Community Climate Model to the radiative forcing by the naturally occurring tropospheric aerosol［J］. Journal of the atmospheric sciences，1985，42(16)：1677-1692.

［7］McCracken M C，Luther F M. Preliminary estimate of the radiative and climatic effects of the EL Chichon eruption［J］. Geofisica Internacional，1984，23(3)：385-401.

［8］丑纪范. 长期数值天气预报［M］. 北京：气象出版社，1986.

［9］长期数值天气预报研究小组. 一种长期数值天气预报方法的物理基础［J］. 中国科学，1977，2：162-172.

［10］长期数值天气预报研究小组. 一种长期数值天气预报的滤波方法［J］. 中国科学，1978，1：75-84.

［11］黄建平，丑纪范. 海气耦合系统相似韵律现象的研究［J］. 中国科学 B 辑，1989，8：1001-1008.

［12］邱崇践，丑纪范. 天气预报的相似-动力方法［J］. 大气科学，1989，13(1)：22-28.

［13］黄建平，王绍武. 利用相似-动力模式进行季节预报试验［J］. 中国科学 B 辑，1991，2：216-224.

［14］黄建平，王绍武. 相似-动力模式由夏季报冬季的季节预报试验［J］. 气象学报，1993，51(1)：119-121.

［15］鲍名，倪允琪，丑纪范. 相似-动力模式的月平均环流预报试验［J］. 科学通报，2004，49(11)：1112-1115.

［16］D'Andrea F，Vautard R. Reducing systematic errors by empirically correcting model errors［J］. Tellus A：Dynamic Meteorology and Oceanography，2000，52(1)：21-41.

［17］Ren H，Chou J，Huang J，et al. Theoretical basis and application of an analogue-dynamical model in the Lorenz system［J］. Advances in Atmospheric Sciences，2009，26(1)：67-77.

［18］任宏利，丑纪范. 动力相似预报的策略和方法研究［J］. 中国科学 D 辑，2007，37(8)：1101-1109.

［19］封国林，赵俊虎，支蓉，等. 动力-统计客观定量化汛期降水预测研究新进展［J］. 应用气象学报，2013，24(6)：656-665.

［20］Phillips N A. The general circulation of the atmosphere：A numerical experiment［J］. Quarterly Journal of the Royal Meteorological Society，1956，82(352)：123-164.

［21］Zeng Q C，Yuan C G，Zhang X H，et al. A global grid point general circulation model. Collection of papers presented at the WMO/IUGG NWP Symposium，Tokyo，4-8 Aug. 1986［J］. J Meteor Soc Japan，1987：421-430.

［22］Zhang X H. Dynamical framework of IAP nine-level atmospheric general circulation model［J］. Advances in Atmospheric Sciences，1990，7(1)：67-77.

［23］Wu G X，Liu H，Zhao Y C，et al. A nine-layer atmospheric general circulation model and its performance ［J］. Advances in Atmospheric Sciences，1996，13(1)：1-18.

［24］王在志，吴国雄，吴统文，等. ALGCM (R42)气候系统大气模式参考手册［R］. 中国科学院大气物理研究所 LASG 技术报告(No. 14)，2004：73.

［25］林本达，黄建平. 动力气候学引论［M］. 北京：气象出版社，1994.

［26］Manabe S，Wetherald R T. The effects of doubling the CO_2 concentration on the climate of a general circulation model［J］. Journal of the Atmospheric Sciences，1975，32(1)：3-15.

［27］Wetherald R T，Manabe S. Influence of seasonal variation upon the sensitivity of a model climate［J］.

Journal of Geophysical Research：Oceans，1981，86(C2)：1194-1204.

[28] Manabe S，Stouffer R J. Sensitivity of a global climate model to an increase of CO_2 concentration in the atmosphere[J]. Journal of Geophysical Research：Oceans，1980，85(C10)：5529-5554.

[29] Houghton J T，Ding Y，Griggs D J，et al. Contribution of working group I to the third assessment report of the intergovernmental panel on climate change [M]. Climate change 2001：The scientific basis，2001；388.

[30] Flato G，Marotzke J，Abiodun B，et al. Evaluation of climate models. In：climate change 2013：The physical science basis. Contribution of working group I to the fifth assessment report of the intergovernmental panel on climate change[M]. Climate Change 2013，2013，5：741-866.

[31] 周天军，王在志，宇如聪，等.基于 LASG/IAP 大气环流谱模式的气候系统模式[J]. 气象学报，2005，63(5).

[32] Li L，Lin P，Yu Y，et al. The flexible global ocean-atmosphere-land system model，Grid-point Version 2：FGOALS-g2[J]. Advances in Atmospheric Sciences，2013，30(3)：543-560.

[33] Bao Q，Lin P，Zhou T，et al. The flexible global ocean-atmosphere-land system model，spectral version 2：FGOALS-s2[J]. Advances in Atmospheric Sciences，2013，30(3)：561-576.

[34] Vertenstein M，Craig T，Middleton A，et al. CESM-1. 0. 4 User's guide[M]. Boulder：National Center for Atmospheric Research，2011.

[35] 万修全，刘泽栋，沈飙，等.地球系统模式 CESM 及其在高性能计算机上的配置应用实例[J]. 地球科学进展，2014，29(4)：482-491.

[36] Taylor K E，Stouffer R J，Meehl G A. An overview of CMIP5 and the experiment design[J]. Bulletin of the American Meteorological Society，2012，93(4)：485-498.

[37] Feng S，Fu Q. Expansion of global drylands under a warming climate[J]. Atmos Chem Phys，2013，13(19)：10081-10094.

[38] 于海鹏.利用历史资料订正数值模式预报误差研究[D]. 兰州：兰州大学博士学位论文，2006.

[39] Huang J，Yu H，Guan X，Wang G，Guo R. Accelerated dryland expansion under climate change[J]. Nature Climate Change，2016，6(2)：166-172.

编后记

气候变化是一个发展很快的交叉学科,每年都有大量的新结果出现。但多年的教学实践发现,我们缺少有关机理分析的基础性教材。现在更多的是资料分析和数字模拟的结果,很难让学生透过现象看到本质的东西,急需一本基础教材。

在北京大学王绍武先生和导师丑纪范先生的多次鼓励和催促下,我于2012年开始着手编撰此书,可惜工作实在太忙,承担的任务较多,编撰工作断断续续,今天终于完稿,可以交付出版社了,感觉像是完成了人生中的一件大事。虽然负责学院的工作耽误了许多时间,影响了本书的早日完成,但令人欣慰的是大气科学学院相继获批了大气物理学与大气环境国家重点培育学科(2007),大气科学国家高等学校特色专业建设点(2007),半干旱气候变化教育部重点实验室(2008),半干旱气候变化教育部创新团队(2010),大气科学专业国家级教学团队(2010),半干旱气候变化引智基地(2012),国家自然科学基金委员会干旱半干旱气候变化机理创新研究群体(2015),特别是2017年被教育部遴选为"双一流"建设的一流学科,并被列为兰州大学"双一流"建设的四个龙头学科之一(大气、生态、草业、化学)。一流学科建设的根本是一流的本科教学,自2012年起兰州大学就把物理气候学列为本科的必修课,希望此书在本科教学中发挥它应有的作用。

再次感谢所有支持和帮助我的人,特别感谢家人一直以来的理解和支持:没有你们的支持,本书就难以完成。自从女儿懂事起,我就告诉她我的出书计划,虽然推迟多年,但第一本书终于完成。希望本书对她有所促进,以父亲为榜样,一生珍惜时间,自强不息,勤奋进取。

黄建平
2018 年 6 月 26 日于兰州大学

206